纳米科学与技术

新型阻变存储技术

刘 明等 著

科学出版社

北京

内 容 简 介

本书针对阻变存储器的潜在应用，重点阐述其基本科学问题和关键技术，系统地介绍了阻变存储器的背景、研发历程与现状、发展趋势、阻变材料、器件结构、电阻转变的机理、载流子输运模型与随机模型、电阻转变统计与模型、器件性能改善方法、集成技术、电路应用等。

本书适合微电子、材料、物理、化学等领域从事半导体存储技术研究和教学的科研人员、工程技术人员、大学教师、研究生、本科生阅读和参考。

图书在版编目(CIP)数据

新型阻变存储技术/刘明等著. —北京：科学出版社，2014
（纳米科学与技术/白春礼主编）
ISBN 978-7-03-041829-6

Ⅰ. 新… Ⅱ. 刘… Ⅲ. 存储器 Ⅳ. TP333

中国版本图书馆 CIP 数据核字(2014)第 206424 号

丛书策划：杨 震／责任编辑：张淑晓 孔晓慧／责任校对：张小霞
责任印制：吴兆东／封面设计：陈 敬

科学出版社 出版
北京东黄城根北街 16 号
邮政编码：100717
http://www.sciencep.com
北京建宏印刷有限公司 印刷
科学出版社发行 各地新华书店经销

*

2014 年 8 月第 一 版　开本：720×1000　1/16
2023 年 8 月第三次印刷　印张：18 3/4
字数：380 000
定价：118.00 元
（如有印装质量问题，我社负责调换）

《纳米科学与技术》丛书编委会

顾　问　韩启德　师昌绪　严东生　张存浩
主　编　白春礼
常务副主编　侯建国
副主编　朱道本　解思深　范守善　林　鹏
编　委（按姓氏汉语拼音排序）
　　　　陈小明　封松林　傅小锋　顾　宁　汲培文　李述汤
　　　　李亚栋　梁　伟　梁文平　刘　明　卢秉恒　强伯勤
　　　　任咏华　万立骏　王　琛　王中林　薛其坤　薛增泉
　　　　姚建年　张先恩　张幼怡　赵宇亮　郑厚植　郑兰荪
　　　　周兆英　朱　星

《纳米科学与技术》丛书序

在新兴前沿领域的快速发展过程中，及时整理、归纳、出版前沿科学的系统性专著，一直是发达国家在国家层面上推动科学与技术发展的重要手段，是一个国家保持科学技术的领先权和引领作用的重要策略之一。

科学技术的发展和应用，离不开知识的传播：我们从事科学研究，得到了"数据"（论文），这只是"信息"。将相关的大量信息进行整理、分析，使之形成体系并付诸实践，才变成"知识"。信息和知识如果不能交流，就没有用处，所以需要"传播"（出版），这样才能被更多的人"应用"，被更有效地应用，被更准确地应用，知识才能产生更大的社会效益，国家才能在越来越高的水平上发展。所以，数据→信息→知识→传播→应用→效益→发展，这是科学技术推动社会发展的基本流程。其中，知识的传播，无疑具有桥梁的作用。

整个 20 世纪，我国在及时地编辑、归纳、出版各个领域的科学技术前沿的系列专著方面，已经大大地落后于科技发达国家，其中的原因有许多，我认为更主要的是缘于科学文化的习惯不同：中国科学家不习惯去花时间整理和梳理自己所从事的研究领域的知识，将其变成具有系统性的知识结构。所以，很多学科领域的第一本原创性"教科书"，大都来自欧美国家。当然，真正优秀的著作不仅需要花费时间和精力，更重要的是要有自己的学术思想以及对这个学科领域充分把握和高度概括的学术能力。

纳米科技已经成为 21 世纪前沿科学技术的代表领域之一，其对经济和社会发展所产生的潜在影响，已经成为全球关注的焦点。国际纯粹与应用化学联合会（IUPAC）会刊在 2006 年 12 月评论："现在的发达国家如果不发展纳米科技，今后必将沦为第三世界发展中国家。"因此，世界各国，尤其是科技强国，都将发展纳米科技作为国家战略。

兴起于 20 世纪后期的纳米科技，给我国提供了与科技发达国家同步发展的良好机遇。目前，各国政府都在加大力度出版纳米科技领域的教材、专著以及科普读物。在我国，纳米科技领域尚没有一套能够系统、科学地展现纳米科学技术各个方面前沿进展的系统性专著。因此，国家纳米科学中心与科学出版社共同发起并组织出版《纳米科学与技术》，力求体现本领域出版读物的科学性、准确性和系统性，全面科学地阐述纳米科学技术前沿、基础和应用。本套丛书的出版以高质量、科学性、准确性、系统性、实用性为目标，将涵盖纳米科学技术的所有领域，全面介绍国内外纳米科学技术发展的前沿知识；并长期组织专家撰写、编辑出版下去，为我国纳米科技各个相关基础学科和技术领域的科技工作者和研究生、本科生等，提供一套重要的参考资料。

这是我们努力实践"科学发展观"思想的一次创新，也是一件利国利民、对国家科学技术发展具有重要意义的大事。感谢科学出版社给我们提供的这个平台，这不仅有助于我国在科研一线工作的高水平科学家逐渐增强归纳、整理和传播知识的主动性（这也是科学研究回馈和服务社会的重要内涵之一），而且有助于培养我国各个领域的人士对前沿科学技术发展的敏感性和兴趣爱好，从而为提高全民科学素养作出贡献。

我谨代表《纳米科学与技术》编委会，感谢为此付出辛勤劳动的作者、编委会委员和出版社的同仁们。

同时希望您，尊贵的读者，如获此书，开卷有益！

中国科学院院长
国家纳米科技指导协调委员会首席科学家
2011 年 3 月于北京

前 言

集成电路是现代信息技术的基石和核心，而存储器是集成电路中最基本、最重要的部件之一，是微电子技术水平的重要指标，有着巨大的市场。作为用量最大的集成电路产品之一，对其高密度、大容量、高速度、低功耗等各方面的性能需求使得存储器的发展成为集成电路设计和制造水平迅速提高的重要推动力。由于核心知识产权的缺乏，存储器技术同时也是制约我国信息产业自主发展的瓶颈之一。自主研发的存储技术可以支撑我国庞大的存储器市场，也符合《国家中长期科学技术发展规划纲要(2006—2020年)》优先重点发展新一代信息功能材料及器件的要求。

传统多晶硅闪存技术在持续微缩到20nm以下技术节点后面临一系列技术限制和理论极限，已难以满足更高密度的存储要求。通过引入和利用新材料、新结构、新原理和新集成方法探索具有更好微缩能力及更高集成密度的新型存储技术成为存储器发展的关键。阻变存储器利用金属-绝缘体-金属结构中介质材料的可逆电致阻变效应来实现存储功能，具有单元尺寸小、器件结构简单、速度快、功耗低、数据保持和耐久力好、微缩性好、与主流半导体技术兼容、易于三维集成等优点，成为重要的下一代存储候选技术，是当前微电子领域的研究热点，得到学术界、国际大公司和研究机构的广泛关注。在2011年和2012年的国际半导体技术蓝图中，阻变存储被认为是最值得优先发展、加快产业化进程的新型存储技术之一。

阻变存储技术涉及微电子、材料、物理、化学等学科领域，是一门交叉性很强的新型存储技术。本书作者针对阻变存储器的未来实际应用，开展了大量深入的研究，取得了很好的研究基础和成果，对阻变存储器的基础科学问题和关键技术具有比较深入的认识和体会。本书基于作者的研究结果，对这些关键问题和技术进行了凝练和总结，通过系统的介绍，期望对读者掌握阻变存储器的基础理论知识、关键科学技术问题以及从事相关的研究等有所帮助。

全书共9章。第1章为绪论，介绍非易失性存储器的发展历程、面临的挑战、发展趋势及几种重要的新型存储器，分析阻变存储器的优势与国内外研发进展等，该章由刘明和王艳撰写。第2章介绍阻变材料，包括无机、有机和纳米阻变材料，总结各类材料的研究概况、制备方法、基本的阻变特性、材料改性方法、材料表征方法等，该章由闫小兵和姬濯宇撰写。第3章为阻变存储器件结构，包括两端结构、与晶体管类似的三端结构、平面四端结构，两端结构中具体介绍垂直"三明治"结构、交叉结构、通孔结构、原子开关结构、平面结构、侧边接触结构，分析各种结构在性能、集成、机理分析、用途等方面的特点，该章由孙海涛撰写。第 4 章为电阻转变的物理机制，重点介绍电化学金属化机制、化学价变化机制、热化学机制、静电/电子机制等电阻转变机制，详细介绍每一种机制对应的阻变理论、材料体系和典型的实验观测结果，该章由刘琦撰写。第 5 章介绍阻变存储器的物理模型，主要内容包括连续介质模型、阻变过程的随机模型与蒙特卡罗模拟、氧空位形成能和掺杂效应及导电细丝结构的第一性原理计算，该章由卢年端和孙鹏霄撰写。第 6 章针对阻变存储器性能参数的离散性介绍电阻转变的统计研究，介绍阻变统计的物理模型，并分析阻变过程中导电细丝的演化过程和电导量子化效应，该章由龙世兵和张美芸撰写。第 7 章介绍器件性能改善方法，总结材料体系优化方法、器件结构优化方法和器件操作方式优化方法，该章由谢宏伟和王明撰写。第 8 章介绍阻变存储器的集成技术，分析两种代表性的集成阵列结构即无源阵列结构和有源阵列结构及其关键问题，介绍无源交叉阵列的读写操作方法，最后介绍一些典型的三维集成结构，该章由李颖弢撰写。第 9 章为阻变存储器的电路应用，分析阻变存储器的紧凑模型及其在 FPGA、CMOL、人工神经元网络中的应用，该章由吕杭炳撰写。

  本书涉及的部分研究成果是作者在国家自然科学基金、国家重点基础研究发展计划(973 计划)、国家高技术研究发展计划(863 计划)、国家科技重大专项等项目的支持下完成的，是中国科学院微电子研究所、东南大学、清华大学、西班牙巴塞罗那自治大学、中芯国际集成电路制造有限公司、Varian 公司等单位共同合作的结晶。本书的出版得到了国家出版基金的资助，特此致谢。

刘 明

2014 年 5 月

目 录

《纳米科学与技术》丛书序
前言
第1章 绪论 ··· 1
  1.1 非易失性存储器发展历程 ·· 1
  1.2 存储器发展趋势 ··· 6
    1.2.1 分立电荷存储器 ··· 6
    1.2.2 铁电存储器 ··· 7
    1.2.3 磁性存储器 ··· 7
    1.2.4 相变存储器 ··· 8
    1.2.5 阻变存储器 ··· 9
  1.3 阻变存储器发展历程 ·· 9
  参考文献 ·· 11
第2章 阻变材料 ·· 14
  2.1 无机阻变材料 ·· 14
    2.1.1 二元氧化物阻变材料 ··· 14
    2.1.2 复杂氧化物阻变材料 ··· 19
    2.1.3 固态电解质材料 ··· 22
  2.2 有机阻变材料 ·· 26
    2.2.1 小分子功能层材料 ··· 27
    2.2.2 聚合物功能层材料 ··· 29
    2.2.3 施主受主复合型功能层材料 ··· 31
    2.2.4 纳米颗粒混合体功能层材料 ··· 33
  2.3 纳米阻变材料 ·· 37
    2.3.1 阻变纳米线 ··· 37
    2.3.2 其他纳米阻变材料 ··· 44
  参考文献 ·· 49
第3章 阻变存储器器件结构 ·· 61
  3.1 两端RRAM ·· 61
    3.1.1 "三明治"结构 ·· 61
    3.1.2 crossbar 结构 ·· 63

  3.1.3 via-hole 结构 ·· 66
  3.1.4 原子开关结构 ·· 68
  3.1.5 平面两端结构 ·· 69
  3.1.6 侧边接触结构 ·· 73
 3.2 三端 RRAM ·· 74
 3.3 四端 RRAM ·· 76
 参考文献 ·· 79

第 4 章 电阻转变机制 ··· 82
 4.1 电化学金属化机制 ·· 83
  4.1.1 电化学金属化理论 ·· 83
  4.1.2 导电细丝生长和破灭的动态过程 ······························ 84
 4.2 化学价变化机制 ·· 91
  4.2.1 化学价变化机制引起的界面势垒调制 ·························· 92
  4.2.2 化学价变化机制引起的导电细丝生长和破灭 ···················· 93
  4.2.3 导电细丝生长和破灭的动态过程 ······························ 96
 4.3 热化学机制 ·· 97
  4.3.1 熔丝与反熔丝模型 ·· 98
  4.3.2 焦耳热 RESET 模型 ·· 100
  4.3.3 焦耳热引起的阈值转变现象 ·································· 101
 4.4 静电/电子机制 ··· 102
  4.4.1 空间电荷限制模型 ·· 102
  4.4.2 Frenkel-Poole 发射模型 ···································· 104
  4.4.3 SV 模型 ··· 105
 参考文献 ·· 108

第 5 章 阻变存储器物理模型 ··· 111
 5.1 阻变存储器阻变模型 ·· 111
  5.1.1 模型的发展状况与分类 ······································ 111
  5.1.2 连续介质模型 ·· 113
  5.1.3 随机模型 ··· 120
 5.2 第一性原理计算 ·· 127
  5.2.1 单个氧空位的计算 ·· 128
  5.2.2 氧空位的形成能 ·· 129
  5.2.3 掺杂效应 ··· 133
  5.2.4 导电细丝的结构预测 ·· 135
 参考文献 ·· 136

第 6 章 电阻转变统计研究 ·················· 140
6.1 电阻转变统计的渗流解析模型 ·················· 140
6.1.1 导电细丝形成和断裂的本质 ·················· 141
6.1.2 SET/RESET 转变的 cell 几何模型 ·················· 141
6.1.3 SET/RESET 转变动力学模型 ·················· 143
6.1.4 SET/RESET 电压和电流统计实验 ·················· 145
6.2 转变速度统计解析模型及转变速度-干扰困境的快速预测 ·················· 151
6.2.1 RRAM 中的转变速度-干扰困境问题 ·················· 151
6.2.2 SET 速度的统计与模型 ·················· 151
6.2.3 恒压模式预测速度-干扰困境的方法 ·················· 152
6.2.4 电压扫描模式快速预测速度-干扰困境的方法 ·················· 153
6.2.5 电压扫描模式下的速度-干扰问题设计空间 ·················· 153
6.3 电阻转变过程中导电细丝演化的统计分析 ·················· 154
6.3.1 单极性 VCM 器件的 RESET 转变的类型与细丝演化过程 ·················· 155
6.3.2 RESET 过程中细丝电导演化的统计分析 ·················· 156
6.3.3 连续电压扫描 RESET 转变中的电导演化的统计分析 ·················· 158
6.3.4 RESET 转变参数的分布规律 ·················· 159
6.3.5 RESET 统计的蒙特卡罗模拟 ·················· 163
6.4 电阻转变中的量子化效应 ·················· 166
6.4.1 VCM 器件电阻转变中的量子化效应 ·················· 167
6.4.2 ECM 器件电阻转变中的量子化效应 ·················· 171
参考文献 ·················· 174

第 7 章 阻变存储器性能改善 ·················· 179
7.1 材料优化 ·················· 179
7.1.1 电极材料优化 ·················· 179
7.1.2 阻变功能层材料优化 ·················· 183
7.2 RRAM 器件的结构优化 ·················· 191
7.2.1 插层结构 ·················· 191
7.2.2 增强电极的局部电场 ·················· 195
7.2.3 器件尺寸微缩 ·················· 197
7.3 RRAM 器件操作方法优化 ·················· 198
7.3.1 直流电流扫描的优化方式 ·················· 198
7.3.2 恒定应力预处理的优化方式 ·················· 201
7.3.3 栅端电压扫描的优化方式 ·················· 203
7.3.4 脉冲测试的优化 ·················· 205

参考文献 ……………………………………………………………………… 207
第 8 章 阻变存储器集成 ………………………………………………… 212
8.1 有源阵列结构 …………………………………………………… 212
8.2 无源阵列结构 …………………………………………………… 222
8.2.1 无源交叉阵列中的串扰现象 …………………………… 222
8.2.2 1D1R 结构 ……………………………………………… 224
8.2.3 1S1R 结构 ……………………………………………… 231
8.2.4 自整流 RRAM 结构 …………………………………… 234
8.3 无源交叉阵列的读写操作 ……………………………………… 240
8.3.1 "写"操作 ………………………………………………… 240
8.3.2 "读"操作 ………………………………………………… 241
8.4 三维集成结构 …………………………………………………… 243
8.4.1 堆叠交叉阵列结构 ……………………………………… 244
8.4.2 垂直交叉阵列结构 ……………………………………… 245
参考文献 ……………………………………………………………………… 248
第 9 章 阻变存储器的电路应用 ………………………………………… 252
9.1 紧凑模型 ………………………………………………………… 252
9.1.1 基于金属离子迁移动态机制的紧凑模型 ……………… 252
9.1.2 基于忆阻器理论的紧凑模型 …………………………… 253
9.1.3 考虑正态分布偏差的 RRAM 紧凑模型 ……………… 255
9.2 RRAM 在 FPGA 领域中的应用 ……………………………… 257
9.2.1 FPGA 技术简介 ………………………………………… 257
9.2.2 传统 FPGA 器件的结构 ………………………………… 258
9.2.3 基于 RRAM 的 FPGA 技术 …………………………… 260
9.3 CMOL 电路技术 ………………………………………………… 265
9.3.1 CMOL 电路介绍 ………………………………………… 265
9.3.2 CMOL 电路结构 ………………………………………… 265
9.3.3 CMOL FPGA 结构 ……………………………………… 267
9.3.4 CMOL 电路的逻辑功能 ………………………………… 268
9.4 忆阻器在神经元网络中的应用 ………………………………… 270
9.4.1 忆阻器介绍 ……………………………………………… 270
9.4.2 忆阻器的模型与机理 …………………………………… 271
9.4.3 忆阻器在神经元网络中的应用 ………………………… 273
参考文献 ……………………………………………………………………… 276
索引 ………………………………………………………………………… 280

第 1 章　绪　　论

半导体存储器是电子设备最基本的元器件之一，是现代信息技术的重要组成部分。随着现代信息技术的快速发展，数据的处理能力不断增强，数据量急剧增长，同时，人们希望可以获得性能优良、价格低廉的存储芯片来存储海量数据。经过三十多年的快速发展，基于浮栅结构的闪存器件取得了巨大的成功。但随着技术节点的不断推进，闪存器件面临的挑战更加严峻。闪存器件到达物理极限之后半导体存储器的发展方向是目前存储领域的热点问题。

1.1　非易失性存储器发展历程

半导体的分类如图 1-1 所示。根据数据的保存条件，半导体存储器可分为易失性(volatile)和非易失性(nonvolatile)两类。易失性存储器需要有电源供应来维持存储的数据，电源关闭后数据就会丢失。主要的易失性存储器包括动态随机存储器(dynamic random access memory，DRAM)和静态随机存储器(static random access memory，SRAM)。非易失性存储器中的数据在掉电状态下也可以保持。主要的非易失性存储器包括只读存储器(read only memory，ROM)、可编程只读存储器(programmable read only memory，PROM)以及基于浮栅结构的可编

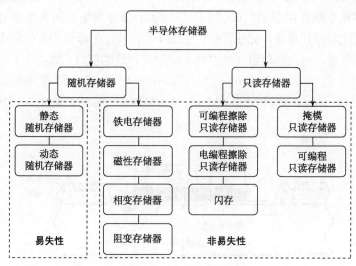

图 1-1　半导体存储器的分类

程擦除只读存储器(erasable programmable ROM，EPROM)、电编程擦除只读存储器(electrically erasable programmable read only memory，EEPROM，也写为E^2PROM)和闪存(flash)。

只读存储器(ROM)中的存储单元为二极管、双极型晶体管或金属-氧化物-半导体(metal-oxide-semiconductor，MOS)型晶体管等半导体器件。它位于字线和位线交叉处，以字线和位线交叉点是否连有器件来决定该单元存储的数据是"0"还是"1"。其中的信息由芯片制造过程中所用掩模决定，用户无法修改，因而ROM一般用来存储固定程序。由于掩模模具价格昂贵，成本较高，所以适用于批量生产的产品。

可编程只读存储器(PROM)的存储方式与ROM类似。芯片出厂时，半导体器件与数据线之间以熔丝相连。用户可根据自己的需要，用电或光照的方法写入所需要的信息。以熔断或保留熔丝区分"0"和"1"。但熔丝熔断后不能再连通，所以一经写入就只能读出，无法更改。因而PROM只能进行一次编程写入，这类器件又称为OTP(one-time programmable)器件。

1967年贝尔实验室的Kahng(姜大元)和Sze(施敏)[1,2]提出了具有浮栅(floating gate)结构的非易失性半导体存储器的构想。浮栅型存储器基于MOS结构，由硅衬底、源端、漏端、隧穿氧化层、浮栅、阻挡氧化层、控制栅构成。如图1-2所示。浮栅位于隧穿氧化层和阻挡氧化层之间，不外接电源，电位是浮动的，因而称之为"浮栅"。器件操作包括写入、存储和擦除三部分。图1-3为三种操作状态时浮栅结构的能带图[2]。写入时控制栅上加正电压，衬底中的电子通过Fowler-Nordheim隧穿进入浮栅，如图1-3(a)所示。由于浮栅包围在绝缘层中，电子可被存储在浮栅中，如图1-3(b)所示。当控制栅上加负电压时，电子会穿过隧穿氧化层回到衬底，完成擦除，如图1-3(c)所示。浮栅中存储的电子会改变器件的阈值电压，通过阈值电压的差别来识别所存储的信息，如图1-4所示。

1971年，英特尔的Frohman-Bentchkowsky[3]发明了浮栅雪崩注入MOS(floating gate avalanche-injection MOS，FAMOS)，结构如图1-5(a)所示。FA-

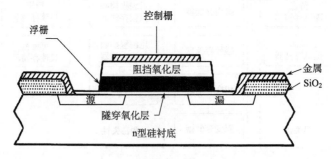

图1-2 浮栅结构剖面图[1]

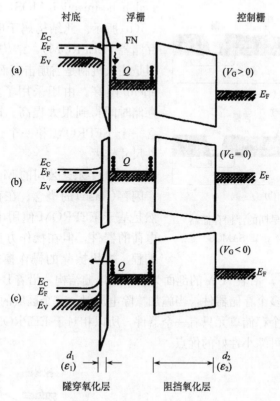

图 1-3 浮栅结构的能带图[2]
(a)写入模式；(b)存储模式；(c)擦除模式

MOS 有浮栅但没有控制栅，编程时通过电压偏置使漏极附近的热电子穿过氧化层注入到浮栅。器件上方有石英窗口，擦除时使用紫外线透过窗口照射器件，浮栅中的电子获得足够能量穿过氧化层回到衬底完成擦除。FAMOS 是一种可编程擦除只读存储器(EPROM)。EPROM 比 PROM 在重复使用性上有了很大的进步，但当数据需要改动时，EPROM 仍需使用专用设备，还要经过繁琐的操作程序才能移除原有数据并写入新数据。并且 EPROM 不能局部地修改数据，必须擦除芯片保存的全部数据。

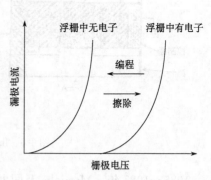

图 1-4 浮栅型存储器工作原理示意图

1976 年，东芝的 Iizuka 等[4]推出了堆叠栅雪崩注入型 MOS(stacked gate

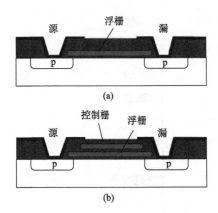

图 1-5　两种早期的浮栅存储器
(a) FAMOS[3]；(b) SAMOS[4]

avalanche-injection MOS，SAMOS），如图 1-5(b) 所示。此结构属于电编程擦除只读存储器（EEPROM），结构与图 1-2 相同，但是注入机制是雪崩击穿而非 Fowler-Nordheim 隧穿。由于采用了较厚的隧穿层，存储时间得到很大提高。每个存储单元包含一个 EEPROM 和一个选择晶体管，器件尺寸较大。

1984 年东芝公司的 Masuoka 等[5]提出了闪存（flash）的概念。在存储机理上它仍然是基于 EEPROM 使用电学方法来存储电荷的器件，但在操作方法上使用了逐位编程、按块擦除的操作模式。图 1-6 所示为 flash 结构图[5]。沿着 A-A′ 的剖面为基本的浮栅结构，沿着 B-B′ 剖面则有一擦除栅，此栅串联多个存储器件，当施加擦除电压时，整个区域的存储器件将同时被擦除。由于每个存储单元只有一个器件，所以相对于 EEPROM，flash 具备密度高、成本低、可缩小性好的优点。

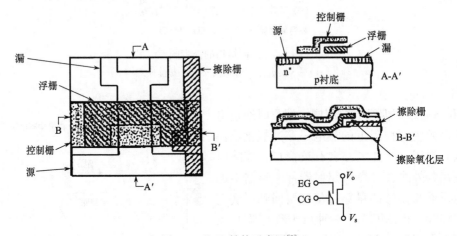

图 1-6　flash 结构示意图[5]

1985～1987 年，Masuoka 及同事分别提出 NOR-flash[6]与 NAND-flash[7]的结构，如图 1-7 所示。在 NOR-flash 结构中，每一个存储器件直接与存储阵列的字线和位线相连接。而在 NAND-flash 存储阵列中，存储器件串联排列（图 1-7(b) 中为 16 个存储单元）。NOR-flash 中随机存储速度较快，而 NAND-flash 中的元件密度较高。

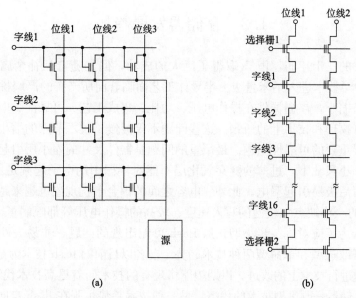

图 1-7　NOR-flash 结构(a)[6] 和 NAND-flash 结构(b)[7]

现在主要的浮栅存储器产品为 EEPROM、NOR-flash 和 NAND-flash。EEPROM 可用于需要每位灵活存储的情况，NOR-flash 主要用于存储程序和代码，NAND-flash 用于存储大量资料。图 1-8 所示为三种浮栅器件产品 2000~2010 年间以及预测到 2020 年的市场占有率[8]。近年来，随着个人便携式电子产品对高容量存储的需求，NAND-flash 的市场占有率大幅攀升。

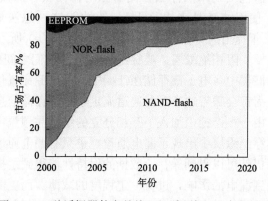

图 1-8　三种浮栅器件产品从 2000 年到 2010 年间以及
预测到 2020 年的市场占有率[8]

1.2 存储器发展趋势

在过去的三十年间，flash 取得了巨大的成功，但是随着互补金属氧化物半导体(CMOS)技术进入纳米量级，半导体工艺面临着前所未有的严峻挑战。随着尺寸的不断缩小，浮栅器件在操作电压、功耗、集成工艺、可靠性、电路设计等方面面临着物理和技术上的瓶颈。这些问题不仅减慢了技术节点的缩小速度，而且引入了很重要的可靠性问题。最严重的问题是器件尺寸的缩小所引起的器件性能的退化。小尺寸下，过薄的隧穿氧化层不能对浮栅中的电子起到足够的保护，在反复擦写后极易引起漏电。此外，电容之间的耦合干扰现象也越来越严重。而 flash 自身的一些缺点如较慢的写入速度、较高的操作电压等都限制了 flash 的进一步发展。为了应对进一步小型化后 flash 可能出现的问题，非易失性存储器的发展出现了改进型和革命型两种技术趋势。前者以目前的 flash 技术为基础，针对出现的问题进行技术上的改进，以期望能将现有的技术向着更高技术代继续推进。分离电荷存储器是改进型技术的代表。另一种技术趋势主张在 flash 走向物理极限之后，提出革命型的、全新的非易失性存储技术。目前，主要的革命型的非易失性存储技术有铁电存储器(ferroelectric random access memory，FeRAM)、磁性存储器(magnetic random access memory，MRAM)、相变存储器(phase random access memory，PRAM)和阻变存储器(resistive random access memory，RRAM)。

1.2.1 分立电荷存储器

分立电荷存储器包括纳米晶浮栅存储器和电荷俘获存储器(charge trapping memory，CTM)。使用纳米晶来提高 flash 的性能这一想法最早是由 IBM 的 Tiwari 等[9]在 1996 年提出的，器件的基本结构如图 1-9(a)所示。纳米晶存储器的核心部分由控制栅、阻挡绝缘层、隧穿绝缘层以及它们之间的纳米晶所构成。在传统的浮栅型存储器中，电子都存储在浮栅中。一旦隧穿氧化层中出现一个泄漏通道，所有的电荷都会顺着这个泄漏通道流走，导致存储信息的改变。但是在纳米晶存储器中，由于在浮栅中加入了互相分立的纳米晶颗粒，电荷被存储在纳米晶上。即使在隧穿绝缘层中出现了漏电通道，也只有漏电通道附近的电荷会流走，大部分的电荷仍然可以得到保存，数据的保持性能得到了提高。隧穿绝缘层的厚度可以不再受到漏电的影响，进行一定程度的减薄。而更薄的隧穿绝缘层可以进一步提高擦写速度，降低操作电压[10-13]。但是纳米晶浮栅存储器也有无法回避的缺陷。由于纳米晶的颗粒是有一定尺寸的，因此在小型化方面仍然会面临到达物理极限后无法继续前进的问题。

CTM 利用化合物材料自身的深能级缺陷作为存储电荷的介质，一般采用氧化物-氮化物-氧化物(oxide-nitride-oxide，ONO)的结构来替代浮栅结构，结构示意图如图 1-9(b)所示。CTM 同样可以解决传统 flash 中过薄的隧穿氧化层对器件保持特性带来的影响，也取得了一些成果[14-16]。但是 CTM 仍然是基于电荷存储的器件，在更小的器件面积下仍然面临很多问题。例如，氮化硅层中存储的电荷是随机分布的，器件尺寸减小至纳米量级之后器件的阈值电压可能出现较大波动从而引起器件性能退化。

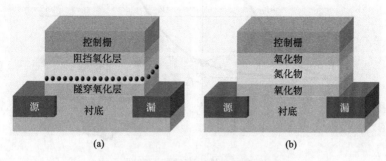

图 1-9　分立电荷存储器的结构示意图
(a)纳米晶浮栅存储器；(b)电荷俘获存储器

1.2.2　铁电存储器

铁电体的晶体具有自发极化强度，并且自发极化强度的方向可以随外加电场的方向而重新取向。铁电存储器正是利用了铁电体的这种特性。在铁电材料中，晶体中心位置的原子有两个稳定的状态。在外加电场下，中心原子可以从原来的位置越过势垒达到另一个位置。而存储的状态就由中心原子的位置来进行存储。由于两个位置间存在势垒，当撤掉外加电场时，原子不能随意越过势垒，因此在掉电时数据得以保存[17,18]。图 1-10 为器件操作原理示意图。铁电存储器具有功耗低、操作速度快、抗辐照等特性，因此在一些特殊领域，如军事、太空探测等科学领域具有比较广泛的应用。但是存储容量小、材料有毒性、工艺不成熟以及与 CMOS 工艺不兼容等缺点制约了铁电存储器的发展。

1.2.3　磁性存储器

磁性存储器是利用材料的巨磁阻效应来实现数据存储的器件。巨磁阻效应(giant magnetoresistance，GMR)[19]指磁性材料的电阻率在外磁场作用时会发生巨大变化的现象，它产生于铁磁材料和非铁磁材料薄层交替叠合的磁性材料结构中。当铁磁层的磁矩相互平行时，载流子与自旋有关的散射最小，材料有最小的电阻。当铁磁层的磁矩为反平行时，与自旋有关的散射最强，材料的电

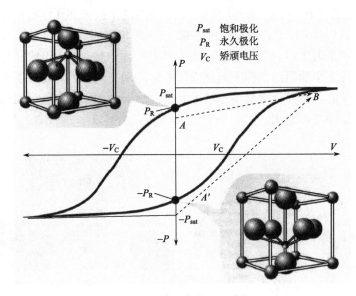

图 1-10 铁电存储器示意图

阻最大,巨磁阻效应如图 1-11 所示。磁性存储器中的状态是通过磁性的转变改变电阻来进行识别的[20],而磁性不易受到外界读取电信号的干扰,这决定了磁存储具有良好的抗干扰能力以及优秀的耐受性能。除此之外,磁性存储器还具有操作速度快、抗辐照、低功耗能优点,在空间环境等特殊领域具有重要地位。

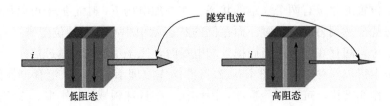

图 1-11 巨磁阻效应示意图

1.2.4 相变存储器

相变存储器(PRAM)也可简写为 PCM(phase-change memory)、PCRAM(phase-change random access memory)、OUM(ovonics unified memory)[21-24]等。相变存储器是利用硫系化合物在晶态和非晶态之间的导电性差异来存储数据的。材料的晶态与非晶态之间一般通过焦耳热进行转变。简化的相变存储器如图 1-12 所示。相变存储器单元的基本结构是在上下电极之间加一层很薄的相变材料。当有外加电信号时电流注入，电阻与硫系化合物层的连接点在加热后产生焦耳热引起相变。在这个结构中硫系化合物与电极的接触面积很小，而周围被绝热材料所包围，在电极和硫系材料接触的位置处热量集中，可以在较小的电压或电流下使硫系化合物发生相变。相变存储器具有耐受性好、能耗低、结构简单等特点。

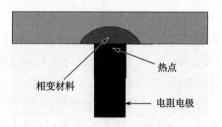

图 1-12　相变存储器的结构示意图

1.2.5　阻变存储器

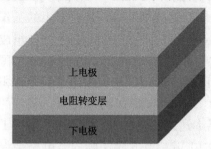

图 1-13　RRAM 的基本结构

阻变存储器(RRAM)的基本结构为上下电极以及电阻转变层组成的"三明治"结构，如图 1-13 所示。电阻转变层材料在电激励的作用下会出现不同电阻状态，以此来实现数据存储。这和相变存储器类似，但不同的是相变存储器中采用相变材料，在电阻变化过程中材料的晶体结构发生了变化；而在 RRAM 中，电阻变化过程施加的电场只影响材料的电子结构，而不影响晶体结构。

1.3　阻变存储器发展历程

早在 1967 年，Simmons 和 Verderber[25]就报道了 Au/SiO/Al 中的电阻转变现象，但是受实验手段和需求的限制，并未引起广泛重视。2000 年，美国休斯敦大学(University of Houston)的 Ignatiev 研究小组[26]报道了氧化物薄膜 $Pr_xCa_{1-x}MnO_3$ 中出现的电阻转变现象。在不同极性的电脉冲作用下，薄膜的电阻值会在相差 10 倍以上的两个状态间变化，并且这种转变是非易失的。该文章引起了工业界的广泛关注，引发了研究 RRAM 的风潮。

早期的 RRAM 研究集中于阻变薄膜材料的探索和阻变器件性能的改进。2000 年 Ignatiev 研究小组[26]的报道中采用了复杂氧化物 $Pr_xCa_{1-x}MnO_3$(也称为 PCMO)。同年，IBM 苏黎世实验室的 Beck 等[27]制备出了基于 Cr 掺杂的 $SrZrO_3$ 钙钛矿材料的 RRAM 器件($Au/SrZrO_3:Cr/SrRuO_3$)，并用不同振幅的电压实现多值存储。2002 年 Yang 研究组[28]报道了采用 AIDCN/Al/AIDNC 夹层结构作为有机存储层的 RRAM 器件，其转变速度可达 10 ns，高、低阻态比值大于 10^4，可达 10^6 次的擦写次数，并且高、低阻态在断电的情况下可以保持数月之久。2004 年和 2005 年国际电子器件会议(International Electron Devices

Meeting，IEDM)上，三星(Samsung)[29]、飞索半导体(Spansion)[30]分别发表了采用镍氧化物和铜氧化物薄膜制成 RRAM 的论文。2005 年亚利桑那州立大学(Arizona State University)的 Kozicki 小组[31]将固态电解质材料 GeS 夹入易氧化金属电极(如 Ag 和 Cu 等)和惰性金属电极之间制备出了性能优良的 RRAM。多个研究组针对多元氧化物材料[32-37]、有机材料[28,38,39]、二元氧化物材料[40-43]以及固态电解液材料[31,44]等不同材料的 RRAM 开展了深入研究。其中组分简单的二元氧化物易于制备且能与 CMOS 工艺兼容，因而更受产业界青睐。

在性能优良存储器件的基础上，研究者们尝试将 RRAM 扩展到阵列。2005 年三星[45]制备了交叉阵列的 50nm 技术的阻变存储阵列，并且具有较小的工作电流和改善的转变电压分布。2007 年富士通(Fujitsu)[46]提出 Ti 掺杂 NiO 组成的 1T1R 型阻变存储单元，速度可达 5ns，重置电流小于 $100\mu A$。在 2009 年的国际电子器件会议上，台湾工业技术研究院(简称台湾工研院)[47]报道了采用台积电 $0.18\mu m$ 标准工艺成功制备了存储密度为 1Kb 的 RRAM 阵列电路，采用的 1T1R 型存储单元尺寸为 30nm×30nm，成品率达到 100％，可在 40ns 宽脉冲工作模式下转变 10^6 次以上，且保持特性可达 10 年。2010 年国际固态电路会议(International Solid-State Circuits Conference，ISSCC)上，美国的 Unity Semiconductor 报道了 $0.13\mu m$ 工艺制造的 64Mb 测试芯片[48]。2011 年三星[49]在《自然—材料》(Nature—Materials)杂志上报道了基于 Ta_2O_{5-x}/TaO_{2-x} 双层结构的 RRAM 器件单元，其可在 10ns 宽脉冲工作模式下转变 10^{12} 次以上。2013 年闪迪(Sandisk)和东芝(Toshiba)[50]在 ISSCC 上联合发表基于 24nm 工艺的 RRAM 阵列，容量达到 26Gb。经过十余年的发展，美国、日本、欧洲、韩国和台湾地区

图 1-14　国际上主要的 RRAM 研究机构

多家研究机构、技术开发部门都针对 RRAM 开展了深入研究。图 1-14 中标注了目前国际上主要的 RRAM 研究机构。

过去的三十年间，以 flash 为代表的非易失性存储器经历了飞速发展。面对未来将会出现的技术瓶颈，非易失性存储器该如何继续发展下去是研究者们正在积极思考的问题。近十年，RRAM 这种新兴的器件展示出了强大的活力。除了自身具有低功耗、高密度、高速等优点外，RRAM 利用存储介质的电阻在电信号作用下在高阻和低阻间可逆转换的特性来存储信息，不存在 flash 遭遇的在相邻单元电场作用下存储信号被改变的问题。RRAM 不需引入传统 CMOS 工艺技术以外的材料，与传统的 CMOS 工艺有很好的兼容性。这意味着无需再在研发和生产成本中投入专用设备，研发和成果转化周期都可大大缩短。RRAM 的操作电流小，$0.18\mu m$ 工艺已可达到 μA 量级，解决方案不以必须将存储单元做得非常小为前提，非常适应嵌入式应用中低功耗的需求，并有很强的成本竞争优势。同时，存储单元基于后端互连，在前端逻辑结构和工艺发生巨大变化的纳电子时代，可与其快速兼容，具有很强的技术拓展能力。因此，RRAM 具有广阔的发展前景，是下一代主流非易失性存储器的有力竞争者。

参考文献

[1] Kahng D, Sze S M. A flash gate and its application to memory devices. Bell System Technical Journal, 1967, 46: 1288-1295.

[2] Sze S M. Non-volatile semiconductor memory in retrospect and prospect. Proceeding of the International Symposium on Nonvolatile Memory, 2012.

[3] Frohman-Bentchkowsky D. Memory behavior in a floating gate avalanche-injection MOS(FAMOS) structure. Applied Physics Letters, 1971, 18: 332.

[4] Iizuka H, Masuoka F, Sato T, et al. Electrically alterable avalanche injection type MOS read only memory with stacked gate structure. IEEE Transactions on Electron Devices, 1976, 23: 379-387.

[5] Masuoka F, Asano M, Iwahashi M, et al. A new flash EEPROM cell using triple polysilicon technology. International Electron Devices Meeting, 1984: 464-467.

[6] Masuoka F, Asano M, Iwahashi M, et al. A 250K flash EEPROM using triple polysilicon technology. IEEE International Solid State Circuits Conference, 1985: 168-170.

[7] Masuoka F, Momodomi M, Iwata Y, et al. New ultra high density EPROM and flash EEPROM with NAND structure cell. IEEE International Electron Devices Meeting, 1987: 552-555.

[8] Global Semiconductor Devices: Applications Market and Trend Analysis. Topology Research Institute, 2010.

[9] Tiwari S, Rana F, Chan K, et al. Volatile and non-volatile memories in silicon with nano-crystal storage. IEEE International Electron Devices Meeting, 1995: 521-524.

[10] Muralidhar R, Steimle E, Sadd M, et al. A 6V embedded 90 nm silicon nanocrystals nonvolatile memory. IEEE International Electron Devices Meeting, 2003: 601-604.

[11] Gerardi C, Ancarani V, Portoghese R, et al. Nanocrystal memory cell integration in a stand-alone 16-

Mb NOR flash device. IEEE Transactions on Electron Devices, 2007, 54: 1376-1383.

[12] King Y C, King T J, Hu C. MOS memory using germanium nanocrystals formed by thermal oxidation of $Si_{1-x}Ge_x$. IEEE International Electron Devices Meeting, 1998: 115-118.

[13] Guan W, Long S, Liu M, et al. Fabrication and charging characteristics of MOS capacitor structure with metal nanocrystals embedded in gate oxide. Journal of Physics D: Applied Physics, 2007, 40: 2754-2758.

[14] Lue H T, Wang S Y, Lai E K, et al. BE-SONOS: A bandgap engineered SONOS with excellent performance and reliability. IEEE International Electron Devices Meeting, 2005: 547-550.

[15] Liao C W, Lai S C, Lue H T, et al. Reliability study of MANOS with and without a SiO_2 buffer layer and BE-MANOS charge-trapping NAND flash devices. International Symposium on VLSI Technology, Systems, and Applications, 2009: 152-153.

[16] Shin Y, Choi J, Kang C, et al. A novel NAND-type MONOS memory using 63nm process technology for multi-gigabit flash EEPROMs. IEEE International Electron Devices Meeting, 2005: 327-330.

[17] Scott J F, Arujjo C A P. Ferroelectric memories. Science, 1989, 246: 1400-1405.

[18] 周益春, 唐明华. 铁电薄膜及铁电存储器的研究进展. 材料导报: 综述, 2009, 23: 1-19.

[19] Baibich M N, Broto J M, Fert A, et al. Giant magnetoresistance of (001)Fe/(001)Cr magnetic superlattices. Physical Review Letters, 1988, 61: 2472-2475.

[20] 吴晓薇, 郭子政. 磁阻随机存取存储器(MRAM)的原理与研究进展. 信息记录材料, 2009, 10: 52-56.

[21] Lai S, Lowrey T. OUM: a 180nm nonvolatile memory cell element technology for stand alone and embedded applications. IEEE International Electron Devices Meeting, 2001: 803-806.

[22] Bez R. Chalcogenide PCM: A memory technology for next decade. IEEE International Electron Devices Meeting, 2009: 89-92.

[23] Im D H, Lee J I, Cho S L, et al. A unified 7.5nm dash-type confined cell for high performance PRAM device. IEEE International Electron Devices Meeting, 2008: 211-214.

[24] Simpson R E, Krbal M, Fons P, et al. Toward the ultimate limit of phase change in $Ge_2Sb_2Te_5$. Nano Letters, 2010, 10: 414-419.

[25] Simmons J G, Verderber R R. New conduction and reversible memory phenomena in thin insulating films. Proceedings of the Royal Society of London. Series A, Mathematical and Physical Sciences, 1967, 301: 77-102.

[26] Liu S Q, Wu N J, Ignatiev A. Electric-pulse-induced reversible resistance change effect in magnetoresistive films. Applied Physics Letters, 2000, 76: 2749-2751.

[27] Beck A, Bednorz G J, Gerber C, et al. Reproducible switching effect in thin oxide films for memory applications. Applied Physics Letters, 2000, 77: 139.

[28] Ma L P, Liu J, Yang Y. Organic electrical bistable devices and rewritable memory cells. Applied Physics Letters, 2002, 80: 2997-2999.

[29] Baek I G, Lee M S, Seo S, et al. Highly scalable non-volatile resistive memory using simple binary oxide driven by asymmetric unipolar voltage pulses. IEEE International Electron Devices Meeting, 2004: 587-590.

[30] Chen A, Haddad S, Wu Y C, et al. Non-volatile resistive switching for advanced memory applications. IEEE International Electron Devices Meeting, 2005: 746-749.

[31] Kozicki M N, Balakrishnan M, Gopalan C, et al. Programmable metallization cell memory based on Ag-

Ge-S and Cu-Ge-S solid electrolytes. Non-Volatile Memory Technology Symposium, 2005: 83-89.

[32] Xing Z W, Wu N J, Ignatiev A. Electric-pulse-induced resistive switching effect enhanced by a ferroelectric buffer on the $Pr_{0.7}Ca_{0.3}MnO_3$ thin film. Applied Physics Letters, 2007, 91: 052106.

[33] Shang D S, Wang Q, Chen L D, et al. Effect of carrier trapping on the hysteretic current-voltage characteristics in $Ag/La_{0.7}Ca_{0.3}MnO_3/Pt$ heterostructures. Physical Review B, 2006, 73: 245427.

[34] Sawa A, Yamamoto A, Yamada H, et al. Colossal electroresistance effect at metal electrode/$La_{1-x}Sr_{1+x}MnO_4$ interfaces. Applied Physics Letters, 2006, 88: 223507.

[35] Hsu D, Lin J G, Wu W F, et al. Voltage-current hysteretic characteristics in $ME/Nd_{0.7}Ca_{0.3}MnO_3$ thin films with ME=Au, Pt, Ag, Cu. IEEE Transactions on Magnetics, 2007, 43: 3067-3069.

[36] Szot K, Speier W, Bihlmayer G. Switching the electrical resistance of individual dislocations in single-crystalline $SrTiO_3$. Nature Materials, 2006, 5: 312-320.

[37] Xiang W, Dong R, Lee D, et al. Heteroepitaxial growth of Nb-doped $SrTiO_3$ films on Si substrates by pulsed laser deposition for resistance memory applications. Applied Physics Letters, 2007, 90: 052110.

[38] Billen J, Steudel S, Müller R, et al. A comprehensive model for bipolar electrical switching of CuTCNQ memories. Applied Physics Letters, 2007, 91: 263507.

[39] Reddy V S, Karak S, Dhar A. Multilevel conductance switching in organic memory devices based on AlQ_3 and Al/Al_2O_3 core-shell nanoparticles. Applied Physics Letters, 2009, 94: 173304.

[40] Schindler C, Thermadam S C P, Waser R, et al. Bipolar and unipolar resistive switching in Cu-doped SiO_2. IEEE Transactions on Electron Devices, 2007, 54: 2762-2768.

[41] Li Y, Long S, Zhang M, et al. Resistive switching properties of $Au/ZrO_2/Ag$ structure for low-voltage nonvolatile memory applications. IEEE Electron Device Letters, 2010, 31: 117-119.

[42] Lin C Y, Wu C Y, Lee T C, et al. Effect of top electrode material on resistive switching properties of ZrO_2 film memory devices. IEEE Electron Device Letters, 2007, 28: 366-368.

[43] Seo S, Lee M J, Seo D H, et al. Reproducible resistance switching in polycrystalline NiO films. Applied Physics Letters, 2004, 85: 5655.

[44] Schindler C, Meier M, Waser R, et al. Resistive switching in Ag-Ge-Se with extremely low write currents. Non-Volatile Memory Technology Symposium, 2007: 82-85.

[45] Baek I G, Kim D C, Lee M J, et al. Multi-layer cross-point binary oxide resistive memory (O_xRRAM) for post-NAND storage application. IEEE International Electron Devices Meeting, 2005: 750-753.

[46] Tsunoda K, Kinoshita K, Noshiro H, et al. Low power and high speed switching of Ti-doped NiOReRAM under the unipolar voltage source of less than 3V. IEEE International Electron Devices Meeting, 2007: 767-770.

[47] Chen Y S, Lee H Y, Chen P S, et al. Highly scalable hafnium oxide memory with improvements of resistive distribution and read disturb immunity. IEEE International Electron Devices Meeting, 2009: 95-98.

[48] Christophe J C, Siau C H, Lim S F, et al. A 0.13μm 64Mb Multi-layered conductive metal-oxide memory. IEEE International Solid State Circuits Conference, 2010: 259-261.

[49] Lee M J, Lee C B, Lee D, et al. A fast, high-endurance and scalable non-volatile memory device made from asymmetric Ta_2O_{5-x}/TaO_{2-x} bilayer structures. Nature Materials, 2011, 10: 625-630.

[50] Liu T Y, Yan T H, Scheuerlein R, et al. A 130.7mm^2 2-layer 32Gb ReRAM memory device in 24nm technology. IEEE International Solid State Circuits Conference, 2013: 210-212.

第 2 章 阻变材料

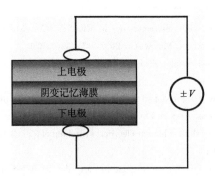

图 2-1 阻变存储器记忆单元结构示意图

近年来，一类基于器件阻值变化的新型的非易失性存储器(阻变存储器)的发展非常引人注目，被认为是可行性高而风险较小的纳米存储器件。阻变存储器的基本结构如图 2-1 所示，由上、下电极中间夹一薄层介质材料构成，像一个微小的电容器。通过改变加在介质材料上的脉冲电压或者电流，可以使介质材料在高电阻态或低电阻态之间进行转换，并且任何一种电阻态的电阻值可在电场去除后保持一定的时间，因而它是一类非易失性存储器。阻变存储器有着广阔的应用前景，必将在未来非易失性存储器市场中占有一席之地，因此，开发性能优良的阻变材料成为当前最为紧迫和重要的任务。本章我们将着重介绍目前几类比较常见的阻变材料。

2.1 无机阻变材料

2.1.1 二元氧化物阻变材料

二元氧化物具有结构简单、材料组分容易控制、成本低、稳定性好和制备工艺与 CMOS 工艺兼容等优点，一直是微电子领域内一类重要的材料体系。20 世纪 60 年代美国 GER(General Electric Research)实验室的 Hickmott 研究小组[1]报道了在 Al-Al_2O_3-Al 器件结构中的电流-电压回线，发现在电场的作用下该结构的器件具有阻变开关特性，人们才打开关于过渡族金属氧化物电阻开关特性的研究之门。而在随后的研究中，SiO 和 Nb_2O_5 也被发现具有电阻开关特性，但该方面的工作并无突破性进展[2-4]。直到 21 世纪初，随着电阻开关存储器概念的提出，具有阻变特性的二元氧化物再度成为关注的热点，人们逐渐开发出一系列新型二元阻变氧化物材料，例如，NiO[5-7]、TiO_2[8-11]、Cu_xO[12-14]、CoO[15]、HfO_2[16]、Ta_2O_5[17,18]、ZrO_2[19-25]等，并对其阻变开关表现和内在机理进行了深入的研究。

Lee等[6]制备了Pt/NiO/Pt和Pt/Ni/NiO/Pt两种结构的阻变器件，如图2-2所示，其中，Ni薄膜为Pt和NiO之间的插入层。实验结果显示，和无Ni插入层的阻变器件相比，有Ni插入层的器件的关闭电流可以是无界面插入层的1/10。作者分析认为漏电流降低是由于氧空位形成及迁移和界面氧化物层造成的。

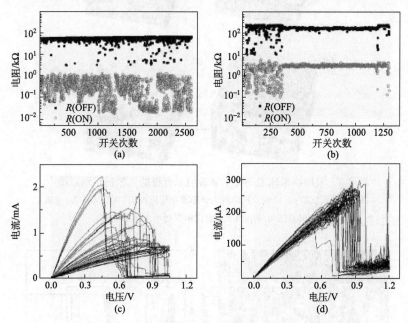

图2-2 Pt/NiO/Pt(a)和Pt/Ni/NiO/Pt(b)器件的抗疲劳特性；Pt/NiO/Pt(c)和Pt/Ni/NiO/Pt(d)器件的关闭过程的I-V特性[6]

Ye等[7]基于NiO薄膜采用纳米球光刻技术制备了常规的纳米电极阵列，工艺图如图2-3所示，然后直接采用可导电原子力显微镜(conducting atomic force microscope，C-AFM)来探测其阻变性能。研究发现，该器件是单极型阻变开关，开关机理符合导电细丝(CF)的形成/断开机制，大约有一半的电极可以工作，开关功率约为10^{-9} W。图2-4(a)为纳米电极的扫描电子显微镜(scanning electron microscope，SEM)图片。图2-4(b)为$4\mu m^2$大小的Au电极的阻变开关的I-V曲线，在对器件施加同样的限制电流的情况下，图2-4(a)中圆圈表示的七个区域均可出现开关性能。

Jeong等[10]在低温下制得十字交叉结构的TiO_2柔性非易失性阻变存储器，如图2-5所示。研究发现，只有Al电极才能有良好的双极特性，但是这也会带来新的问题，如电迁移和击穿，这些问题便会限制像透明电子等新型的应用。因此作者提出新的解决方案，即在上界面区域插入金属层，并在下界面插入阻挡

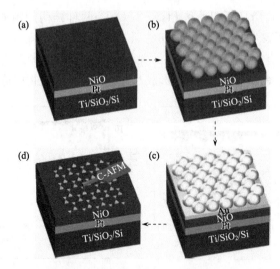

图 2-3 采用纳米球光刻技术制备纳米电极的工艺过程示意图[7]
(a)NiO 薄膜沉积;(b)聚苯乙烯纳米球形成单层掩模板;(c)沉积 Au 电极;
(d)采用可导电原子力显微镜探测单个纳米电极

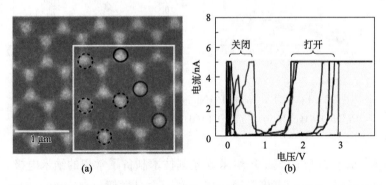

图 2-4 (a)NiO 薄膜上纳米电极的 SEM 照片(七个圈均可出现开关性能);
(b)$4\mu m^2$ 的 Au 电极的阻变开关的 I-V 特性(用同样的限制电流)[8]

层,如图 2-5(a)所示,这样可以大大提高器件的阻变的抗疲劳特性。

Kim 等[14]报道了基于 CuO 材料的阻变存储器,采用阻抗谱和可导电原子力显微镜对阻变机制进行了分析,并通过拟合发现器件的高阻态(HRS)和体效应相关。高阻态的阻抗图如图 2-6(b)所示,其等效电路如图中插图所示。图 2-6(c)说明低阻态(LRS)具有较小恒定电阻值,在 CuO 的体薄膜内有导电通道。采用可导电原子力显微镜来研究纳米尺度范围内的电导特性,如图 2-6(d)所示。首先采用 9V 的电压在 $1\mu m \times 1\mu m$ 范围内进行写入操作,然后在 $2\mu m \times 2\mu m$ 范围内扫描电流图片,可以看出中心 $1\mu m \times 1\mu m$ 范围内是高导区域。此图还可说

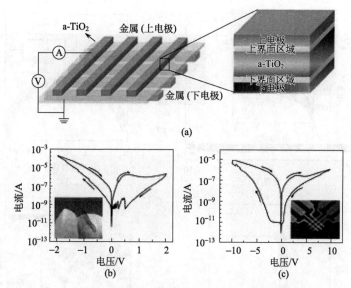

图 2-5 (a) 十字交叉结构 TiO₂ 柔性阻变存储器件结构示意图；
(b) Pt/Ni(5nm)/a-TiO₂/Al₂O₃(10 次循环)/Pt 结构器件的 I-V 特性
(插图为柔性器件图片)；(c) Pt/a-TiO₂/Al₂O₃(10 次循环)/Pt 结构
器件的 I-V 特性(插图为十字交叉阵列结构照片)[10]

明外部电压作用下高导区域是局域性的。

中国科学院微电子研究所刘明研究员课题组[24]深入研究 ZrO₂ 阻变材料的性能，器件结构如图 2-7(a)所示，并发现在 Cu 和 ZrO₂ 之间插入 TiO$_x$ 层之后，器件的性能得到显著提高，器件结构如图 2-7(b)所示。

插入 TiO$_x$ 层以后发现，打开电压明显降低，并且器件在经过 2500 次循环之后，器件的高低阻态电阻值仍然能够达到 10^4 以上，如图 2-8(a)和(b)所示。研究证实通过插入 TiO$_x$ 层能够有效地降低 Cu 和 ZrO₂ 之间的势垒高度，因此可以获得更好的阻变性能，例如，较低的开关电压，较好的开关抗疲劳特性。这也为下一代高密度存储提高材料性能提供新的方法。

基于上述优点，简单二元氧化物受到产业界的广泛关注。例如，韩国三星公司[26-34]采用 NiO 薄膜，Spansion 公司[35-39]采用 CuO$_x$ 薄膜，NEC 公司[40-43]采用 TaO$_x$ 薄膜和中国台湾的 Macronix 公司[44]采用 WO$_x$ 薄膜来研究 RRAM 的存储技术。

国内多家科研单位也在基于二元金属氧化物的 RRAM 研究领域开展了大量的工作，如复旦大学的林殷茵教授领导的课题组系统地研究了 CuO$_x$ 材料的阻变

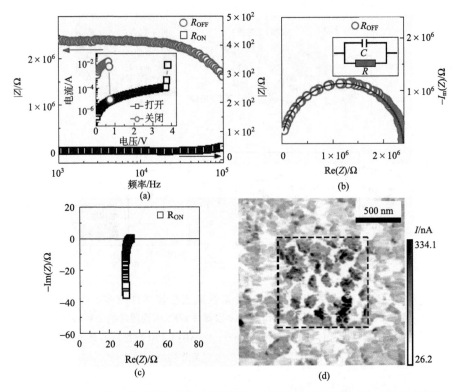

图 2-6 (a)CuO 阻变存储器开态和关态的阻抗 Z 的绝对值和频率之间的关系(插图是 CuO 薄膜的阻变特性);(b)(c)分别为关态(OFF)和开态(ON)阻抗的实部和虚部之间的关系图;(d)导电显微镜在 9V 的写电压作用后,采用 1V 的读电压观测到的原子力显微镜的电流图片[14]

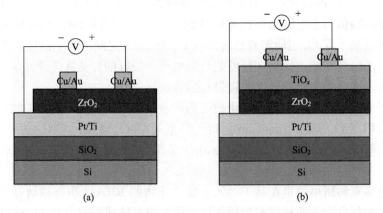

图 2-7 Au/Cu/ZrO$_2$/Pt 器件(a)和 Au/Cu/TiO$_x$/ZrO$_2$/Pt 器件(b)结构示意图[24]

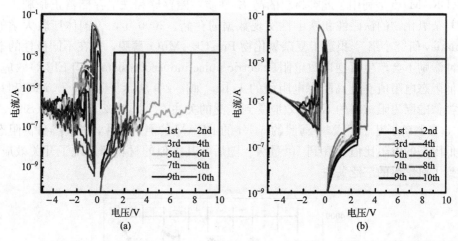

图 2-8　Cu/ZrO$_2$/Pt(a)和Cu/TiO$_x$-ZrO$_2$/Pt(b)器件的10次 I-V 特性[24]

特性,并与SIMC公司合作制备了1 Mbit的测试芯片[45-50]。中国科学院微电子研究所的刘明研究员领导的课题组[22,51-57]对高 K 薄膜材料的阻变特性和机理做了大量的研究工作,是国际上较早采用掺杂来提高阻变薄膜存储特性的小组之一。北京大学的康晋锋小组和清华大学的潘峰小组[58-63]对ZnO等材料的阻变特性和阻变机理做了很多有价值的工作。

除了以上这些二元金属氧化物材料以外,还有许多二元金属氧化物材料,如 CeO_x、Gd_2O_3、MgO、MnO_2、MoO_x 等[64-68]也被发现具有电阻转变效应。影响二元氧化物的阻变特性除了与材料本身相关以外,还和材料的制备工艺[69]、材料的掺杂元素[22,51,52,70-72]以及所使用的电极材料[73,74]等因素均有很大的关系。另外,多层膜作为阻变存储介质也是改善器件性能和满足器件特殊功能的研究重点。

用于生长二元氧化物阻变薄膜的方法主要有氧化、溅射、蒸发、化学气相沉积、原子层沉积以及溶胶凝胶等技术。尽管各公司都有自己关注的二元金属氧化物,但是具体哪种二元金属氧化物更具有优势,目前为止都还没有统一的定论,这也给中国的半导体公司和科研单位提供了获得具有自主知识产权的RRAM器件的机遇。

2.1.2　复杂氧化物阻变材料

复杂氧化物一般具有较高的介电常数,可以用做高 K 材料,在研究中发现部分钙钛矿结构的金属氧化物还具有铁磁性、铁电性和磁电阻效应等重要特性。这些特性使得复杂氧化物在微电子领域内有着重要的应用。例如,动态随机存储器(DRAM)就是利用了此类材料的高 K 性质,磁存储和铁电存储器正是利用一些复杂氧化物的铁磁性和铁电性实现数据的存储。2000 年,美国休斯敦大学的 Ignatiev 研究小组[75]报道了复杂氧化物 $Pr_{0.7}Ca_{0.3}MnO_3$ 薄膜,它在不同极性的电脉冲激励下会产生可逆电致电阻(electric-pulse-induced resistance,EPIR)效应,其低阻态电阻值不到高阻态电阻值的 1/10,如图 2-9 所示。随后,PCMO 和其他类似的巨磁阻材料的 EPIR 效应受到广泛的关注[76-82]。2002 年,夏普(Sharp)公司[83]制备了基于 PCMO 薄膜的 64bit 的 RRAM 的测试芯片,并将器件高阻态和低阻态的电阻比值提高到 10^4 量级。随后与其类似的材料都发现了开关效应,受到了科学界的广泛关注。

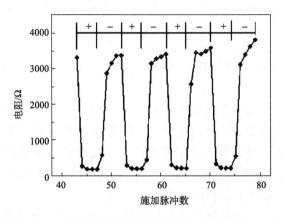

图 2-9 基于 PCMO 薄膜的由正负脉冲诱发的阻变特性[75]

IBM 实验室 Beck 等[84]在 2000 年报道了基于钙钛矿结构的 $Cr:SrZrO_3$ 薄膜的阻变器件,器件的底电极和上电极分别为 Au 和 $SrRuO_3$,在 ±0.5V 的偏压下,器件的高低阻值比能够达到 10,更有意思的现象是:在不同的电压幅值的情况下,器件具有不同的电阻值水平,并且重复性良好,如图 2-10 所示。因此器件可以实现多态存储,大大增加器件的存储密度。

Waser 等[85]领导的课题组报道了 $SrTiO_3$ 单晶和 $SrTiO_3$ 薄膜材料的阻变开关现象,如图 2-11 所示。另外,他们在 $SrTiO_3$ 衬底上制备了 $SrRuO_3/Ba_{0.7}Sr_{0.3}TiO_3/Pt$ 结构的薄膜电容器,并且发现了稳定的开关现象[86]。应用幅值不同的小脉冲电压作用于器件,会出现高阻态、低阻态以及中间态,也能够实现多态存储。阻变器件可以写入和擦除的次数可以超过 10 000 次,并且高低阻态的电阻并没有任何的衰减损失,获得了良好的阻变性能。

随后,其他一些研究小组也报道了多种基于掺杂(Cr 或者 V)的 SZO 材料的电阻转变特性[87-94],目前被报道具有电阻转变效应的多元金属复杂氧化物主要

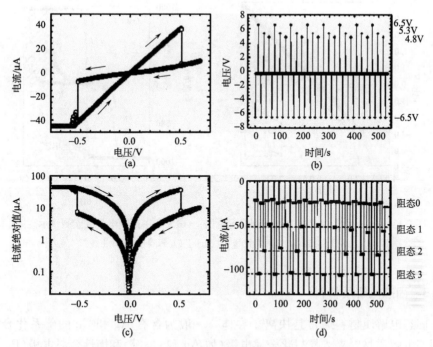

图 2-10 基于 Cr:SrZrO₃ 薄膜的阻变开关特性[84]

(a)和(c)是线性和对数坐标的 I-V 曲线；(b)和(d)是在脉冲模式下的多态存储

有 $Pr_xCa_{1-x}MnO_3$、$La_xCa_{1-x}MnO_3$ 和 $La_xSr_{1-x}MnO_3$ 等四元金属氧化物[95-105]与 $SrTiO_3$、$SrZrO_3$ 和 $SrRuO_3$ 等三元氧化物[106-112]。国内的科研院所，如中国科学院上海硅酸盐研究所、中国科学院物理研究所和南京大学等单位在多元金属氧化物的 RRAM 上也做了大量的工作。

尽管多元金属氧化物材料构成的 RRAM 器件也表现出了较好的存储特性，但是考虑到多元金属氧化物材料的制备工艺比较复杂、成分比例难以控制并与当前 CMOS 工艺不兼容，而且其复杂的组分导致阻变机理也十分复杂。因此这类材料在 RRAM 存储领域的应用前景还不明朗。

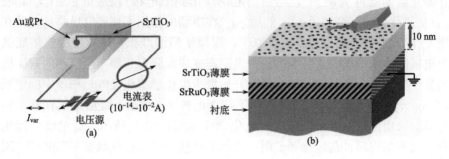

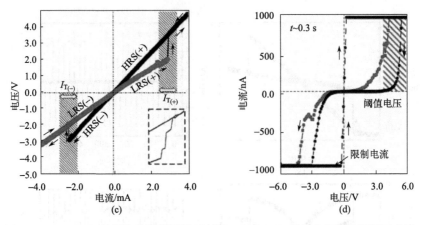

图 2-11 (a)SrTiO₃单晶电学性能测量示意图;(b)SrTiO₃薄膜电学性能测量示意图;
(c)SrTiO₃单晶的 I-V 曲线;(d)SrTiO₃薄膜的 I-V 曲线[85]

2.1.3 固态电解质材料

固态电解质材料通常是快离子导体,一般为含有 Ag 和 Cu 的硫系化合物。将固态电解质材料夹入易氧化金属电极(如 Ag 和 Cu 等)和惰性金属电极(Pt、W 和 IrO₂等)之间形成三明治结构,构建了 RRAM 领域内一种非常重要的存储器类型,通常被称为 PMC(programmable metallization cell)[113]或 CBRAM(conductive bridging RAM)[114]。人们之所以采用固体电解质材料作为存储介质,是因为固体电解质体内的金属阳离子可在电场的作用下自由移动,而不受晶格的限制。底电极和上电极应有一侧是反应电极,要求电负性较低,一般与固体电解质中的金属阳离子相对应。另一侧是惰性电极,一般要求电负性较大的金属材料。

CBRAM 的阻变机理比较清晰,导致其阻变现象的原因是由易氧化金属电极材料的电化学反应和阳离子迁移造成的金属性导电细丝(filament)的形成和断裂[115-117],或者说电化学氧化和还原反应导致的固体电解质薄膜内部连接上下电极的纳米金属细丝的形成与瓦解。以 Pt 和 Ag 分别为底电极和上电极、AgGeSe 为存储介质的器件为例[118],当正的电压应用到上电极(反应电极)上,上电极 Ag 发生氧化反应,变成 Ag^+,然后 Ag^+ 在电场的作用下往底电极移动,并在底电极 Pt 附近发生还原反应变成银原子,银原子慢慢堆积,最后变成连接底电极和上电极的纳米细丝,这时候器件由高阻态变成低阻态。而当所使用的偏压极化方向发生反转时,金属细丝的边缘又开始发生电化学氧化反应,细丝中的银原子变成 Ag^+,然后 Ag^+ 在电场的作用下往上电极 Ag 移动,最后细丝瓦解,整个器件单元又由低阻态变成高阻态,电化学反应如式(2-1)所示。通过改变偏压的极化方向来实现器件高阻态和低阻态之间的反转,完成存储状态"0"和"1"。因为电化学反应不会引起阻变系统结构(金属-绝缘体-金属,MIM)任何变化,所以原则上,基于固体电解质开关的阻变开关可以一直工作下去。

$$Ag^+ + e^- \underset{\text{氧化}}{\overset{\text{还原}}{\rightleftharpoons}} Ag \qquad (2-1)$$

Hirose 等[119]在 1976 年发现了第一个 Ag/Ag-As_2S_3/Au 结构的阻变开关,并且采用光学显微镜看到了单根 Ag 的导电细丝,如图 2-12 所示。改变器件的尺寸和实验条件,多根细丝的形成也是可以预期的。

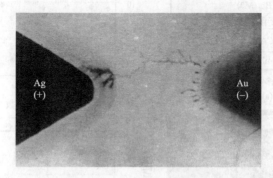

图 2-12　Ag 的从金电极到 Ag 电极的树枝状结晶光学显微镜照片[119]
其中 As_2S_3 薄膜生长在玻璃衬底上

CBRAM 具有非常优越的性能,例如,可缩小性好(<20nm)、低的操作电压(<1V)、低的工作电流(<1nA)、高的操作速度(<5ns)、较好的耐久性(>10^8次)、较长的数据保持时间(>10 年)和多值存储潜力。鉴于 CBRAM 器件优秀的存储特性,Dietrich 等[120]基于 Ag 掺杂的硫系化合物制备了一个 2Mbit 的测试芯片,这是目前为止容量最大的 RRAM 的测试芯片,其器件结构、芯片版图和器件性能如图 2-13 所示。

由于导致固态电解液材料发生阻变现象的微观机理可以归结于原子的移动,因此,通过控制原子的移动数量就有可能产生量子化的电阻转变。2005 年,Terabe 等[121]在 *Nature* 杂志上报道了一种具有量子化电导转变(quantized conductance atomic switch,QCAS)的器件,这种器件的结构是基于Ag/Ag_2S/Pt的交叉阵列。QCAS 器件的工作原理是基于 Ag 原子导电桥的形成和瓦解,通过控制编程电压的幅值,器件的电导呈现量子化的改变。通过设计不同阵列结构的 QCAS 器件可以组成逻辑电路所需的 NOR、OR 和 AND 逻辑门,使得 QCAS 器件有希望在未来的新型纳米电子器件和量子计算机等领域内得到应用。

Guo 等[116]报道了基于 Ag/H_2O/Pt 结构的双极平面的阻变开关[119],衬底为SiO_2。两个平面电极之间的距离是微米量级范围,装上去离子水,然后将-1V 的恒定电压应用到 Pt 电极上,随着时间的推移,可以看出 Ag^+ 逐渐扩散到 Pt

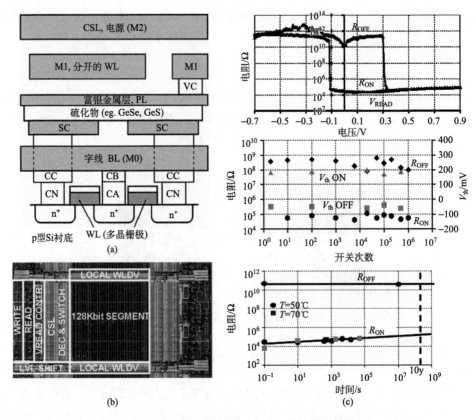

图 2-13　2Mbit CBRAM 测试芯片的器件单元结构(a)、
128kbit 芯片单元版图(b)和器件性能(c)[120]

电极,在衬底上形成树枝状的 Ag 的导电细丝。并且可以看出一旦 Ag 的导电通道形成,导电通道就不再被全部熔解,而是某条由直径为 5~10nm 的 Ag 纳米球构成的链断开,作者认为这是由 Ag 导电通道的瑞利不稳定性造成的。

在过去的一段时间里,可编程金属化阻变存储器得到了快速的发展,特别是 Kozicki 领导的课题组[122,125]和日本国立材料研究所(NIMS)的 Anon 领导的课题组[121,126-128]在这类阻变存储器方面做了很多有意义的工作。比较突出的是 Ag 或者 Cu 掺杂的 Ge-Se、Ge-S[129-132],以及(Zn, Cd)S[133]薄膜,它们表现出良好的阻变开关性能,器件打开和关闭时间一般小于 100ns,高低阻态的电阻比能够达 10^5 以上。

另外,氧化物薄膜,如 SiO_2、ZrO_2、Ta_2O_5、STO 和硅基材料等也可用做固体电解质材料,并且表现出良好的阻变性能。

可编程金属化阻变存储器的开关阈值电压主要取决于固体电解质材料和电极材料,如表 2-1 所示。较宽范围的开关阈值电压可以为材料具体应用提供较高的自由度。典型的高低阻态电阻值分别为 1MΩ～1GΩ 和 100～1000Ω，取决于材料选择和操作条件。因此，高低阻态电阻比可达 10^3～10^7，开关次数可以达 10^{11} 次，保持时间也可达 10 年以上。另外，金属氧化物作为固体电解质材料更容易与 CMOS 工艺兼容。该类器件的开关可以观察到直径 20nm 的导电纳米细丝。采用原子力显微镜观察固体电解质表面有纳米量级直径的导电通道。因此，应用于 11nm 节点技术是可以实现的。多根导电细丝的生长可以导致电阻阶梯性变化，所以这类存储器可以应用于多态存储。固体电解质开关作为双极型存储器，由于足够大的开关比，完成多根细丝不是问题。

表 2-1　具有阻变特性的材料体系，开关阈值电压主要取决于固体电解质和电极材料

体系	开关电压	参考文献	体系	开关电压	参考文献
Cu | $Ge_{0.3}Se_{0.7}/SiO_2$ | Pt	−0.2V	[134]	Ag, Al | $Gc_2Sb_{2+x}Te_5$ | Mo	<1.5V	[141]
Ag | TiO_2 | Pt	<0.4V	[135]	Al | CuO_xCu	1.5V	[142]
Ag/$SrTiO_3$/Pt	0.56V	[136]	TiW | InSbTe | TiAlN	2.2～2.8V	[143]
W/$Ge_{0.4}Se_{0.6}$/Cu/Al	0.56V	[137]	$AgI(AgI)_{0.5}(AgPO_3)_{0.5}$ | Pt	<3V	[144]
Au/ZrO_2/Ag	<1V	[138]	Cu | Ta_2O_5 | Ru	3.5V	[145]
Cu | TaO_x | Pt	<1V	[139]	Ti | Cu/ZrO_2 | n^+-Si	<4V	[146]
W | Cu/WO_3 | Cu	<1V	[140]	Ag | $Nd_{0.7}Sr_{0.3}MnO_3$ | Ag	5V	[147]
Cu | Mn:ZnO | Pt	1.4V	[63]	Ag/Cu | MoO_3/P_2O_5 | Ag/Cu	9.4～25V	[148]

国内科研单位，如清华大学、中国科学院微电子研究所、南京大学等，开展了大量该类存储器的研究。清华大学潘峰教授[149]采用 ZnO:Mn 材料，中国科学院微电子研究所刘明课题组[21]采用 ZrO_2 材料，南京大学刘治国教授采用复杂电解质材料如 $RbAg_4I_5$ 薄膜[150]、Ag-Ge-Se[151]、$Ag_{30}S_2P_{14}O_{42}$[141] 和 $(AgI)_{0.3}(AgMoO_3)_{0.7}$[152] 等，均取得了良好的实验结果。

阻变存储器单元采用的电极材料对器件的性能和阻变开关机制产生着重要的影响，常用的电极材料主要有：Ag、Cu、Au、Pt、Ti、TiN、TaN、Al、Ni、Mo、W 等。其中，Pt 和 Au 被认为是惰性电极，它们与阻变介质层界面化学性质稳定，不会发生扩散或者电化学反应，场致迁移率较低。Ag 和 Cu 是具有高迁移率的活性电极材料，它们在阻变介质材料中能够在电场的作用下发生迁移和扩散，是器件高低阻态转变的关键原因，这点将在阻变机制一章详细说明。而 Ti、Al 和 Ta 为界面活性电极，尽管在阻变介质中迁移率不高，但它们自身化学活性较强，与阻变介质层容易发生反应，从而生成界面层，该界面层影响着器件的机制和开关性能。

2.2 有机阻变材料

有机阻变存储器的基本工作原理是在不同的电压条件作用下，有机材料的电阻可在高阻态和低阻态之间进行可逆转换。和无机阻变存储器的一样，在施加电压时，很多有机材料都表现出了存储特性。根据不同的电阻状态，有机阻变存储器件存储"0"或者"1"的信息。

有机阻变存储器件的功能层材料分为：①小分子（small molecular）功能层材料；②聚合物（polymer）功能层材料；③施主受主复合型（donor-acceptor complexes）功能层材料；④纳米颗粒混合体（nanoparticle blends）功能层材料。根据电流-电压关系（图 2-14），有机阻变存储器件可分为六种基本类型：①电阻滞回型有机存储器件；②双极型有机存储器件；③易挥发性有机存储器件；④一次写入多次读取（write once read many，WORM）型有机存储器件；⑤非极性有机存储器件；⑥单极性有机存储器件。

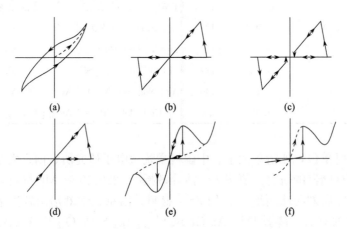

图 2-14 有机存储器件的电流-电压关系示意图

到目前为止，已报道的具有阻变特性的有机功能材料及有机阻变存储器件已经数不胜数。有机阻变存储器件最早由 Gregor 等[153,154]报道，他们采用一种简单的器件结构：金属-绝缘体-金属（MIM）"三明治"夹心结构。该工作的两个金属电极为铅，有机功能材料为在辉光放电的情况下沉积的聚（二乙烯基苯）[155,156]，有机功能材料的厚度介于 10~25nm，当对器件施加 1~2V 的电压时，器件中的有机绝缘材料出现从高阻到低阻的转变，该器件的转换时间为 $1\mu s$，在低阻态可保持 30min，循环次数可达 2.5×10^5 次。随后，利用辉光放电的方式制备的基于如苯乙烯、乙炔和苯胺[156]等其他聚合物的存储器件相继被报道。

2.2.1 小分子功能层材料

早期基于小分子的有机功能材料的有机阻变存储器件采用简单的金属-绝缘体-金属（MIM）三明治夹心结构。Larson 等[157]以金和铝为电极制备了基于600nm 厚的并四苯（tetracene）的阻变存储器件（Au-tetracene-Al），他们发现在 4～8V 的电压范围内，器件的电阻不可逆地降低到起始电阻的 $1/10^5$。随后，他们以软金属（镓铟合金）为电极制备了基于苊和并四苯的重复性良好的阻变存储器件[158]。

从早期试验不难发现，在仅有几平方毫米大的有机薄膜上施加高达 100 MV/m 的电场是非常困难的：底部电极的凹凸灰尘颗粒、有机功能材料层中存在的"针孔"、顶电极的不规则等都可能会导致器件性能的不可重复性，从而掩盖材料本身的性能。尽管存在诸多困难，在过去的几十年里，对有机阻变存储材料的研究一直为科研工作者关注，并在近几年得到了快速的发展。

如表 2-2 所示为典型的小分子功能层材料，以蒽（anthracene）[159]，并五苯（pentacene）[160]，8-羟基喹啉铝（Alq3）[161,162]，TPD[163]，AIDCN[164]；具有不同吸电子基团的荧光染料[165,166]，芴、蒽等的衍生物[167]，含有亚水杨基基团的分子[168]为代表的许多小分子的有机半导体都可以作为有机阻变功能材料来制备 MIM 的阻变存储器件。通过把蒽作为 PMMA 的侧链制备成共聚物可以获取均一性更好的薄膜，从而提升器件的性能[169,170]。在聚甲基丙烯酸甲酯共聚物通过静电诱导效应进行层-层自组装的小分子-聚合物有机功能材料，如酞菁镍[171]或四碘四氯荧光素[172,173]和聚丙烯胺盐酸盐的主体的薄膜也被用来作为有机阻变存储器件的功能层。

表 2-2 小分子功能层材料

开关类型	结构	参考文献
电阻滞回型	ITO / NiPc:PAH / Al	[171]
双极型	Au/蒽和聚甲基丙烯酸甲酯的共聚物/Al ITO / DDQ, TAPA, 荧光素曙红 Y 或玫瑰红:PAH / Al	[165], [166], [172], [173] [171]
易挥发性	Al /并四苯/ Au, Ag /蒽/ Ag Al /并五苯/ Al	[157] [159] [160]
一次写入，多次读取型	ITO, Au, 或 Al / Alq3 / Al	[161]
非极性	ITO 或 Au / Alq3 或 NPB / Al, Ag 或 Au Al/ AIDCN / Ag	[162] [163]

亚水杨基具有光致色变及开关特性,含有亚水杨基基团的分子通常被用于光开关以及光盘信息存储。Liu 研究小组[168]报道了具有亚水杨基的 BSH(N-ethyl-N′-salicylidene-1, 2-diaminoethane)分子(图 2-15)的电学特性,发现其也具有电致双稳态开关的特性,可用于有机分子存储器。在乙醇溶液中,利用水杨醛与1,6 双氨环己烷合成 BSH 分子,如图 2-15 所示。在得到 BSH 分子溶液后,经过重结晶和纯化得到 BSH 粉末。将 BSH 分子粉末作为蒸发源,采用热蒸发的技术即可得到 BSH 分子薄膜。

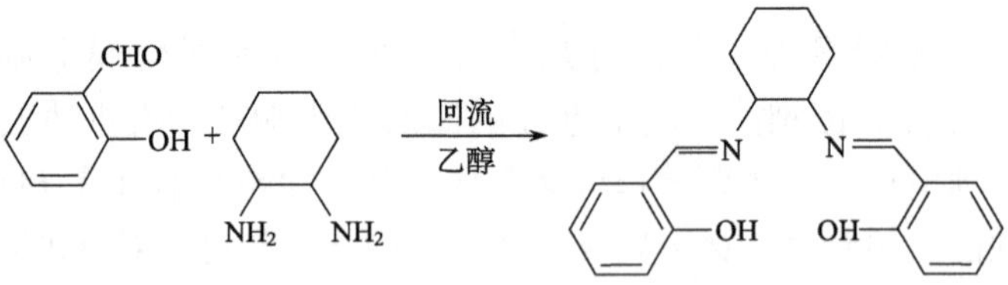

图 2-15　BSH 分子合成示意图[168]

该器件截面示意图如图 2-16 所示。衬底采用 Si_3N_4/Si 衬底,下电极采用 Cr/Au,然后真空热蒸发沉积 50 nm 厚的 BSH 薄膜,最后利用上电极做掩蔽刻蚀去除 Ti 保护层,得到 Au/BSH/Ti 结构器件,交叉点大小为 $1\mu m \times 1\mu m$。典型的电流-电压曲线如图 2-17 所示。图中,电压扫描的顺序按照 1→2→3→4 依次完成,首先从 0V 到 15V,然后从 15 到 -15V,最后从 -15 回到 0V,完成一次循环。当正向电压大于 10V 时,器件从高阻态($10^6 \Omega$)转变为低阻态($10^3 \Omega$),开关比为 10^3,负向电压大于 -12V,器件从低阻态回到高阻态。

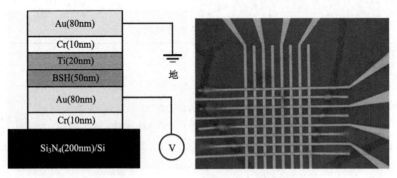

图 2-16　Au/BSH/Ti 器件及阵列结构[168]

BSH 分子在溶液中光致色变开关的机理是由于质子转移造成的分子结构发生变化。Liu 等发现电压偏置同样能够使固态的 BSH 分子发生阻态开关变化,其原因同样可以利用质子转移来解释,如图 2-18 所示。BSH 分子初始结构为烯醇结构(enol-form)，电阻较高，当电压偏置超过某一个阈值后，氢离子将从羟基上分离出来，与氮离子结合，形成酮类结构(keto-form)，电阻较低。这种氢离子转移的过程通常称为质子转移。这个过程可逆、可重复，因而具有在有机分子存储器中潜在的应用前景。

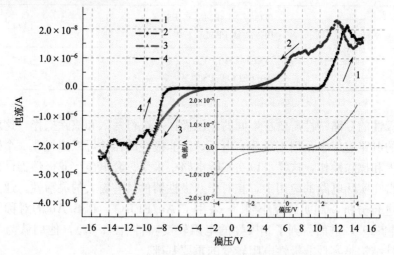

图 2-17　Au/BSH/Ti 器件的电阻转变特性曲线[168]

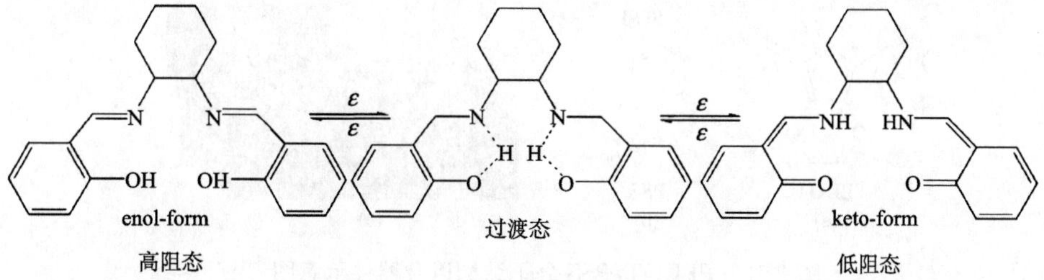

图 2-18　BSH 分子质子转移过程[168]

2.2.2　聚合物功能层材料

到目前为止，已报道可用做有机阻变存储功能材料的聚合物包括：①绝缘性能良好的聚合物如聚苯乙烯[174,175]、丙烯酸酯[174]和聚乙烯基咔唑(PVK)[176]及其衍生物；②半导体性的聚合物，如共轭聚合物噻吩衍生物[177,178]、聚苯[179,180]、聚(螺芴)类[181]和聚(苯乙炔)的衍生物[182]。表 2-3 所示为典型的聚合物功能层材料。

表 2-3 聚合物功能层材料

开关类型	结构	参考文献
电阻滞回型	ITO/P6OMe/Al	[177]
双极型	Al/PSF/Ba：Al	[181]
易挥发性 一次写入多次读出	ITO 或 Mo/PMMA，PS， PEMA 或 PBMA/石墨	[174]
非极性	ITO/MEH-PPV/Al Au/PEDOT：PSS/Au	[182] [183]

双极性的存储特性需要在不同的电压极性下进行写入和擦除操作，这就需要在实际的电路应用中采用正负两套电压。而非极性的器件可以选择在一个极性下进行写入和擦除操作，这样可以在实际电路中采用一套电压。非极性器件的这一特性使得在实际电路的应用中，相对于双极性器件具有更大的灵活性。通过对器件结构进行分析，刘明研究小组[183]采用了 Au/PEDOT：PSS/Au 的对称的器件结构（图 2-19），进而得到了非极性的电阻转变特性（图 2-20），他们认为采用对称的器件结构是实现非极性电阻转变的重要基础。

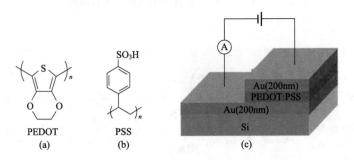

图 2-19 PEDOT：PSS 分子结构以及器件示意图[183]

对不同的编程电流对器件的复位电流和开态电阻的影响进行研究，发现复位电流和开态电阻对编程电流存在依存关系，如图 2-21 所示。当编程电流从 10mA 减小到 100μA 时，复位电流由 40mA 减小到 200μA，开态电阻由 20Ω 增加到 10^3Ω。因此可以采用减小编程电流的方法，来降低复位电流，进而降低擦除过程中的功耗；同时可以增加开态电阻，降低读取数据时的功耗。

为了更进一步了解 Au/PEDOT：PSS/Au 器件的特性，通过制作不同面积的器件，进而研究器件面积与器件电阻的变化关系，如图 2-21（a）所示。图 2-21（b）显示，当器件面积减小为 1/400 时，原来的器件的开态电阻和关态电阻将会减少到 1/30 和 1/4000 阻值大小。这说明 Au/PEDOT：PSS/Au 器件具有良好的可缩小性，当器件的尺寸进一步减小时，器件的开关比进一步增加，器件的功耗进一步缩小。

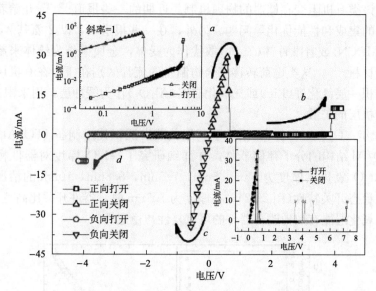

图 2-20　Au/PEDOT:PSS/Au 器件的 $I\text{-}V$ 特性[183]

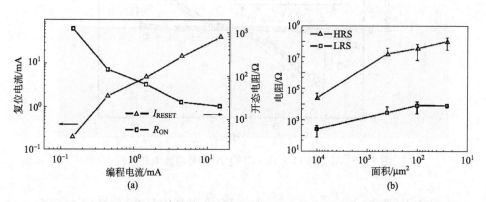

图 2-21　(a) Au/PEDOT:PSS/Au 器件复位电流和开态电阻随编程电流的变化；(b) 器件的高低阻态随器件面积的变化[183]

2.2.3　施主受主复合型功能层材料

导电性能良好的电荷转移复合物常也被用来作为有机阻变存储材料，在这一体系的有机阻变材料中，CuTCNQ（四氰基醌二甲烷 TCNQ 是受体，金属铜是给体）是最受关注的热点之一。自 1979 年，Potember 等[184]在 Cu/CuTCNQ/Al 结构中首次发现了电荷转移复合材料 CuTCNQ 的电双稳态特性以来，拉曼光谱[185]、频变阻抗[186]、光学 IR[187]和扫描电子显微镜（SEM）[188]等表征手段都被用来探索该类有机阻变存储器的物理机制。近期的一些报道[188,189]开始着手探索该类器件的集成和性能优化等问题。另外，在一些报道中，以 2-氨基-4,5-二氰基咪唑（AIDCN）或者酞菁锌（ZnPc）取代作为受体，金属铜作为给体来制备有机阻变存储材料[190]。这类电荷转移复合物制备的流程区别在于，在有机层与金属铜之间沉积一层氟化锂（LiF）或三氧化二铝（Al_2O_3）作为缓冲层，用来限制 Cu 从电极到有机层的扩散。

2003 年，Oyamada 等[187]报道了利用共蒸发沉积技术制备 ITO/Al/Al_2O_3/CuTCNQ/Al 结构的分子存储器件，并详细研究了 Al_2O_3 厚度对器件特性的影响。在 Al_2O_3 氧化层厚度为 1nm，5nm，7.5nm，8.8nm，10nm 的情况下，观察到了双稳态开关特性（图 2-22）。在厚度为 7.5nm 时，器件开关比高达 10^4，而且 Al_2O_3 氧化层能有效地改善器件的可重复性与稳定性。

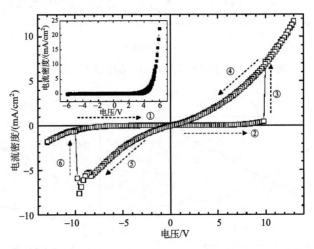

图 2-22　Al/(Al_2O_3)/CuTCNQ/Al 器件电流电压曲线[187]

有机施主-受主（donor-acceptor，D-A）复合材料因具有可对材料实现分子水平设计的优点，吸引了众多研究者的关注。如表 2-4 所示为典型的施主-受主复合型功能层材料，这类材料制备主要有以下几种方法：①通过简单地将施主、受主材料相混合组成施主-受主复合材料，如双氰基乙烯-吡啶（biscyanovinyl-pyridine）和环十烯（decacyclene）[191]、硝基苯甲基丙二腈（nitrobenzylmalonitrile）和对苯二胺（decacyclene）[192]。②通过将施主、受主材料掺入到一种聚合物基质中构成，如把亚甲基富勒烯衍生物（PCBM）和四硫富瓦烯（TTF）按照一定比例[193]混合在聚苯乙烯（PS）溶液中来制备有机阻变存储器件的功能层。③通过把两种受主混合在一起作为有机阻变材料的功能层，如 PCBM/TCNQ[194]；另外，两种复合材料其中之一可以是聚合物材料，如 PVK 和稀土复合物的复合体系[195]。④施主和受主的分子可以通过化学反应的方式结合在一起[196]，或者通过聚合的方式成为同一聚合物材料的支链。然后再通过旋涂或者沉积的方式形成薄膜[197-199]。对有机施主-受主(D-A)复合材料的体系，通常假设在电场的作用下，电荷在给体和受体之间发生移动从而使材料由高阻态转变为低阻态[200]。然而到目前为止，对这一体系的物理存储机制的实验证据还很少见。

表 2-4　施主-受主复合型功能层材料

开关类型	结构	参考文献
双极型	Cu/CuTCNQ/Al	[186]
	ITO/EuVB-co-PVK/Al	[197]
	ITO/PEDOT：PSS/RE 复合物：PVK/LiF/Ca /Ag	[195]
	HOPG/NBMN：pDA/STM	[192]
	Al/CuTCNQ/Al	[187]
	HOPG/CDHAB/STM-W	[193]
		[189]
易挥发型	Cu/CuTCNQ/Al	[187]
一次写入多次读取型	Ag/DC：BDCP/Ag	[191]
	Ag/DC：BDCP/Ag	[199]

在施主-受主的有机存储材料体系中，另一种常见的制备方法是通过依次沉积的方式制备双层复合材料薄膜，例如，N,N'-二苯基-N,N'-(1-萘基)-1,1'-联苯-4,4'-二胺(NPB)/8-羟基喹啉铝(Alq3)[201]，酞菁铜(CuPc)/2-氨基-4,5-二氰基咪唑(AIDCN)[202]。这种结构和有机发光二极管所采用的交替沉积的空穴和电子传输层的结构类似。

2.2.4　纳米颗粒混合体功能层材料

有机-无机复合体系是有机阻变功能材料研究的另一个热点，其中以金属纳米颗粒作为掺杂混入有机半导体材料中为重中之重，即在有机存储介质中嵌入金属薄膜或掺杂金属纳米晶。研究发现，金属层作为夹心层嵌入在有机材料中时，该类材料制备的器件才表现出存储的特性[203,204]，随后的试验结果发现，嵌入在有机半导体材料中的金属层的存在方式为不连续的岛状结构时，器件的性能为最佳。其中，金属夹膜或金属纳米晶作为电荷捕获中心，在合适的外加偏压下通过捕获和释放电荷调节器件的电阻状态，从而实现阻变式存储功能。如表 2-5 所示为典型的纳米颗粒混合体(nanoparticle blends)功能层材料。

表 2-5 纳米颗粒混合体功能层材料

开关类型	结构	参考文献
电阻滞回型	Al/(Au-2NT 或 BET):PS/Al	[209]
双极型	Al/AIDCN/(Al)/AIDCN/Al Al/(Au-DT):8HQ, 或 DMA:PS/Al	[203], [204] [208], [209]
易挥发性	Al/AIDCN/(Al):AIDCN/AIDCN/Al Ag/CNPF/(Ag)/CNPF/Ag	[206] [215]
一次写入多次读取型	TDCN/(Ag)/TDCN	[212]
非极性	NDR Al/Alq3/(Al)/Alq3/Al	[180], [205]
	ITO/(Au-TPP):xBP9F/Al	[179], [180]
	ITO/(Au-TPP):xHTPA/Ca/Al	[180]
	ITO/(Au-TPP):xHTPA/Al	[180]
	ITO/(Au-TPP):xHTPA/xHTPA/Al	[180]
	Al/NPB/(Al)/NPB/Al	[180]
	Cr/Alq3/(Al)/Alq3/Al	[180]
	Cu/Alq3/(Al)/Alq3/Al	[180]
	ITO/Alq3/(Al)/Alq3/Al	[180]
	Au/Alq3/(Al)/Alq3/Al	[180]
	Ni/Alq3/(Al)/Alq3/Al	[180]
	Al/Alq3/(Mg)/Alq3/Al	[180]
	Al/Alq3/(Ag)/Alq3/Al	[180]
	Al/Alq3/(Cr)/Alq3/Al	[180]
	Al/Alq3/(CuPc)/Alq3/Al	[180]
	Al/(Au-DT):P3HT/Al	[210]

Bozeno 研究小组[180]对比了纳米颗粒的夹杂方式、不同的有机材料基底以及不同的纳米颗粒对器件电学性能的影响(图 2-23)。发现对于原来不具有开关特性的有机材料，夹杂后表现为具有开关特性；原来具有开关特性的有机材料，夹杂后器件特性基本保持不变(图 2-24)。

加利福尼亚大学洛杉矶分校的 Yang 小组把这一阻变存储体系扩展到了一系列有机材料体系，如聚苯乙烯[205]、8-羟基喹啉铝[206]和二甲基蒽[207]。这类体系的阻变存储材料中，为了获取性能稳定的器件，金属纳米颗粒往往经过不同形式的组装与修饰，金属纳米颗粒的修饰方法有以下几种：①在蒸镀后其表层往往有自然氧化层，如金属铝[208,209]；②在金属纳米颗粒表面组装一层有机分子，如金纳米颗粒往往利用三苯基膦[179,180]或者十二烷基硫醇[206,207]进行修饰；③利用电子给体材料对金属纳米颗粒进行修饰，如金纳米颗粒与萘硫酚[205,206]。

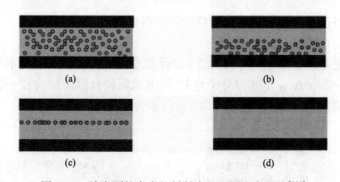

图 2-23 纳米颗粒在有机材料中的不同夹杂方式[180]

(a)均匀夹杂；(b)均匀夹杂与不夹杂的叠层结构；(c)有机层/纳米颗粒/有机层的夹层结构；(d)不夹杂

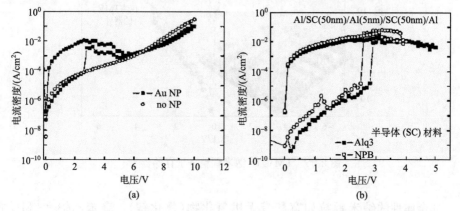

图 2-24 (a)对于原来不具有开关特性的有机材料，夹杂后表现为具有开关特性；
(b)对于原来具有开关特性的有机材料，夹杂后器件特性基本保持不变[180]

  共轭聚合物也是常被用来研究纳米晶掺杂的有机存储材料之一，与聚合物一起复合的纳米颗粒有金、银、碳纳米管等，其中金、银纳米颗粒在聚合物体系中的掺杂方式分为修饰和未修饰两种。将十二烷硫醇修饰过的金颗粒[210]或碳纳米管[211]掺杂在聚(3-己基噻吩)薄膜中形成存储材料的薄膜。金属银纳米颗粒往往以离子束蒸发[212]、简单的热蒸发[213]共沉积，或者通过等离子聚合的方式与六甲基二硅氧烷或苯聚合在一起[214]。通过控制材料薄膜的制备条件，可以得到金属纳米颗粒掺杂的绝缘性薄膜、金属性能的功能材料薄膜，研究结果表明，只有纳米颗粒间杂薄膜表现出存储性能。

  除了利用旋涂溶液的方式制备聚合物的薄膜外，也可以利用转移的方案制备聚合物。Ouisse 等[215]利用转移的方案制备了有机聚合物的薄膜，在转移的两层聚合物中间，采用热蒸发的方式制备银纳米颗粒层，试验结果表明，该功能材料薄膜的性能与聚合物的分子结构相关，当芴分子上面的 9-位被氰基取代时，利用该薄膜制备的器件表现出存储的特性,而当该位置被烷基取代时,该薄膜不能表现出存储的特性。

加利福尼亚大学洛杉矶分校的 Yang 研究小组[216]在 2006 年将烟草斑纹病毒(tobacco mosaic virus,TMV)分子与 Pt 的纳米颗粒自组装结合在一起,分散在 PVA 溶液中制备了有机存储器,如图 2-25 所示。

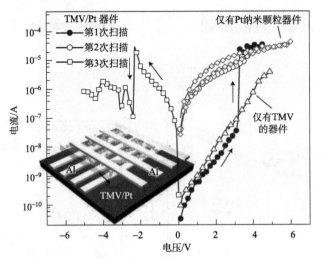

图 2-25　TMV/Pt 纳米颗粒分子存储器[216]

非金属性的纳米颗粒如宽禁带无机氧化物(氧化锌)、聚苯乙烯[217]和酞菁铜[180]等,作为掺杂体系和有机功能材料复合而成的薄膜,也表现出存储的特性。

不同结构的器件的电学特性也是迥异的,对于同一种材料,其电学特性也可能不尽相同。由于不同的小组所报道的器件的测试条件不同,器件之间的比较、归纳也非常困难。有些报道的测试是从零伏开始正向扫描,然后从设定的电压值扫描回归至零伏;而有些报道的测试是先在负电压区域扫描,然后再进行正向电压的扫描,或者只是对器件进行负电压的单向扫描。文献报道的器件性能通常是为了得到器件的存储性能而进行的测试,因此,往往不能判断材料的相关特性是否得到了足够的研究。此外,在所报道的器件中,不是所有的器件面积、器件的结构及测试的详细信息都在文献中体现出来了,因此,给相关材料的研究也带来了不少麻烦。不过,根据文献里所给出的相关信息,我们可以总结出最具典型的有机存储材料及其相关器件,在此基础上来研究和开发最具应用价值的材料。

以往的研究工作主要围绕不同的存储介质展开。最近,研究者开始关注电极材料对有机存储器性能的影响[218,219]。Ha 和 Kim 制备了基于不同电极材料的 PEDOT：PSS 薄膜存储器[218],他们采用的底电极材料为 ITO 和 Al,顶电极材料为 Al、Ti、Cr、ITO、Au、Ni、Pd 和 Pt。研究表明,以 ITO 为底电极的器件表现出双极转变特性,而以 Al 为底电极的器件仅在限流(compliance current)编程时表现出单极转变特性。Ouyang 等[217]也报道了对电极材料敏感的双极性阻变存储器,器件以掺杂 Au-2NT 纳米颗粒的聚合物薄膜为存储介质,Al 为底电极,Au、Cu、Al 为顶电极。研究指出,因功函数不同的顶电极与 Au-2NT 纳米颗粒所形成的接触电势差不同,器件的阈值电压与顶电极的功函数密切相关。

近年来,有机存储器在结构、性能及制备方法上都取得了长足的进展,但器件存储机理仍然存在着很多的争议。用于解释有机存储器转变机理的模型,通常由无机半导体的经典理论模型演变而来,而为有机半导体材料建立一套专门的数学或数值模型,将对改善有机存储器性能从而促进其实际应用有很大的促进作用,这是一项困难但很有意义的工作。

2.3 纳米阻变材料

随着阻变存储器件的材料、性能和机理方面研究的深入,为了追求更小尺寸、更高密度存储的目标,人们开始进行纳米材料的探索,并取得了良好的实验结果。本节将对纳米阻变材料的研究现状以及材料的制备和性能作一概述。

2.3.1 阻变纳米线

美国哈佛大学 Lieber 教授和密歇根大学 Lu 教授等合作制备了 Si/非晶 Si(核-壳层)阵列结构阻变器件[220],如图 2-26 所示。他们采用了两步化学沉积工艺:①采用金属催化剂制备出 Si 纳米线;②沉积非晶 Si 壳层。器件显示双极型开关。开关态电阻值比可达 10^4,位线尺寸可以小至 20nm×20nm。器件可以成

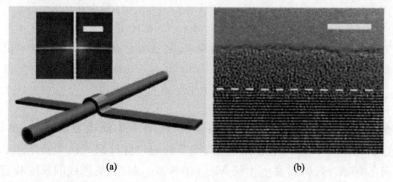

图 2-26 (a)形成在 Si/非晶 Si 核/壳纳米线和金属十字交叉点的单个开关(插图是 SEM 图片,交叉线的宽度为 3μm);(b)Si/非晶 Si 核/壳纳米线高分辨 TEM 图片(虚线为核和壳的界面,线的尺度为 5nm)[220]

功开关 10^4 次，如图 2-27(a)所示。写入时间可以小于 100ns，如图 2-27(b)所示。器件电阻值在两周内没有明显衰减，如图 2-27(c)所示。而且这种器件可以做在结晶或者柔性衬底上，弯曲直径小于 0.3cm 不会引起性能变化。能够满足器件高密度存储的要求。

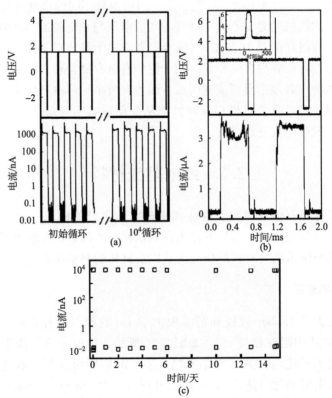

图 2-27 (a)写入—读—擦除—读脉冲循环(上面的循环显示的是擦除和写入施加电压的序列，下面是对应的电流响应，读电压为 1.5V)；(b)写入速度测试(上面的曲线是写入和擦除脉冲序列，下面是对应的电流响应，读电压是 2V)；(c)开态和关态保持时间测试结果(写入和擦除电压分别为 4V 和 −3V，读电压为 2V)[220]

日本大阪大学 Nagashima 等[221]采用原位纳米线模板方法[222]，制备了核-MgO/壳-氧化钴纳米线。首先采用气液固方法通过脉冲激光沉积技术生长 Au 作为催化剂在 MgO(100)衬底上生长 MgO 纳米线。MgO 纳米线的长度和直径约为 5μm 和 10μm。氧化钴在没有暴露空气的情况下沉积在核纳米线上。一个纯度为 99.9% 的薄片作为靶材。图 2-28(a)是 MgO/Co_3O_4 的场发射 SEM 图片，图 2-28(b)是 MgO/Co_3O_4 高分辨透射电子显微镜(transmission electron microscope，TEM)图片，由衍射图可以看出 MgO 和 Co_3O_4 的晶向分别为(200)和(220)。器件表现出良好的双极型开关性能，如图 2-29(a)所示。器件可以开关 10^8 次以上，如图 2-29(b)所示。能够满足器件实用以及下一代多态三维阻变存储器需求。

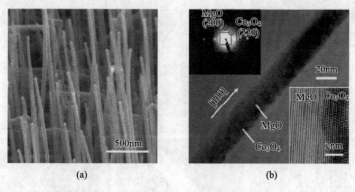

图 2-28 MgO/Co_3O_4 异质结纳米线

(a)场发射 SEM 图片；(b)高分辨 TEM，其中左上方和右下方分别是区域电子衍射图和放大的异质结图片

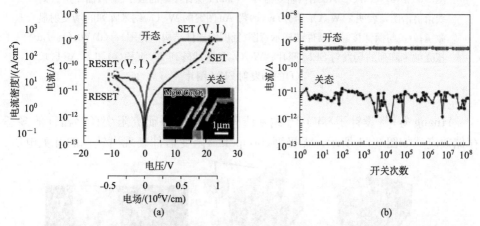

图 2-29 (a) MgO/Co_3O_4 纳米线器件的典型 I-V 特征曲线(插图为纳米线器件结构的场发射 SEM 图片，所有的 I-V 测试在两个紧邻的电极之间，间隔距离约为 250nm)；(b)纳米线器件的抗疲劳特性(打开和关闭电压为 15V(500μs)和－3V(200μs)，限制电流为 10^{-7}A，高低阻态均采用 2V 的读电压)[222]

韩国浦项科技大学 Yong 领导的课题小组[223]采用简单的无催化剂热蒸发方法在钨衬底上制备钨氧化物纳米线，钨衬底作为底电极，WO_3 粉末源在 1000℃ 退火作为热蒸发源生长纳米线阵列。X 射线衍射仪说明钨氧化物纳米线是 $W_{18}O_{49}$ 的晶向结构。然后沉积 Au 上电极，形成 $W_{18}O_{49}$/Au 的核壳纳米线，如图 2-30 所示。金属-氧化物-金属结构 Au-$W_{18}O_{49}$-W 表现为明显的双极型器件。

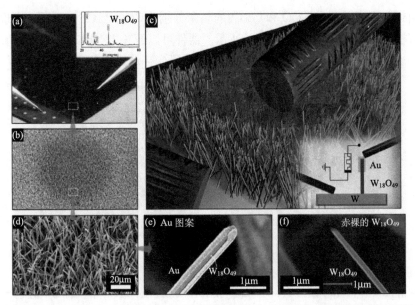

图 2-30 (a)W/WO$_x$/Au 结构阻变器件[223]和 Pt 探针接触的数字图片(插图是 X 射线衍射谱图,表明是 W$_{18}$O$_{49}$ 组分);(b)带 Au 图案的 W$_{18}$O$_{49}$ 纳米阵列的场发射显微镜;(c)与探针接触时器件结构示意图(插图为器件结构简化图);(d)W$_{18}$O$_{49}$-Au 核壳纳米阵列的场发射 SEM 照片;W$_{18}$O$_{49}$ 纳米线阵列 Au 沉积(e)和无 Au 区域 (f)的场发射 SEM 图片

Huang 等[224]设计了 NiO/Pt 纳米线阵列结构,并研究阻变存储器件的多态存储效应,如图 2-31 所示。无极型(nonpolar)阻变器件表现出较低的开关电压、

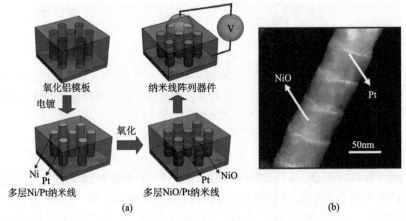

图 2-31 (a)制备 NiO/Pt 多层纳米线阵列示意图;(b)单个多层 NiO/Pt 纳米线的高分辨暗场 TEM 图(亮和暗的部分分别是 NiO 和 Pt)[224]

较窄范围的开关电压分布等较好的多态存储性能,如图2-32(b)所示。高低电阻态的比可达10^5,因此采用不同的电压脉冲实现多阻态比较容易,如图2-32(c)和(d)所示。NiO/Pt纳米线阵列的中间态可以很好地利用有能量扰动的双电阻模型来解释。

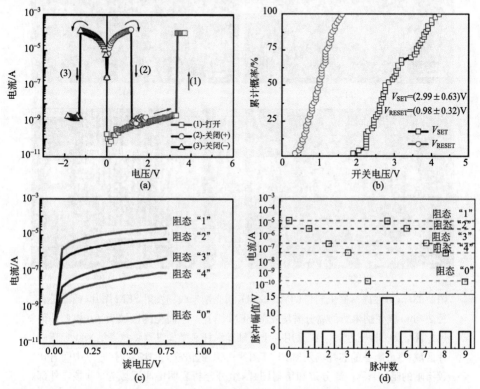

图2-32 (a)多层 NiO/Pt 纳米线阵列器件在直流扫描电压下的 I-V 特性(限制电流为 0.1mA);(b)多层 NiO/Pt 纳米线阵列器件的累计开关电压统计;(c)多层 NiO/Pt 纳米线阵列器件施加递增的电压后的 I-V 特性(测试开始在低阻态(阻态"1"),电压脉冲幅度和宽度分别为 5V 和 20ns,连续施加改变电阻态,阻态"0"代表高阻态);(d)0.5V 读电压的多阻态(上面)和变化的脉冲电压幅值(下面)(脉冲宽度是 20ns)[224]

台湾清华大学 Hsu 等[225]利用一步或者二步后退火工艺制备了 Au-Ga_2O_3 核-壳层豆荚式纳米线[226,227],如图2-33所示。器件表现出良好的双极特性,打开和关闭电场分别为 $5×10^4$ V/cm 和 $-8.5×10^4$ V/cm。在 2V 时开关比为 10^3,非常有利于分辨高低阻态。另外,保持时间大于 $3×10^4$ s,可以成功开关 100 次以上。高低阻态有着不同的导电机制,在高阻态为热离子发射机制,而低阻态为空间电荷限制电流导电机制。

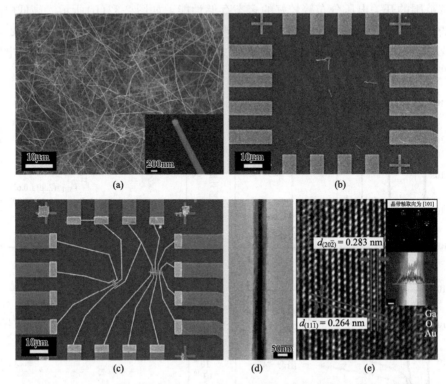

图 2-33　(a)在硅衬底上制备的 Au-Ga$_2$O$_3$ 核壳纳米线场发射 SEM 图片(插图是直径 200nm 核壳纳米线的高分辨场发射 SEM 图片,中间亮的区域为 Au 核,外面黑色区域为 Ga$_2$O$_3$ 层);(b)采用一个三轴操纵杆显微操纵器将核壳纳米线置于芯片区域;(c)制备的芯片场发射 SEM 图片;(d)低倍放大的场发射图片(中间有比较清晰的暗区);(e)高分辨和衍射图片(组分分析表明中间区域为 Au 核,外部区域为 Ga$_2$O$_3$ 层)[225]

Lyu 等[228]通过铝氧化物模板控制生长 25～90nm 的阻变存储器。采用可导电原子力显微镜直接测试阻变性能。阻变器件尺寸通过纳米掩模板来控制孔径尺寸,得到了可控且可靠的阻变特性,为制备小尺寸的纳米结构非易失存储器提供了一种新途径。可以看到器件层与层之间有明显的界面。不同尺寸的氧化铝模板制备过程如图 2-34 所示。

制得器件的界面 TEM 图如图 2-35(a)～(d)所示。在扫描模式下,采用 EDS 分析元素 Au、Hf 和 Pt 的线分布状况,如图 2-35(e)所示。

另外,还有一些科研工作者研究了 Cu$_2$O、FeO、ZnO、NiO 等纳米线材料被用于阻变存储器,并取得了良好的结果[229-232]。

第 2 章 阻变材料 · 43 ·

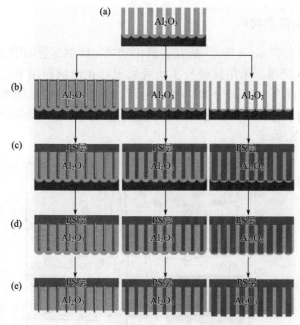

图 2-34 制备纳米孔铝模板的实验工艺示意图[228]
(a)阳极化铝氧化物(AAO)纳米模板;(b)控制 AAO 纳米模板孔径的尺寸,其中,左图为通过沉积可控厚度的氧化铝来降低孔尺寸,中图为参考氧化铝模板,右图为通过加宽工艺增加孔径尺寸;(c)在氧化铝模板加入聚苯乙烯;(d)从 Al 板上去掉聚苯乙烯/氧化铝模板;(e)去掉阻挡层

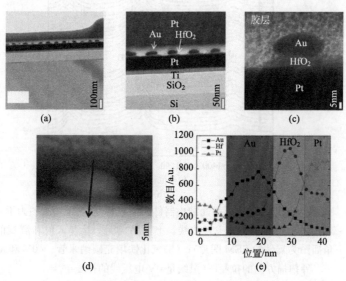

图 2-35 (a)、(b)生长在可导衬底的 Au-HfO$_2$ 纳米点的 TEM 截面图片;(c)纳米阻变单元的 Au/HfO$_2$/Pt 高分辨 TEM 图片;(d)扫描透射电子显微镜模式下给出的 EDS 线分布;(e)Au、Hf 和 Pt 元素的线分布[228]

2.3.2 其他纳米阻变材料

巴拉那联邦大学 Cava 等[233]研究了氧化铁填充碳纳米管的阻变存储特性，I-V 特性如图 2-36 所示。采用拉曼技术研究发现，在电场作用下，材料的电子态发生了变化，如图 2-36(a)中上面的插图所示。其电导机制以纳米管壳层之间的跳跃电导以及纳米管和填充物之间的跳跃电导占主导。图 2-36(a)中左下角插图为器件的 SEM 图片。

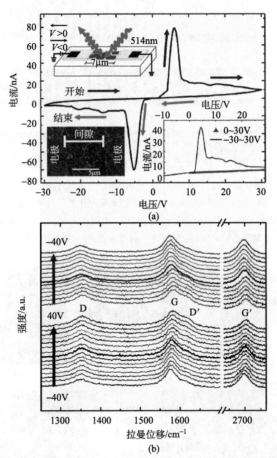

图 2-36 (a)氧化铁填充纳米管平面结构器件的 I-V 特性(右下角插图为不同初始电压 0~30V 和 -30~30V 的 I-V 曲线，上面的插图为拉曼入射和测试的示意图，左下角插图为器件的 SEM 图片)；(b)氧化铁填充碳纳米管 -40V 和 40V 两种扫描方向的拉曼图(黑线是 0V 电压线的拉曼谱)[233]

台湾大学张文渊等[234]报道了 ZnO 纳米棒的阻变性能。他们在 ITO 的衬底上采用湿化学法生长了 ZnO 垂直纳米棒，如图 2-37 所示。新南威尔士大学

Younis 等[235]制备 Co 掺杂的 CeO_2 纳米棒阵列，如图 2-38 所示。两者均得到了良好的阻变性能。

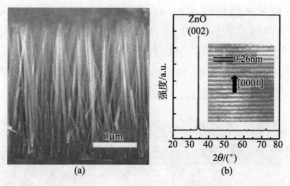

图 2-37 (a)ITO 衬底上制备的 ZnO 纳米棒的截面 SEM 图片；
(b)ZnO 纳米棒的 XRD 分析(插图为 TEM 的图片)[234]

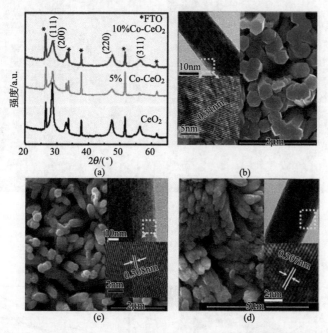

图 2-38 (a)5%和 10%掺杂比例的 Co 掺杂 CeO_2 的 XRD 谱图；
(b)~(d)在 FTO 衬底上制备的纯 CeO_2，5%掺杂和 10%掺杂比例的 ZnO 纳米棒[235]

Younis 等[236]还制备了 Co 掺杂 In_2O_3 纳米棒阵列(图 2-38)，并对其阻变效应进行了详细的研究。该器件表现出较好的阻变性能。高低阻态电阻值比大于 100，开关次数超过 8000 次，数据保持超过 4000s。并且在 475K 高温下具有高度统一和稳定的开关表现。优异的阻变特性采用了导电细丝的模型进行了解释。

中国科学技术大学 Shirolkar 等制备了多铁 Li 掺杂 $BiFeO_3$ 纳米颗粒,如图 2-39 所示[237],他们研究掺杂浓度与极化矫顽力之间的依赖性,以及器件高稳定性的阻变表现(抗疲劳次数超过 10^3,保持超过 10^6 s,如图 2-40(c)和(d)所示)。稳定的互补性阻变存储器表现超过 50 次,在电压脉冲模式下,在一个低操作电压下可以超过 10^3 次,如图 2-40(e)和(f)所示。因此,Li 掺杂 $BiFeO_3$ 纳米颗粒是一种可靠的阻变材料。Li 掺杂 $BiFeO_3$ 的掺杂比例为 0、0.01%、0.027% 和 0.046% 的样品分别命名为 B1、B2、B3 和 B4。

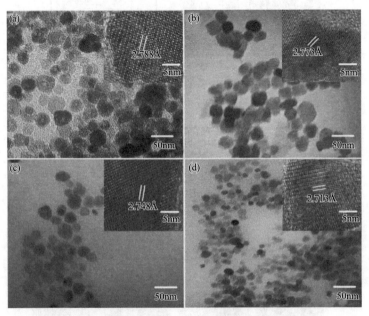

图 2-39 制备的纯的和掺杂的 $BiFeO_3$ 样品图片[237]
掺杂浓度:(a)0;(b)0.01%;(c)0.027%;(d)0.046%。
插图为单个纳米颗粒的高分辨 TEM 图片

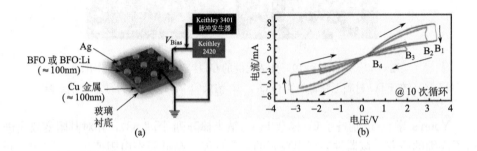

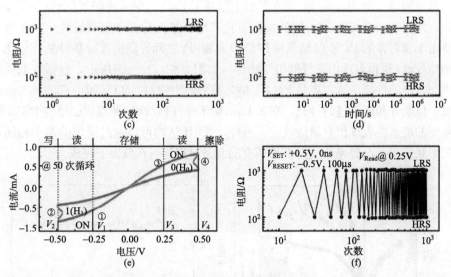

图 2-40 （a）双极型阻变存储/互补阻变存储 I-V 测试示意图；(b) 10 次成功的双极型阻变存储器；Ag/B4/Cu 结构器件的抗疲劳特性 (c) 和保持特性 (d)（器件可以开关 10^3 次，高低阻态的保持时间为 10^6 s）；(e) B4 样品的互补阻变存储器 1bit 操作可达 50 次；(f) 电压脉冲模式下可达 10^3 次[237]

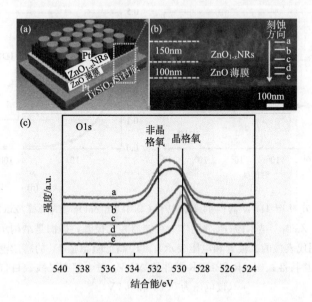

图 2-41 （a）Pt/ZnO$_{1-x}$ 纳米棒/ZnO 薄膜/Pt 阻变存储器示意图；(b) 对应的 SEM 图片（ZnO 阵列纳米线的长度为 150nm，生长在 100nm 厚的 ZnO 薄膜上）；(c) 图 (b) 中区域 a～区域 e 的 O1s XPS 谱[238]

台湾清华大学 Huang 等[238]在低温下制备了 ZnO_{1-x} 纳米棒阵列/ZnO 薄膜双层结构,如图 2-41 所示。在不同的偏压下它表现出整流特性和阻变特性。二极管结主要由于非对称的 Pt/ZnO 纳米棒和 ZnO 薄膜/Pt 之间界面的肖特基势垒。ZnO_{1-x} 纳米棒/ZnO 薄膜表现出良好的阻变特性,如图 2-42(a)~(d)所示,包括较低操作功率和改善的性能。这主要是 ZnO_{1-x} 纳米棒的氧空位对 ZnO 薄膜内部的导电通道的氧空位断开和恢复进行补充。在 ZnO_{1-x} 纳米棒阵列/ZnO 薄膜双层结构中 125°接触角度的疏水性表现出自清洁效应。另外,1D1R 结构可以通过简单的两个相同器件的串联获得,ZnO 基阻变存储器所有的制备过程均可在低温下完成。

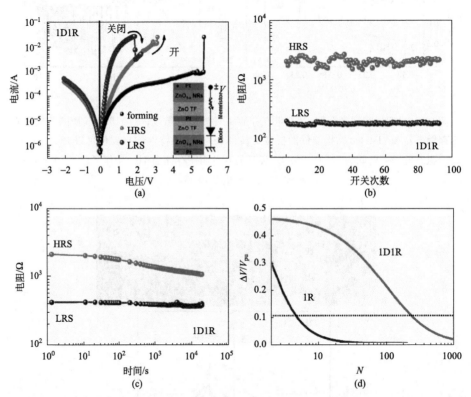

图 2-42 (a)互补型 1D1R 器件的 I-V 特性(其中 Pt/ZnO_{1-x} 纳米棒/ZnO 薄膜/Pt 和 Pt/ZnO 薄膜/ZnO_{1-x} 纳米棒/Pt 分别作为存储器和二极管,插图是结构示意图,对应的等效电路用代表性的二极管和电阻表示);(b)高低阻态在 1V 的高读电压下,循环 90 次;(c)保持特性;(d)1R 和 1D1R 器件的 $\Delta V/V_{pu}$ 对十字交叉线数目(N)的依赖性(读电压为 0.1V 和 0.7V)[238]

总之,纳米材料用于阻变材料,还处于起步阶段,不管是材料生长工艺还是器件机理都值得引起更多的关注。

参 考 文 献

[1] Hickmott T W. Low-frequency negative resistance in thin anodic oxide films. Journal of Applied Physics, 1962, 33: 2669-2682.

[2] Simmons J G, Verderber R R. New conduction and reversible memory phenomena in thin insulating films. Proceedings of the Royal Society A, 1967, 301: 77-102.

[3] Hiatt W R, Hickmott T W. Bistable switching in niobium oxide diodes. Applied Physics Letters, 1965, 6: 106.

[4] Hickmott T W. Electroluminescence, bistable switching, and dielectric breakdown of Nb_2O_5 diodes. Journal of Vacuum Science & Technology, 1969, 6: 828-833.

[5] Lee M J, Lee C B, Lee D, et al. Improved resistive switching reliability in graded NiO multilayer for resistive nonvolatile memory devices. IEEE Electron Device Letters, 2010, 31: 725-727.

[6] Lee H D, Nishi Y. Reduction in reset current of unipolar NiO-based resistive switching through nickel interfacial layer. Applied Physics Letters, 2010, 97: 252107.

[7] Ye J Y, Li Y Q, Gao J, et al. Nanoscale resistive switching and filamentary conduction in NiO thin films. Applied Physics Letters, 2010, 97: 132108.

[8] Park S G, Magyari-Kope B, Nishi Y. Impact of oxygen vacancy ordering on the formation of a conductive filament in TiO_2 for resistive switching memory. IEEE Electron Device Letters, 2011, 32: 197-199.

[9] Biju K P, Liu X J, Mostafa B E, et al. Asymmetric bipolar resistive switching in solution-processed Pt/TiO_2/W devices. Journal of Physics D: Applied Physics, 2010, 43: 495104.

[10] Jeong Y H, Lee J Y, Choi S Y. Interface-engineered amorphous TiO_2-based resistive memory devices. Advanced Functional Materials, 2010, 20: 3912-3917.

[11] Jung H Y, Oh S C, Lee H. Resistive switching characteristics and failure analysis of TiO_2 thin film deposited by RF magnetron sputtering system. Journal of the Electrochemical Society, 2011, 158: H178-H182.

[12] Wang S Y, Huang C W, Lee D Y, et al. Multilevel resistive switching in Ti/Cu_xO/Pt memory devices. Journal of Applied Physics, 2010, 108: 114110.

[13] Varandani D, Singh B, Mehta B R, et al. Resistive switching mechanism in delafossite-transition metal oxide ($CuInO_2$-CuO)bilayer structure. Journal of Applied Physics, 2010, 107: 103703.

[14] Kim C H, Jang Y H, Hwang H J, et al. Observation of bistable resistance memory switching in CuO thin films. Applied Physics Letters, 2009, 94: 102107.

[15] Wang Z Q, Li X H, Xu H Y, et al. Effects of compliance currents on the formation and rupture of conducting filaments in unipolar resistive switching of CoO film. Journal of Physics D: Applied Physics, 2010, 43: 385105.

[16] Wang Y, Liu Q, Long S, et al. Investigation of resistive switching in Cu-doped HfO_2 thin film for multilevel non-volatile memory applications. Nanotechnology, 2010, 21: 045202.

[17] Terai M, Sakotsubo Y, Kotsuji S, et al. Resistance controllability of TaO_5/TiO_2 stack ReRAM for low-voltage and multilevel operation. IEEE Electron Device Letters, 2010, 31: 204-206.

[18] Ji H H, Lee M J, Lee C B, et al. Modeling for bipolar resistive memory switching in transition-metal oxides. Physical Review B, 2010, 82: 155321.

[19] Liu Q, Long S, Wang W, et al. Low-power and highly uniform switching in ZrO_2-based ReRAM With a Cu nanocrystal insertion layer. IEEE Electron Device Letters, 2010, 31: 1299-1301.

[20] Lee D Y, Wang S Y, Tseng T Y, et al. Ti-induced recovery phenomenon of resistive switching in ZrO_2 thin films. Journal of the Electrochemical Society, 2010, 157: 166-169.

[21] Liu Q, Long S, Lv H, et al. Controllable growth of nanoscale conductive filaments in solid-electrolyte-based ReRAM by using a metal nanocrystal covered bottom electrode. ACS Nano, 2010, 4: 6162-6168.

[22] Liu Q, Long S, Wang W, et al. Improvement of resistive switching properties in ZrO_2-based ReRAM with implanted Ti ions. IEEE Electron Device Letters, 2009, 30: 1335-1337.

[23] Lin C Y, Wu C Y, Wu C Y, et al. Effect of top electrode material on resistive switching properties of ZrO_2 film memory devices. IEEE Electron Device Letters, 2007, 28: 366-368.

[24] Li Y, Long S, Lv H, et al. Improvement of resistive switching characteristics in ZrO_2 film by embedding a thin TiO_x layer. Nanotechnology, 2011, 22: 254028.

[25] Wang S Y, Lee D Y, Huang T Y, et al. Controllable oxygen vacancies to enhance resistive switching performance in a ZrO_2-based RRAM with embedded Mo layer. Nanotechnology, 2010, 21: 495201.

[26] Baek G, Lee M S, Seo S, et al. Highly scalable non-volatile resistive memory using simple binary oxide driven by asymmetric unipolar voltage pulses. IEEE International Electron Devices Meeting Technical Digest, 2004: 587-590.

[27] Baek I G, Kim D C, Lee M J, et al. Multi-layer cross-point binary oxide resistive memory (OxRRAM) for post-NAND storage application. IEEE International Electron Devices Meeting Technical Digest, 2005: 750-753.

[28] Lee M J, Lee C B, Kim S, et al. Stack friendly all-oxide 3D RRAM using GaInZnO peripheral TFT realized over glass substrates. IEEE International Electron Devices Meeting Technical Digest, 2008: 85-88.

[29] Lee M J, Park Y, Kang B S, et al. 2-stack 1D-1R cross-point structure with oxide diodes as switch elements for high density resistance RAM applications. IEEE International Electron Devices Meeting Technical Digest, 2007: 771-774.

[30] Seo S, Lee M J, Seo D H, et al. Reproducible resistance switching in polycrystalline NiO films. Applied Physics Letters, 2004, 85: 5655-5657.

[31] Kim D C, Seo S, Ahn S E, et al. Electrical observations of filamentary conductions for the resistive memory switching in NiO films. Applied Physics Letters, 2006, 88: 202102.

[32] Lee C B, Kang B S, Lee M J, et al. Electromigration effect of Ni electrodes on the resistive switching characteristics of NiO thin films. Applied Physics Letters, 2007, 91: 082104.

[33] R J, Lee M J, Seo S, et al. Decrease in switching voltage fluctuation of $Pt/NiO_x/Pt$ structure by process control. Applied Physics Letters, 2007, 91: 022112.

[34] Lee M J, Han S, Jeon S H, et al. Electrical manipulation of nanofilaments in transition-metal oxides for resistance-based memory. Nano Letters, 2009, 9: 1467-1481.

[35] Fang T N, Kaza S, Haddad S, et al. Erase mechanism for copper oxide resistive switching memory cells with nickel electrode. IEEE International Electron Devices Meeting Technical Digest, 2006: 543-546.

[36] Chen A, Haddad S, Wu Y C, et al. Non-volatile resistive switching for advanced memory applications. IEEE International Electron Devices Meeting Technical Digest, 2005: 746-749.

[37] Chen A, Haddad S, Wu Y C, et al. Switching characteristics of Cu_2O metal-insulator-metal resistive memory. Applied Physics Letters, 2007, 91: 123517.

[38] Chen A, Haddad S, Wu Y C, et al. Erasing characteristics of Cu_2O metal-insulator-metal resistive switching memory. Applied Physics Letters, 2008, 92: 013503.

[39] Chen A, Haddad S, Wu Y C. A temperature-accelerated method to evaluate data retention of resistive switching nonvolatile memory. IEEE Electron Device Letters, 2008, 29: 38-41.

[40] Kaeriyama S, Sakamoto T, Sunamura H, et al. A nonvolatile programmable solid-electrolyte nanometer switch. IEEE Journal of Solid-State Circuits, 2005, 40: 168-175.

[41] Sakamoto T, Banno N, Iguchi N, et al. A Ta_2O_5 solid-electrolyte switch with improved reliability. Symposia on VLSI Technology and Circuits, 2007: 38-39.

[42] Banno N, Sakamoto T, Iguchi N, et al. Diffusivity of Cu ions in solid electrolyte and its effect on the performance of nanometer-scale switch. IEEE Transactions on Electron Devices, 2008, 55: 3283-3287.

[43] Terai M, Sakotsubo Y, Kotsuji S, et al. Resistance controllability of Ta_2O_5/TiO_2 stack ReRAM for low-voltage and multilevel operation. IEEE Electron Device Letters, 2010, 31: 204-206.

[44] Ho C, Lai E K, Lee M D, et al. A highly reliable self-aligned graded oxide WO_x resistance memory: conduction mechanisms and reliability. Symposia on VLSI Technology and Circuits, 2007: 228-229.

[45] Lv H B, Yin M, Fu X F, et al. Resistive memory switching of Cu_xO films for a nonvolatile memory application. IEEE Electron Device Letters, 2008, 29: 309-311.

[46] Yin M, Zhou P, Lv H B, et al. Improvement of resistive switching in Cu_xO using new RESET mode. IEEE Electron Device Letters, 2008, 29: 681-683.

[47] Lv H, Wang M, Wan H, et al. Endurance enhancement of Cu-oxide based resistive switching memory with Al top electrode. Applied Physics Letters, 2009, 94: 213502.

[48] Zhou P, Yin M, Wan H J, et al. Role of TaON interface for Cu_xO resistive switching memory based on a combined model. Applied Physics Letters, 2009, 94: 053510.

[49] Lv H B, Yin M, Song Y L, et al. Forming process investigation of Cu_xO memory films. IEEE Electron Device Letters, 2008, 29: 47-49.

[50] Wan H J, Zhou P, Ye L, et al. In situ observation of compliance-current overshoot and its effect on resistive switching. IEEE Electron Device Letters, 2010, 31: 246-248.

[51] Guan W, Long S, Jia R, et al. Nonvolatile resistive switching memory utilizing gold nanocrystals embedded in zirconium oxide. Applied Physics Letters, 2007, 91: 062111.

[52] Liu Q, Guan W, Long S, et al. Resistive switching memory effect of ZrO_2 films with Zr^+ implanted. Applied Physics Letters, 2008, 92: 012117.

[53] Guan W, Liu M, Long S, et al. On the resistive switching mechanisms of $Cu/ZrO_2:Cu/Pt$. Applied Physics Letters, 2008, 93: 223506.

[54] Liu Q, Guan W, Long S, et al. Resistance switching of Au-implanted-ZrO_2 film for nonvolatile memory application. Journal of Applied Physics, 2008, 104: 114514.

[55] Liu Q, Dou C, Wang Y, et al. Formation of multiple conductive filaments in the $Cu/ZrO_2:Cu/Pt$ device. Applied Physics Letters, 2009, 95: 023501.

[56] Wang Y, Liu Q, Long S, et al. Investigation of resistive switching in Cu-doped HfO_2 thin film for multilevel non-volatile memory applications. Nanotechnology, 2010, 21: 045202.

[57] Zuo Q, Long S, Yang S, et al. ZrO_2-based memory cell with a self-rectifying effect for crossbar WORM memory application. IEEE Electron Device Letters, 2010, 31: 344-346.

[58] Xu N, Gao B, Liu L F, et al. A unified physical model of switching behavior in oxide-based RRAM. Symposia on VLSI Technology and Circuits, 2008: 100-101.

[59] Xu N, Liu L, Sun X, et al. Characteristics and mechanism of conduction/set process in TiN/ZnO/Pt resistance switching random-access memories. Applied Physics Letters, 2008, 92: 232112.

[60] Gao B, Yu S, Xu N, et al. Oxide-based RRAM switching mechanism: a new ion-transport-recombination model. IEEE International Electron Devices Meeting Technical Digest, 2008: 563-566.

[61] Gao B, Zhang H W, Yu S, et al. Oxide-based RRAM: uniformity improvement using a new material-oriented methodology. Symposiaon VLSI Technology and Circuits, 2009: 30-31.

[62] Yang Y C, Pan F, Zeng F, et al. Switching mechanism transition induced by annealing treatment in nonvolatile Cu/ZnO/Cu/ZnO/Pt resistive memory: from carrier trapping/detrapping to electrochemical metallization. Journal of Applied Physics, 2009, 106: 123705.

[63] Yang Y C, Pan F, Zeng F. Bipolar resistance switching in high-performance Cu/ZnO: Mn/Pt nonvolatile memo-ries: active region and influence of Joule heating. New Journal of Physics, 2010 , 12: 023008.

[64] Sun X, Sun B, Liu L, et al. Resistive switching in CeO_x Films for nonvolatile memory application. IEEE Electron Device Letters, 2009, 30: 334-336.

[65] Cao X, Li X, Gao X, et al. Forming-free colossal resistive switching effect in rare-earth-oxide Gd_2O_3 films for memristor applications. Journal of Applied Physics, 2009, 06: 073723.

[66] Yoshida C, Kurasawa M, Lee Y M, et al. Unipolar resistive switching in CoFeB/MgO/CoFeB magnetic tunnel junction. Applied Physics Letters, 2008, 92: 113508.

[67] Zhang S, Long S, Guan W, et al. Resistive switching characteristics of MnO_x-based ReRAM. Journal of Physics D: Applled Physics, 2009, 42: 055112.

[68] Lee D, Seong D, Jo I, et al. Resistance switching of copper doped MoO_x films for nonvolatile memory applications. Applied Physics Letters, 2007, 90: 122104.

[69] Kim K M, Choi B J, Hwang C S. Localized switching mechanism in resistive switching of atomic-layer-deposited TiO_2 thin films. Applied Physics Letters, 2007, 90: 242906.

[70] Guan W, Liu M, Long S, et al. On the resistive switching mechanisms of Cu/ZrO_2:Cu/Pt. Applied Physics Letters, 2008, 93: 223506.

[71] Liu Q, Guan W, Long S, et al. Resistance switching of Au-implanted-ZrO_2 film for nonvolatile memory application. Journal of Applied Physics, 2008, 104: 114514.

[72] Seo S, Lee M J, Kim D C, et al. Electrode dependence of resistance switching in polycrystalline NiO films. Applied Physics Letters, 2005, 87: 263507.

[73] Choi J S, Kim J S, Hwang I R, et al. Different resistance switching behaviors of NiO thin films deposited on Pt and $SrRuO_3$ electrodes. Applied Physics Letters, 2009, 95: 022109.

[74] Lin C Y, Wu C Y, Wu C Y, et al. Effect of top electrode material on resistive switching properties of ZrO_2 film memory devices. IEEE Electron Device Letters, 2007, 28: 366-368.

[75] Liu S Q, Wu N J, Ignatiev A. Electric-pulse-induced reversible resistance change effect in magnetoresistive films. Applied Physics Letters, 2000, 76: 2749-2751.

[76] Chen X, Wu N J, Strozier J, et al. Direct resistance profile for an electrical pulse induced resistance change device. Applied Physics Letters, 2005, 87: 233506.

[77] Xing Z W, Wu N J, Ignatiev A. Electric-pulse-induced resistive switching effect enhanced by a ferroelectric buffer on the $Pr_{0.7}Ca_{0.3}MnO_3$ thin film. Applied Physics Letters, 2007, 91: 052106.

[78] Baikalov A, Wang Y Q, Shen B, et al. Field-driven hysteretic and reversible resistive switching at the Ag-$Pr_{0.7}Ca_{0.3}MnO_3$ interface. Applied Physics Letters, 2003, 83: 957-959.

[79] Tsui S, Baikalov A, Cmaidalka J, et al. Field-induced resistive switching in metal-oxide interfaces. Ap-

plied Physics Letters, 2004, 85: 317.

[80] Tsui S, Wang Y Q, Xue Y Y, et al. Mechanism and scalability in resistive switching of metal-$Pr_{0.7}Ca_{0.3}MnO_3$ interface. Applied Physics Letters, 2006, 89: 123502.

[81] Asanuma S, Akoh H. Relationship between resistive switching characteristics and band diagrams of Ti/$Pr_{1-x}Ca_xMnO_3$ junctions. Physics Review B, 2009, 80: 235113.

[82] Seong D J, Hassan M, Choi H, et al. Resistive-switching characteristics of Al/$Pr_{0.7}Ca_{0.3}MnO_3$ for nonvolatile memory applications. IEEE Electron Device Letters, 2009, 30: 919-921.

[83] Zhuang W W, Pan W, Ulrich B D, et al. Novel colossal magnetoresistive thin film nonvolatile resistance random access memory (RRAM). IEEE International Electron Devices Meeting Technical Digest, 2002: 193-196.

[84] Beck A, Bednorz G J, Gerber C, et al. Reproducible switching effect in thin oxide films for memory applications. Applied Physics Letters, 2000, 77: 139-141.

[85] Szot K, Speier W, Bihlmayer G, et al. Switching the electrical resistance of individual dislocations in single-crystalline $SrTiO_3$. Nature Materials, 2006, 5: 312-320.

[86] Oligschlaeger R, Waser R, Meyer R, et al. Resistive switching and data reliability of epitaxial (Ba,Sr)TiO_3 thin films. Applied Physics Letters, 2006, 88: 042901.

[87] Lin C C, Tu B C, Lin C C, et al. Resistive switching mechanisms of V-doped $SrZrO_3$ memory films. IEEE Electron Device Letters, 2006, 27: 725-727.

[88] Rossel C, Meijer G I, Bremaud D, et al. Electrical current distribution across a metal-insulator-metal structure during bistable switching. Journal of Applied Physics, 2001, 90: 2892-2898.

[89] Liu C Y, Wu P H, Wang A, et al. Bistable resistive switching of a sputter-deposited Cr-doped $SrZrO_3$ memory film. IEEE Electron Device Letters, 2005, 26: 351-353.

[90] Lin C C, Tu B C, Lin C C, et al. Resistive switching mechanisms of V-doped $SrZrO_3$ memory films. IEEE Electron Device Letters, 2006, 27: 725-727.

[91] Lin C C, Lin C Y, Lin M H, et al. Voltage-polarity-independent and high-speed resistive switching properties of V-doped $SrZrO_3$ thin films. IEEE transactionson Electron Devices, 2007, 54: 3146-3151.

[92] Lin C Y, Lin M H, Wu M C, et al. Improvement of resistive switching characteristics in $SrZrO_3$ thin films with embedded Cr layer. IEEE Transactionson Electron Devices, 2008, 29: 1108-1110.

[93] Lin C Y, Lin C C, Huang C G, et al. Resistive switching properties of sol-gel derived Mo-doped $SrZrO_3$ thin films. Surface and Coatings Technology, 2007, 202: 1319-1322.

[94] Watanabe Y, Bednorz J G, Bietsch A, et al. Current-driven insulator-conductor transition and nonvolatile memory in chromium-doped $SrTiO_3$ single crystals. Applied Physics Letters, 2001, 78: 3738-3740.

[95] Hu F X, Sun J R, Shen B G, et al. Epitaxial growth of colossal magnetoresistive films onto Si(100). Journal of Applied Physics, 2008, 103: 07F706.

[96] Dong R, Xiang W F, Lee D S, et al. Improvement of reproducible hysteresis and resistive switching in metal-$La_{0.7}Ca_{0.3}MnO_3$-metal heterostructures by oxygen annealing. Applied Physics Letters, 2007, 90: 182118.

[97] Hasan M, Dong R, Choi H J, et al. Uniform resistive switching with a thin reactive metal interface layer in metal-$La_{0.7}Ca_{0.3}MnO_3$-metal heterostructures. Applied Physics Letters, 2008, 92: 202102.

[98] Singh M P, Méchin L, Prellier W, et al. Resistive hystersis effects in perovskite oxide-based heterostructure junctions. Applied Physics Letters, 2006, 89: 202906.

[99] Lee W, Jo G, Lee S, et al. Nonvolatile resistive switching in $Pr_{0.7}Ca_{0.3}MnO_3$ devices using multilayer

graphene electrodes. Applied Physics Letters, 2011, 98: 032105.

[100] Li S L, Liao Z L, Li J, et al. Resistive switching properties and low resistance state relaxation in Al/$Pr_{0.7}Ca_{0.3}MnO_3$/Pt junctions. Journal of Physics D: Applied Physics, 2009, 42: 045411.

[101] Li S L, Gang J L, Li J, et al. Resistive switching properties and low resistance state relaxation in Al/$Pr_{0.7}Ca_{0.3}MnO_3$/Pt junctions. Journal Physics D: Applied Physics, 2008, 41: 185409.

[102] Moreno C, Munuera C, Valencia S, et al. Reversible resistive switching and multilevel recording in $La_{0.7}Sr_{0.3}MnO_3$ thin films for low cost nonvolatile memories. Nano Letters, 2010, 10: 3828-3835.

[103] Tulina N A, Zverkov S A, Mukovskii Y M, et al. Current switching of resistive states in normal-metal-manganite single-crystal point contacts. Europhysics Letters, 2001, 56: 836-841.

[104] Xia Y D, He W Y, Chen L, et al. Field-induced resistive switching based on space-charge-limited current. Applied Physics Letters, 2007, 90: 022907.

[105] Kohlstedt H, Petraru A, Szot K, et al. Method to distinguish ferroelectric from nonferroelectric origin in case of resistive switching in ferroelectric capacitors. Applied Physics Letters, 2008, 92: 062907.

[106] Sim H, Choi H, Lee D, et al. Excellent resistance switching characteristics of Pt/$SrTiO_3$ Schottky junction for multi-bit nonvolatile memory application. IEEE International Electron Devices Meeting Technical Digest, 2006: 777-780.

[107] Choi D, Lee D, Sim H, et al. Reversible resistive switching of $SrTiO_x$ thin films for nonvolatile memory applications. Applied Physics Letters, 2006, 88: 082904.

[108] Muenstermann R, Dittmann R, Szot K, et al. Realization of regular arrays of nanoscale resistive switching blocks in thin films of Nb-doped $SrTiO_3$. Applied Physics Letters, 2008, 93: 023110.

[109] Shkabko A, Aguirre M H, Marozau I, et al. Measurements of current-voltage-induced heating in the Al/$SrTiO_{3-x}N_y$/Al memristor during electroformation and resistance switching. Applied Physics Letters, 2009, 95: 152109.

[110] Yan X B, Xia Y D, Xu H N, et al. Effects of the electroforming polarity on bipolar resistive switching characteristics of $SrTiO_{3-\delta}$ films. Applied Physics Letters, 2010, 97: 112101.

[111] Shibuya K, Dittmann R, Mi S, et al. Impact of defect distribution on resistive switching characteristics of Sr_2TiO_4 thin films. Advanced Materials, 2009, 21: 1-4.

[112] Son J Y, Shin Y H, Park C S. Bistable resistive states of amorphous $SrRuO_3$ thin films. Applied Physics Letters, 2008, 92: 133510.

[113] Kozicki M N, Balakrishnan M, Gopalan C, et al. Programmable metallization cell memory based on Ag-Ge-S and Cu-Ge-S solid electrolytes. Non-Volatile Memory Technology Symposium, 2005: 83-89.

[114] Symanczyk R, Bruchhaus R, Dittrich R, et al. Investigation of the reliability behavior of conductive-bridging memory cells. IEEE Electron Device Letters, 2009, 30: 876-878.

[115] Waser R, Aono M. Nanoionics-based resistive switching memories. Nature Materials, 2007, 6: 833-840.

[116] Guo X, Schindler C, Menzel S, et al. Understanding the switching-off mechanism in Ag^+ migration based resistively switching model systems. Applied Physics Letters, 2007, 91: 133513.

[117] Waser R, Dittmann R, Staikov G, et al. Redox-based resistive switching memories-nanoionic mechanisms, prospects, and challenges. Advanced Materials, 2009, 21: 2632-2663.

[118] Schindler C, Staikov G, Waser R. Electrode kinetics of Cu-SiO_2-based resistive switching cells: overcoming the voltage-time dilemma of electrochemical metallization memories. Applied Physics Letters, 2009, 94: 072109.

[119] Hirose Y, Hirose H. Polarity-dependent memory switching and behavior of Ag dendrite in Ag-photo-

doped amorphous As_2S_3 films. Journal of Applied Physics, 1976, 47: 2767.

[120] Dietrich S, Angerbauer M, Ivanov M, et al. A nonvolatile 2-Mbit CBRAM memory core featuring advanced read and program control. IEEE Journal of Solid-State Circuits, 2007, 42: 839-845.

[121] Terabe K, Hasegawa T, Nakayama T, et al. Quantized conductance atomic switch. Nature, 2005, 433: 6.

[122] Kozicki M N, West W C. Programmable Metallization Cell: US Patent, 5761115. 1998.

[123] Kozicki, M N, Yun, M, Hilt L, et al. Applications of programmable resistance changes in metal-doped chalcogenides. Electrochemistry Society Proceedings, 1999, 99-13: 298-309.

[124] Kozicki M N, Mitkova M, Park M, et al. Information storage using nanoscale electrodeposition of metal in solid electrolytes. Superlattices and Microstructures, 2003, 34: 459-465.

[125] Kozicki M N, Gopalan C, Balakrishnan M, et al. A low-power nonvolatile switching element based on copper-tungsten oxide solid electrolyte. IEEE Transactions on Nanotechnology, 2006, 5: 535-544.

[126] Sakamoto T, Sunamura H, Kawaura H, et al. Nanometer-scale switches using copper sulfide. Applied Physics Letters, 2003, 82: 3032.

[127] Kaeriyama S, Sakamoto T, Sunamura H, et al. A nonvolatile programmable solid-electrolyte nanometer switch. IEEE Journal of Solid-State Circuits, 2005, 40: 168.

[128] Banno N, Sakamoto T, Hasegawa T, et al. Effect of ion diffusion on switching voltage of solid-electrolyte nanometer switch. Japanese Journal of Applied Physics, 2006, 45: 3666-3668.

[129] Kozicki M N, Balakrishnan M, Gopalan C, et al. Programmable metallization cell memory based on Ag-Ge-S and Cu-Ge-S solid electrolytes. IEEE Non-Volatile Memory Technology Symposium, 2005, D5: 1-7.

[130] Kügeler C, Meier M, Rosezin R, et al. High density 3D memory architecture based on the resistive switching effect. Solid-State Electronics, 2009, 53: 1287-1292.

[131] Soni R, Meuffels P, Staikov G, et al. On the stochastic nature of resistive switching in Cu doped $Ge_{0.3}$-$Se_{0.7}$ based memory devices. Journal of Applied Physics, 2011, 110: 054509.

[132] Kim C J, Yoon, S G, Choi K J, et al. Characterization of silver-saturated Ge-Te chalcogenide thin films for nonvolatile random access memory. Journal of Vacuum Science & Technology B, 2006, 24: 721-724.

[133] Wang Z, Griffin P B, McVittie J, et al. Resistive switching mechanism in $Zn_xCd_{1-x}S$ nonvolatile memory devices. IEEE Electron Device Letters, 2007, 28: 14-16.

[134] Soni R, Meuffels P, Petraru A, et al. Probing Cu doped $Ge_{0.3}Se_{0.7}$ based resistance switching memory devices with random telegraph noise. Journal of Applied Physics, 2010, 107: 042517.

[135] Tsunoda K, Fukuzumi Y, Jameson J R, et al. Bipolar resistive switching in polycrystalline TiO_2 films. Applied Physics Letters, 2007, 90: 113501.

[136] Yan X B, Li K, Yin J, et al. The resistive switching mechanism of $Ag/SrTiO_3/Pt$ memory cells. Electrochemical and Solid-State Letters, 2010, 13: H87-H89.

[137] Rahaman S Z, Maikap S, Chiu H C, et al. Bipolar resistive switching memory using Cu metallic filament in $Ge_{0.4}Se_{0.6}$ solid electrolyte. Electrochemical and Solid-State Letters, 2010, 13: H159-H162.

[138] Li Y T, Long S B, Zhang M H, et al. Resistive switching properties of $Au/ZrO_2/Ag$ structure for low-voltage nonvolatile memory applications. IEEE Electron Device Letters, 2010, 31: 117-119.

[139] Cha D, Lee S, Jung J, et al. Bipolar resistive switching characteristics of $Cu/TaO_x/Pt$ structures. Journal of the Korean Physics Society, 2010, 56: 846-850.

[140] Kozicki M N, Gopalan C, Balakrishnan M, et al. A low-power nonvolatile switching element based on copper-tungsten oxide solid electrolyte. IEEE Transactionson Nanotechnology, 2006, 5: 535-544.

[141] Pandian R, Kooi B J, Oosthoek J L M, et al. Polarity-dependent resistance switching in GeSbTe phase-change thin films: the importance of excess Sb in filament formation. Applied Physics Letters, 2009, 95: 252109.

[142] Tang L, Zhou P, Chen Y R, et al. Temperature and electrode-size dependences of the resistive switching characteristics of CuO_x thin films. Journal Korean Physics Society, 2008, 53: 2283-2286.

[143] Ahn J K, Park K W, Hur S G, et al. Metal organic chemical vapor deposition of non-GST chalcogenide materials for phase change memory applications. Journal of Materials Chemistry, 2010, 20: 1751-1754.

[144] Guo H X, Gao L G, Xia Y D, et al. The growth of metallic nanofilaments in resistive switching memory devices based on solid electrolytes. Applied Physics Letters, 2009, 94: 153504.

[145] Tsuji Y, Sakamoto T, Banno N, et al. Off-state and turn-on characteristics of solid electrolyte switch. Applied Physics Letters, 2010, 96: 023504.

[146] Liu M, Abid Z, Wang W, et al. Multilevel resistive switching with ionic and metallic filaments. Applied Physics Letters, 2009, 94: 233106.

[147] Chen S S, Yang C P, Xu L F, et al. Electric-pulse-induced resistance switching in $Nd_{0.7}Sr_{0.3}MnO_3$ ceramics. Solid State Communications, 2010, 150: 240-243.

[148] Hekmatshoar M H, Mirzayi M. Electrical switching in the MoO_3-WO_3-P_2O_5 and MoO_3-P_2O_5 glasses. Ionics, 2010, 16: 185-192.

[149] Yang Y C, Pan F, Liu Q, et al. Fully room-temperature-fabricated nonvolatile resistive memory for ultrafast and high-density memory application. Nano Letters, 2009, 9: 1636-1643.

[150] Liang X F, Chen Y, Chen L, et al. Electric switching and memory devices made from $RbAg_4I_5$ films. Applied Physics Letters, 2007, 90: 022508.

[151] Chen L, Liu Z G, Xia Y D, et al. Electrical field induced precipitation reaction and percolation in Ag_{30}-$Ge_{17}Se_{53}$ amorphous electrolyte films. Applied Physics Letters, 2009, 94: 162112.

[152] Yan X B, Yin J H, Guo X, et al. Bipolar resistive switching performance of the nonvolatile memory cells based on $(AgI)_{0.2}(Ag_2MoO_4)_{0.8}$ solid electrolyte films. Journal of Applied Physics, 2009, 106: 054501.

[153] Gregor L V. Electrical conductivity of polydivinylbenzene films. Thin Solid Films, 1968, 2: 235-246.

[154] Gregor L V. Polymer dielectric film. IBM Journal of Research Device, 1968, 12: 140-162.

[155] Carchano H, Lacoste R, Segui Y. Bistable electrical switching in polymer thin films. Applied Physics Letters, 1971, 19: 414.

[156] Pender L F, Fleming R J. Memory switching in glow discharge polymerized thin films. Journal of Applied Physics, 1975, 46: 3426.

[157] Szymanski A, Larson D C, Labes M M. A temperature-independence conducting state ine tetracene thin film. Applied Physics Letters, 1969, 14: 88.

[158] Kevorkian J, Labes M M, Larson D C, et al. Bistable switching in organic thin films. Discussions of the Faraday Society, 1971, 51: 139-143.

[159] Elsharkawi A R, Kao K. C. Switching and memory phenomena in anthracene thin films. Journal of Physics Chemistry Solids, 1977, 38: 95-96.

[160] Tondelier D, Lmimouni K, Vuillaume D, et al. Metal/organic/metal bistable memory devices. Applied

Physics Letters, 2004, 85: 5763.

[161] Mahapatro A K, Agrawal R, Ghosh S. Electric-field-induced conductance transition in 8-hydroxyquinoline aluminum (Alq3). Journal of Applied Physics, 2004, 96: 3583-3585.

[162] Tu C H, Lai Y S, Kwong D L. Memory effect in the current-voltage characteristic of 8-Hydroquinoline aluminum salt films. IEEE Electron Device Letters, 2006, 27: 354-356.

[163] Tang W, Shi H, Xu G, et al. Memory effect and negative differential resistance by electrode-induced two-dimensional single-electron tunneling in molecular and organic electronic devices. Advanced Materials, 2005, 17: 2307-2311.

[164] Terai M, Fujita K, Tsutsui T. Electrical bistability of organic thin-film device using Ag electrode. Japanese Journal of Applied Physics, 2006, 45: 3754.

[165] Bandyopadhyay A, Pal A J. Key to design functional organic molecules for binary operation with large conductance switching. Chemistry Physics Letters, 2003, 371: 86-90.

[166] Bandhopadhyay A, Pal A J. Large conductance switching and binary operation in organic devices: role of functional groups. Journal of Physics Chemistry B, 2003, 107: 2531-2536.

[167] Chen J S, Xu L L, Lin J, et al. Negative differential resistance effect in organic devices based on an anthracene derivative. Applied Physics Letters, 2006, 89: 083514.

[168] Tu D, Shang L, Liu M, et al. Electrical bistable behavior of an organic thin film through proton transfer. Applied Physics Letters, 2007, 90: 052111.

[169] Kushida M, Imaizumi Y, Harada K, et al. Organicbistable memory switching phenomena and H-like aggregates in squarylium dye Langmuir-Blodgett films. Thin Solid Films, 2006, 509: 149.

[170] Ma D G, Aguiar M, Freire J A, et al. Organic reversible switching devices for memory applications. Advanced Materials, 2000, 12: 1063-1066.

[171] Majumdar H S, Bandyopadhyay A, Pal A J. Data-storage devices based on layer-by-layer self-assembled films of a phthalocyanine derivative. Organic Electronics, 2003, 4: 39-44.

[172] Bandyopadhyay A, Pal A J. Large conductance switching and memory effects in organic molecules for data-storage applications. Applied Physics Letters, 2003, 82: 1215-1217.

[173] Bandyopadhyay A, Pal A J. Multilevel conductivity and conductance switching in supramolecular structures of an organic molecule. Applied Physics Letters, 2004, 84: 999-1001.

[174] Henisch H K, Smith W R. Switching in organic polymer films. Applied Physics Letters, 1974, 24: 589-591.

[175] Segui Y, Ai B, Carchano H. Switching in polystyrene films: transition from on to off state. Journal of Applied Physics, 1976, 47: 140.

[176] Lai Y S, Tu C H, Kwong D L, et al. Bistable resistance switching of poly(N-vinylcarbazole) films for nonvolatile memory applications. Applied Physics Letters, 2005, 87: 122101.

[177] Majumdar H S, Bandyopadhyay A, Bolognesi A, et al. Memory device applications of a conjugated polymer: role of space charges. Journal of Applied Physics, 2002, 91: 2433-2437.

[178] Majumdar H S, Bolognesi A, Pal A J. Switching and memory devices based on a polythiophene derivative for data-storage applications. Synthetic Metals, 2004, 140: 203-206.

[179] Beinhoff M, Bozano L D, Scott J C, et al. Design and synthesis of new polymeric materials for organic nonvolatile electrical bistable storage devices: poly(biphenylmethylene)s. Macromolecules, 2005, 38: 4147-4156.

[180] Bozano L D, Kean B W, Beinhoff M, et al. Organic materials and thin-film dtructures for cross-point

memory cells based on trapping in metallic nanoparticles. Advanced Functional Materials, 2005, 15: 1933-1939.

[181] Cölle M, Büchel M, de Leeuw D M. Switching and filamentary conduction in non-volatile organic memories. Organic Electronics, 2006, 7: 305-312.

[182] Lauters M, McCarthy B, Sarid D, et al. Multilevel conductance switching in polymer films. Applied Physics Letters, 2006, 89: 013507.

[183] Liu X, Ji Z, Tu D, et al. Organic nonpolar nonvolatile resistive switching inpoly(3, 4-ethylene-dioxythiophene): polystyrenesulfonate thin film. Organic Electronics, 2009, 10: 1191-1194.

[184] Potember R S, Poehler T O, Cowan D O. Electrical switching and memory phenomena in Cu-TCNQ thin films. Applied Physics Letters, 1979: 405-407.

[185] Kamitsos E I, Tzinis C H, Risen W M, Raman study of the mechanism of electrical switching in CuTCNQ films. Solid State Communications, 1982, 42: 561-565.

[186] Sato C, Wakamatsu S, Tadokoro K, et al. Polarized memory effect in the device including the organic charge-transfer complex, copper-tetracyanoquinodimethane. Journal of Applied Physics, 1990, 68: 6535-6537.

[187] Oyamada T, Tanaka H, Matsushige K, et al. Switching effect in Cu: TCNQ charge transfer-complex thin films by vacuum codeposition. Applied Physics Letters, 2003, 83: 1252-1254.

[188] Müller R, Genoe J, Heremans P. CuTCNQ based organic non-volatile memories: downscaling, stress test, and temperature effect on I-V curves. ICMTD, 2005: 181.

[189] Xiao K, Ivanov I N, Puretzky A A, et al. Directed integration of tetracyanoquinodimethane-Cu organic nanowires into prefabricated device architectures. Advanced Materials, 2006, 18: 2184-2188.

[190] Ma L P, Xu Q F, Yang Y. Organic nonvolatile memory by controlling the dynamic copper-ion concentration within organic layer. Applied Physics Letters, 2004, 84: 4908.

[191] Ouyang M, Hou S M, Chen H F, et al. A new organic-organic complex thin film with reproducible electrical bistability properties. Physics Letters A, 1997, 235: 413-417.

[192] Gao H J, Sohlberg K, Xue Z Q, et al. Reversible, nanometer-scale conductance transitions in an organic complex. Physical Review Letters, 2000, 84: 1780.

[193] Chu C W, Ouyang J Y, Tseng J H, et al. Organic donor-acceptor system exhibiting electrical bistability for use in memory devices. Advanced Materials, 2005, 17: 1440-1443.

[194] Liu Z C, Xue F L, Su Y, et al. Electrically bistable memory device based on spin-coated molecular complex thin film. IEEE Electron Device Letters, 2006, 27: 151-153.

[195] Fang J F, You H, Chen J S, et al. Memory devices based on lanthanide (Sm^{3+}, Eu^{3+}, Gd^{3+}) complexes. Inorganic Chemistry, 2006, 45: 3701-3704.

[196] Ma L P, Yang W J, Xue Z Q, et al. Data storage with 0.7 nm recording marks on a crystalline organic thin film by a scanning tunneling microscope. Applied Physics Letters, 1998, 73: 850.

[197] Ling Q D, Song Y, Ding S J, et al. A non-volatile polymer memory device based on a novel copolymer of N-vinylcarbazole and Eu-complexed vinylbenzoate. Advanced Materials, 2005, 17: 455.

[198] Ling Q D, Song Y, Lim S L, et al. A dynamic random access memory (DRAM) based on a conjugated copolymer containing electron-donor and -acceptor moieties. Angewandte Chemie International Edition, 2006, 45: 2947-2950.

[199] Song Y, Ling Q D, Zhu C, et al. Memory performance of a thin-film device based on a conjugated copolymer containing fluorene and chelated europium complex. IEEE Electron Device Letters, 2006, 27:

154-156.

[200] Iwasa Y, Koda T, Koshihara S, et al. Intrinsic negative-resistance effect in mixed-stack charge-transfer crystals. Physical Review B, 1989, 39: 10441.

[201] Lauters M, McCarthy B, Sarid D, et al. Nonvolatile multilevel conductance and memory effects in organic thin films. Applied Physics Letters, 2005, 87: 231105.

[202] Tu C H, Lai Y S, Kwong D L. Electrical switching and transport in the Si/organic monolayer/Au and Si/organic bilayer/Al devices. Applied Physics Letters, 2006, 89: 062105.

[203] Ma L P, Liu J, Pyo S M, et al. Organic bistable light-emitting devices. Applied Physics Letters, 2002, 80: 362-364.

[204] Ma L P, Liu J, Yang Y. Organic electrical bistable devices and rewritable memory cells. Applied Physics Letters, 2002, 80: 2997.

[205] Bozano L D, Kean B W, Deline V R, et al. Mechanism for bistability in organic memory elements. Applied Physics Letters, 2004, 84: 607.

[206] Ma L P, Pyo S M, Ouyang J Y, et al. Nonvolatile electrical bistability of organic/metal-nanocluster/organic system. Applied Physics Letters, 2003, 82: 1419-1421.

[207] Ouyang J, Chu C W, Sieves D, et al. Electric-field-induced charge transfer between gold nanoparticle and capping 2-naphthalenethiol and organic memory cells. Applied Physics Letters, 2005, 86: 123507.

[208] Ouyang J, Chu C W, Szmanda C R, et al. Programmable polymer thin film and non-volatile memory device. Nature Materials, 2004, 3: 918-922.

[209] Ouyang J, Chu C W, Tseng R J T, et al. Organic memory device fabricated through solution processing. Proceedings of IEEE, 2005, 93: 1287-1296.

[210] Prakash A, Ouyang J, Lin J L, et al. Polymer memory device based on conjugatedpolymer and gold nanoparticles. Journal of Applied Physics, 2006, 100: 054309.

[211] Pradhan B, Batabyal S K, Pal A J. Electrical bistability and memory phenomenon in carbon nanotube-conjugated polymer matrixes. The Journal of Physical Chemistry B, 2006, 110: 8274-8277.

[212] Gao H J, Xue Z Q, Wu Q D, et al. Structure and electrical properties of Ag-ultrafine-particle-polymer thin films. Journal of Vacuum Science & Technology B, 1995, 13: 1242-1246.

[213] Kang S H, Crisp T, Kymissis I, et al. Memory effect from charge trapping in layered organic structures. Applied Physics Letters, 2004, 85: 4666.

[214] Kiesow A, Morris J E, Radehaus C, et al. Switching behavior of plasma polymer films containing silver nanoparticles. Journal of Applied Physics, 2003, 94: 6988.

[215] Ouisse T, Stéfan O. Electrical bistability of polyfluorene devices. Organic Electronics, 2004, 5: 251.

[216] Tseng R J, Tsai C, Ma L, et al. Digital memory device based on tobacco mosaic virus conjugated with nanoparticles. Nature Nanotechnology, 2006, 1: 72-77.

[217] Verbakel F, Meskers S C J, Janssen R A J. Electronic memory effects in diodes from a zinc oxide nanoparticle-polystyrene hybrid material. Applied Physics Letters, 2006, 89: 102-103.

[218] Ha H, Kim O. Electrode-meterial dependent seitching characterisitcs of organic nonvolatile memory devices based on poly(3,4-ethylenedioxythiophene): poly(styrenesulfonate) film. IEEE Electron Device Lett, 2010, 31: 368-370.

[219] Ouyang J Y, Yang Y. Polymerimetal nanoparticle devices with electrode sensitive bipolar resistive and their application as nonvolatile memory device. Applied Physics Letters, 2010, 96: 063506.

[220] Dong Y, Yu G, McAlpine M C, et al. Si/a-Si core/shell nanowires as nonvolatile crossbar switches.

Nano Letters, 2008, 8: 386-391.

[221] Nagashima K, Yanagida T, Oka K, et al. Resistive switching multistate nonvolatile memory effects in a single cobalt oxide nanowire. Nano Letters, 2010, 10: 1359-1363.

[222] Lee S, Lee J, Park J, et al. Resistive switching WO_x-Au core-shell nanowires with unexpected non-wetting stability even when submerged under water. Nano Letters, 2010, 10: 1359-1363.

[223] Oka K, Yanagida T, Nagashima K, et al. Nonvolatile bipolar resistive memory switching in single crystalline NiO heterostructured nanowires. IEEE Transactionson Electron Devices, 2009, 131: 3434-3435.

[224] Huang Y C, Chen P Y, Huang K F, et al. Using binary resistors to achieve multilevel resistive switching in multilayer NiO/Pt nanowire arrays. NPG Asia Materials, 2014, 6: e85.

[225] Hsu C W, Chou L J. Bipolar resistive switching of single gold-in-Ga_2O_3 nanowire. Nano Letters, 2012, 12: 4247-4253.

[226] Hsieh C H, Chou L J, Lin G R, et al. Nanophotonic switch: gold-in-Ga_2O_3 peapod nanowires. Nano Letters, 2008, 8: 3081-3085.

[227] Chen P H, Hsieh C H, Chen S Y, et al. Direct observation of Au/Ga_2O_3 peapodded nanowires and their plasmonic behaviors. Nano Letters, 2010, 10: 3267-3271.

[228] Lyu S H, Lee J S. Highly scalable resistive switching memory cells using pore-size-controlled nanoporous alumina templates. Journal of Materials Chemistry, 2012, 22: 1852.

[229] Tresback J S, Vasiliev A L, Padture N P, et al. Characterization and electrical properties of individual Au-NiO-Au heterojunction nanowires. IEEE Tranations on Nanotechnology, 2007, 6: 676-681.

[230] Deng X L, Hong S, Hwang I, et al. Confining grains of textured Cu_2O films to single-crystal nanowires and resultant change in resistive switching characteristics. Nanoscale, 2012, 4: 2029.

[231] Cheng B, Ouyang Z, Chen C. Individual Zn_2SnO_4-sheathed ZnO heterostructure nanowires for efficient resistive switching memory controlled by interface states. Scientific Reports, 2013, 3: 3249.

[232] Qi J, Huang J, Paul D, et al. Current self-complianced and self-rectifying resistive switching in Ag-electroded single Na-doped ZnO nanowires. Nanoscale, 2013, 5: 2651.

[233] Cava C E, Persson C, Zarbind A J G, et al. Resistive switching in iron-oxide-filled carbonnanotubes. Nanoscale, 2014, 6: 378-384.

[234] Chang W Y, Lin C A, He J H, et al. Resistive switching behaviors of ZnO nanorod layers. Applied Physics Letters, 2010, 96: 242109.

[235] Younis A, Chu D, Li S. Stochastic memristive nature in Co-doped CeO_2 nanorod arrays. Applied Physics Letters, 2013, 103: 253504.

[236] Younis A, Chu D, Li S, et al. Tuneable resistive switching characteristics of In_2O_3 nanorods array via Co doping. Nanoscale, 2014, 6: 4735.

[237] Shirolkar M M, Hao C, Dong X, et al. Tunable multiferroic and bistable/complementary resistive switching properties of dilutely Li-doped $BiFeO_3$ nanoparticles: an effect of aliovalent substitution. Nanoscale, 2014, 6: 4735.

[238] Huang C H, Huang J S, Lin S M, et al. ZnO_{1-x} nanorod arrays/ZnO thin film bilayer structure: from homojunction diode and high-performance memristor to complementary 1D1R application. NPG ACS Nano, 2012, 6: 8407-8414.

第3章 阻变存储器器件结构

电阻转变存储器之所以受到广泛的关注和研究,原因之一就是其结构非常简单且具有良好的器件可缩小特性,以适应未来对高存储密度的要求。从工艺制备的角度,阻变存储器的制造成本要低得多。传统的电阻转变存储器是一个具有垂直结构的两端器件,具有两个电极中间夹一层电阻转变功能层的结构,通过在两个电极之间加电激励的方式来实现电阻状态的变化,从而实现信息存储。随着对阻变存储器的研究的深入,又逐步衍生出了三端结构和平面结构等其他结构形式,这些结构的出现更加丰富了人们对电阻转变存储器的认知。传统的垂直两端器件具有较高的存储密度,实用性较强;而垂直三端器件增加了一个控制极,丰富了器件的可操作性,并可以很好地实现低功耗操作;为了更加清晰地表征两个电极之间在电激励后发生的微观变化,通常会采用平面的阻变器件,其具有的最大优势是易于微观观测,可以通过扫描电子显微镜(SEM)或者透射电子显微镜(TEM)等观测手段来表征"导电通道"区域的微观变化。同时,平面结构也可以用来研究小尺寸器件的转变特性。研究目的和侧重点的不同决定了我们要采取怎样的器件结构,而这种结构上的创新和变化给电阻转变存储器的进一步研究提供了更多机会,让我们能够更加清晰地了解电阻转变存储器的转变机理,进而实现高性能阻变存储器的制备和建模,推动这一具有良好市场前景与生命力的新型存储器件更加快速地走向应用,本章我们就阻变存储器的器件结构展开介绍与讨论。

3.1 两端 RRAM

3.1.1 "三明治"结构

前面已经简述过电阻转变存储器的基本结构形式,从根本上讲,阻变存储器是一个两端器件,具有 MIM 的器件结构,即上下两个电极中夹一层绝缘介质(也叫电阻转变功能层),这一结构也被形象地称为"三明治"结构[1-9],分别由下电极、阻变功能层和上电极组成,如图 3-1 所示。

简单的三层薄膜的堆叠而形成的电容结构就可以实现普通两端电阻转变存储器的制备,上下两个电极通常是金属或者导电率很高的薄膜材料,阻变功能层为一层绝缘介

图 3-1 典型电阻转变存储器结构示意图

质，在对器件进行电激励操作时，需要在上下两个电极之间加一定的电压来实现整个器件两端之间电阻状态的改变。

由于现代信息技术的发展，云计算及大数据等都对存储介质的存储密度提出了相当高的要求，需要尽可能地将上述"三明治"结构的器件尺寸缩小，这里需要指明器件尺寸是如何定义的，所谓器件尺寸就是器件的有效面积，在制备器件时，通常通过微纳加工手段中的图形化来定义器件面积。如图 3-2 所示，同样是 MIM 结构，根据阻变存储器制备过程中图形化的程度不同又可以分为三种（仅上电极图形化、上电极与阻变功能层图形化、三层均图形化）。对于实际的器件制备，需要借助图形化的方法来定义器件的尺寸，只要上电极或者下电极有一层图形化了，其有效的器件尺寸就已经确定了，在后续的电压操作过程中作用在器件上的电场也就确定了。

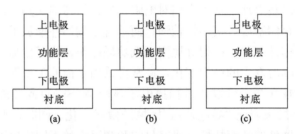

图 3-2 不同图形化程度的两端电阻转变存储器结构示意图
(a)三层薄膜均图形化；(b) 仅上电极与功能层图形化；(c) 仅上电极图形化

从原理上来说，电阻转变存储器是在电场的激励下其两个电极之间电阻发生改变。可以看出，两电极之间的电场分布对阻变存储器件的性能有重要影响，从三种两端结构的电势分布模拟结果（图 3-3）可以看出，这三种结构并无实质性的差别，只是在制备器件的过程中图形化的程度有所不同。采用这样的器件制备方式将在同一个衬底上得到一系列分立的电阻转变存储器件。

图 3-4 展示出了一种 $Pt/SiO_2/Ag$ 结构的电阻转变器件的透射电子显微镜（TEM）照片，是一种具有电容结构的典型电阻转变存储器件，其中，下电极为金属铂（Pt），中间的阻变层为氧化硅（SiO_2），上电极选用金属银（Ag）。从下至上三层薄膜的厚度依次为 50nm，70nm 和 50nm。完成这样的结构需要淀积三种薄膜材料并且需要至少一次图形化来定义器件尺寸（图形化的程度依实际需要而定）。这种简单的由上电极、阻变功能层、下电极组成的电阻转变存储器是最常用的器件结构，其制备工艺流程简单，器件可缩小性强。在研究单个器件转变特性及性能参数时多采用这种简单结构，这种结构也是组成阻变存储阵列或者芯片中最小和最基本的存储单元，在形成阵列之前，我们需要对单个存储器件进行充分的研究和了解，不断地优化以获得转变参数合适且稳定的器件，这部分内容会

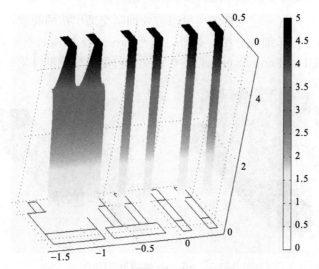

图 3-3 不同图形化程度下两端电阻转变存储器件结构电势分布模拟结果

在后续的章节中作详细阐述。

3.1.2 crossbar 结构

与简单"三明治"结构不同的是，crossbar 结构可以做成多条交叉阵列（crossbar array），大大提高了阻变存储器存储密度，常用来研究存储单元在阵列中的特性。在制备的过程中将上下电极图形化为均匀排布的长条形，并且两电极线条之间互相垂直。在上下两电极之间插入阻

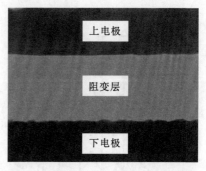

图 3-4 Pt/SiO$_2$/Ag 电阻转变存储器的透射电子显微镜照片

变功能层，这样在每一个上下电极的十字交叉点上都形成了一个阻变器件，并且这些阻变单元以存储阵列的形式存在，互相垂直的交叉电极就形成了存储阵列的字线（word line，WL）和位线（bit line，BL）[10-20]。crossbar 结构中单个阻变器件的结构示意图如图 3-5 所示，crossbar 阵列结构最大优势在于存储密度极高，单个存储单元的尺寸取决于上下电极线条的宽度，其制备工艺也比较简单，并且 crossbar 结构可以利用上下两个电极条互相垂直堆叠多层来实现三维集成。三星公司的 Yoon 等[10]在 2009 年的超大规模集成电路国际会议（International Conference on Very Large Scale Integration，VLSI）上发表了垂直方向的交叉阵列结构，如图 3-5(b)所示，并提出这种垂直交叉阵列结构可以做到较高的存储密度。不过 crossbar 结构阵列会存在一定交叉串扰（crosstalk）的问题[11]，如图 3-6 所示，解决办法就是在每个交叉点上增加选通器件来抑制漏电流，或者电阻

转变存储器本身具有一定的整流,可以有效抑制交叉串扰的问题,这部分内容在后面的章节中会有详细的介绍。另外,这种 crossbar 结构具有一定的侧墙和拐角效应(sidewall and corner effect),会在一定程度上影响器件均一性。

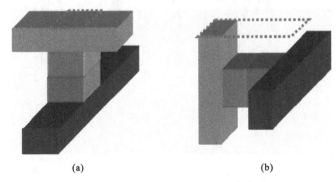

图 3-5　crossbar 结构示意图[10]
(a)水平 crossbar;(b)垂直 crossbar

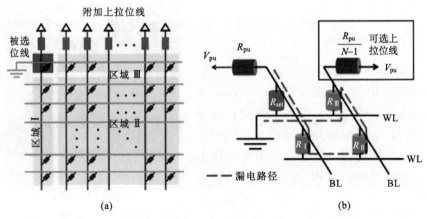

图 3-6　crossbar 阵列结构中的交叉串扰问题示意图[11]

现在我们知道,在电阻转变存储器的阵列结构中,为了抑制串扰造成的误读,需要串联一个选通管或者具有整流效应的二极管。这样就造成了工艺的复杂和新的界面的引入,在阵列结构中,我们不再单独考量阻变器件的特性,而是要把阻变器件和选通管或者二极管放在一起来研究,只有集成后的性能达到要求才算合格,这给研究者提出了不小的挑战。由金属电极条与具有核壳结构的纳米线组成的 crossbar 结构具有特殊的性能,如果材料选取得适当,可以实现自整流效应,也就是说不再需要额外地加入串联器件来抑制漏电通路。密歇根大学的卢伟研究小组[12]就开展了具有自整流效应的电阻转变器件 crossbar 结构的研究,其结果表明具有自整流的器件可以有效地避免交叉串扰这一问题。

该研究小组提出了一种具有核壳结构的 crossbar 器件结构，跟其他 crossbar 结构一样，有效的器件面积就是两个电极条交叉点的面积。交叉点处形成器件的三层薄膜从上往下依次为：银（Ag）、无定形硅（α-Si）、单晶硅（Si）。对上述单个 crossbar 器件进行测试，在银与单晶硅之间加正电压时，器件可以从高阻态转变到稳定的低阻态，然后加反向电压发现器件漏电很小，就证明器件具有相当好的整流特性，如图 3-7 所示。

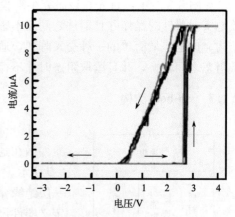

图 3-7　具有自整流效应的电流-电压曲线[12]

单个 crossbar 结构的整流特性的获得使得交叉阵列的制备成为可能。接着，研究小组又验证了这种核壳 crossbar 结构在阵列中的表现。

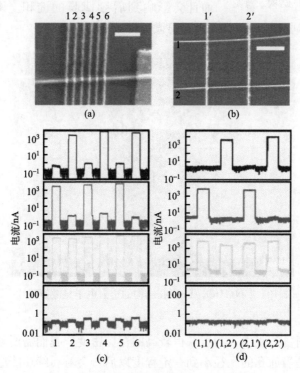

图 3-8　多个器件阵列结构与器件操作[12]
(a) 6 个器件串联 SEM 照片；(b) 6 器件串联结构不同组态；(c) 2×2 交叉阵列结构 SEM 照片；
(d) 2×2 交叉阵列结构不同组态

如图 3-8 所示，首先，该研究小组验证了多个交叉器件串联的情况，可以有效地实现器件的操作并且器件之间互不影响，然后验证了最小的 2×2 交叉阵列结构，这也是最简单的一种交叉阵列，通过电学测试发现，器件可以随意地在高低阻态之间转换，并且读取阻态时并不存在串扰和误读现象。

3.1.3 via-hole 结构

图 3-9 via-hole 结构示意图

via-hole 结构又叫做通孔结构，是一种把阻变器件做在通孔中的特殊结构，其结构示意图如图 3-9 所示。与之前介绍的结构相比，通孔结构多了一层绝缘介质层，通过在此绝缘介质层上打通孔来定义器件尺寸，并且随后的阻变功能层和上电极薄膜也都淀积在通孔结构内[21-26]。可以看出，在制备通孔结构的阻变存储器时，刻蚀通孔的这一工艺尤为重要，因为通孔的尺寸不但定义了器件尺寸，而且会影响到后续薄膜的淀积。图 3-10 给出了 TiN/HfO$_x$/Pt 通孔结构的透射电子显微镜照片[21]。

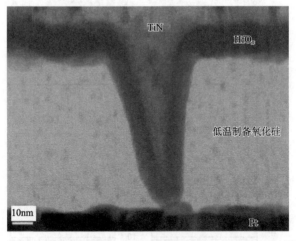

图 3-10 TiN/HfO$_x$/Pt 通孔结构的透射电子显微镜照片[21]

在器件的制备过程中，为了获得较高的存储密度，我们需要刻蚀出一个尺寸很小的孔，但是当通孔的孔径小到一定程度以后，会对后续功能层以及上电极薄膜材料的淀积带来困难，尤其是在高深宽比（通孔的深度/通孔孔径）的情况下。研究结果表明，由于整个阻变的单元均处在绝缘介质内部，受外界和相互之间的干扰较小，因此通孔结构具有相对较好的器件稳定性。Yu 等[22]也进一步比较了通孔结构和 crossbar 结构下 Al/TiO$_x$/Al 阻变存储器的差异，研究结果表明，具有通孔结构的 Al/TiO$_x$/Al 器件具有更好的器件均一性和稳定性。

从 crossbar 结构和 via-hole 结构的 Al/TiO$_x$/Al 电阻转变存储器件的测试结果可以看出（图 3-11(c)），在不同器件面积的转变电压（switching voltage）参数离散性方面，via-hole 结构的 Al/TiO$_x$/Al 的器件要优于 crossbar 结构的器件。从两种结构的横向剖面图也可以看出，crossbar 结构易受到侧墙和拐角效应的影响。

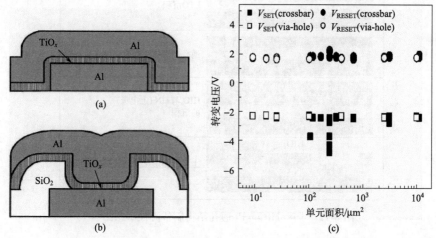

图 3-11 Al/TiO$_x$/Al 器件 crossbar 结构与 via-hole 结构的对比[22]
(a) crossbar 结构示意图；(b) via-hole 结构示意图；(c) 两种结构的 Al/TiO$_x$/Al 器件尺寸与转变电压的关系

图 3-12 是做在低温制备氧化硅（LTO）通孔结构中的 TiN/HfO$_x$/Pt 电阻转变器件[21]工艺流程图，图中给出了制备此种通孔结构的主要工艺流程：首先在平整清洁的绝缘介质氧化硅衬底上沉积钛/铂（Ti/Pt）层作为下电极，其中钛（Ti）层的作用是为了提高铂（Pt）层的黏附性；然后沉积通孔介质层 LTO；在 LTO 层上图形化定义通孔的尺寸后采用刻蚀工艺形成通孔结构（注意这里通孔的刻蚀一定要将整层的 LTO 刻蚀透，不然会造成下电极与阻变层的隔离）；随后依次沉积阻变功能层材料氧化铪（HfO$_x$）和上电极材料氮化钛（TiN）。需要注意的是在制备小尺寸通孔结构时，除了刻蚀通孔这一步很关键之外，之后的功能层及上电极薄膜材料的衬底方法也很关键，由于刻蚀孔径较小，采用溅射或者电子束蒸发很难实现完全填充，如果孔径填充得不够充分，就会在孔径内部形成疏松的气泡，这就会造成器件后续电学操作时其转变参数变差甚至还可能导致器件的直接失效，因此在这种情况下，我们多采取原子层沉积（atom layer deposition, ALD）的方法，ALD 的最大优势就在于沉积的速率可以控制在原子级别并具有良

好的填充效果,沉积出连续且厚度均匀的功能层介质和上电极薄膜材料。完成功能层和上电极的材料填充后,具有通孔结构的 TiN/HfO$_x$/Pt 电阻转变器件就完成了。

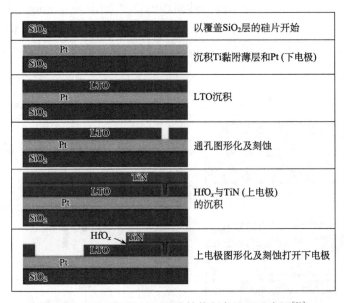

图 3-12　TiN/HfO$_x$/Pt 通孔结构制备流程示意图[21]

3.1.4　原子开关结构

所谓原子开关(atomic switch)就是器件中存在一个极小的缝隙(纳米级别),通过相应的电学操作,能够改变电阻状态的"导电通道"在这个极小的缝隙中间连通或者断开,从而实现电阻状态的变化[27-34]。Aono 研究小组[27]利用活性金属银(Ag)在电场中的氧化还原反应来实现极小空间内的金属导电桥的生长和断裂,这一工作发表在《自然》(*Nature*)杂志上。如图 3-13 所示,将一层极薄的银夹在下电极硫化银与上电极铂之间,这时候上下电极之间由于金属银的连通而处于低电阻状态。在电学操作的过程中,在上电极铂与下电极硫化银之间加一个正向电压,形成一个从铂指向硫化银的电场,当这个电场足够强时,处于上下电极之间的这一薄层银就会发生氧化反应,原来的银原子被氧化为银离子,并且在电场的驱动下向着硫化银的方向迁移,因为下电极为硫化银,被氧化的银离子可以进入下电极结构中使得原本银薄层的位置出现一个空气薄层,这时上下两个电极之间不再相连接,器件处于一个高电阻的状态。改变电场的方向,原本被氧化的银离子又会在电场的驱动下向上电极移动并发生还原反应,值得注意的是,两电极之间的距离非常小,当还原的银离子接近要连接上两个电极时会出现量子电导现象。这种类型的器件被统称为原子开关。这类器件通常采用上述的金属氧化还原反应和电迁移形成导电桥来完成高低电阻态的转变,并且要求导电桥的尺寸非常小(纳米尺度),制备这种器件的关键在于如何形成极小尺寸的电极间隙。这种量子电导的获得让我们更深刻地理解了基于这种活性电极的氧化还原和电迁移类型的电阻转变存储器件的电阻转变机理。

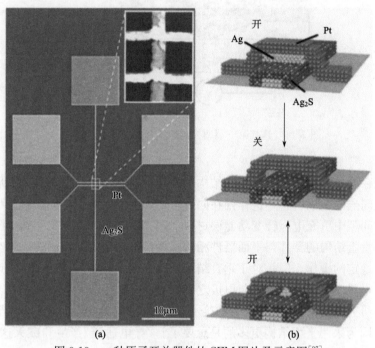

图 3-13　一种原子开关器件的 SEM 图片及示意图[27]
(a)器件 SEM 照片;(b)器件转变示意图

Schimmel 研究小组[28]借助溶液中的电化学反应来实现原子开关。首先在玻璃衬底上形成两个间距极小的电极,如图 3-14 所示。在两个金电极上加一定的偏压,这样由于电化学反应在两个电极极小的缝隙中会发生银离子的还原,随着还原反应的进行,慢慢地将两个金电极连接起来,这时两个金电极之间处于一个低阻态。通过调节控制门电极(gate)上的电压,可以控制这一微弱"导电通道"的连通与断裂,实现两金电极之间电阻状态的改变。

3.1.5　平面两端结构

以上我们介绍的都是基于垂直结构的阻变存储器件,也就是说下电极、阻变功能层和上电极在水平衬底上沿着垂直方向堆叠而成的器件。如图 3-15 所示,

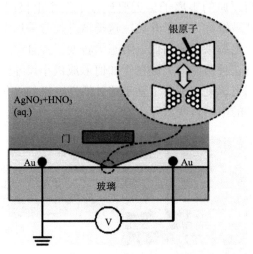

图 3-14 具有第三端调控的原子开关器件示意图[28]

电阻转变存储器也可以制备成平面结构的器件。在同一衬底材料平面上形成两个具有一定间隔的电极材料，这样处在同一水平面上的两电极之间会形成小尺寸间隙，在此间隙中填充电阻转变功能层材料，同样能够获得稳定工作的电阻转变存储器件。垂直结构的器件与平面器件相比虽然具有较小的器件面积、较小的操作电压和较稳定的操作，但是对于垂直结构，改变电阻态的"导电通道"均产生于阻变功能层材料内部或者功能层与电极之间的界面上，十分不容易观测到。为了更加清晰地研究阻变过程中所发生的变化，平面两端的电阻转变存储器受到关注[35-40]。因为采用平面结构更多的是想要了解"导电通道"产生和破灭这一过程，并且能准确地观测和表征，因此对于平面两端阻变存储器的研究多集中于固态电解液机制下的器件。所谓固态电解液机制就是基于电化学金属化（electrochemical metallization，ECM）机制，器件通常由活性金属电极（Ag、Cu）一端和惰性电极（Pt、W）一端组成，将两种电极淀积在同一衬底材料上，严格控制两电极之间的距离，使得在后续加电压的过程中两电极之间可以有"导电通道"的形成和破灭。平面两端器件两电极的距离通常在1微米至数百纳米，也可以通过其他巧妙的方法制备出小尺寸的平面两端器件，研究结果表明，平面两端的电阻转变存储器同样具有阻变特性，并且确实可以用这种特殊的结构来观测 ECM 机制下"导电通道"的一些特性，以此来更加清晰地认识阻变的内在机理。密歇根大学的卢伟研究小组[35]就利用平面结构的 $Ag/Al_2O_3/Pt$ 电阻转变存储器来研究导电细丝的动力学生长问题。研究结果如图 3-16 所示。该小组利用这种特殊的结构成功观测到了导电细丝的动力学生长过程，是一项非常有趣的研究工作。

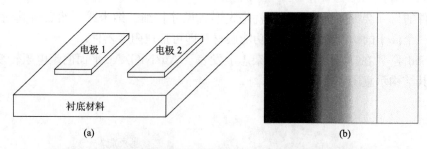

图 3-15 平面两端器件的结构(a)及模拟电势分布示意图(b)

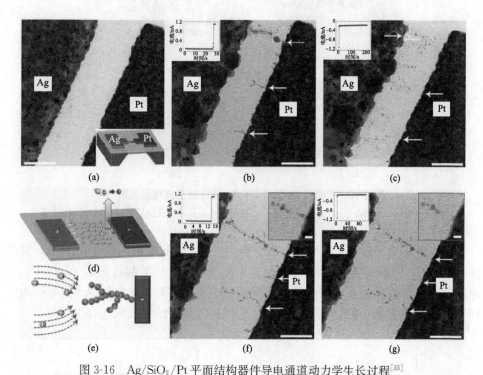

图 3-16 Ag/SiO$_2$/Pt 平面结构器件导电通道动力学生长过程[35]
(a)未经电学操作的平面两端器件 TEM 照片；(b)第一次电激励后器件的 TEM 照片；(c)反向电压激励后器件的 TEM 照片；(d)金属离子氧化过程示意图；(e)金属离子还原过程示意图；(f)和(g)分别为大尺寸器件在第一次电激励后与反向电压激励后的 TEM 照片

另外，平面两端结构的电阻转变存储器还可以用来研究小尺寸器件的特性，在电阻转变存储器可缩小性研究方面具有优势，前面章节已经提到过，阻变存储器在可缩小性方面具有相当的优势，为了验证这种可缩小性的潜力，一种平面两端纳米间隙阻变存储器器件受到关注。由于受到制备工艺的限制，定义器件尺寸的图形化手段遇到瓶颈，并且小尺寸的图形化难度相当大，因此一些研究小组就将目光聚焦到纳米线以及碳纳米管上。如果能将纳米线的横向截面作为电极，那么器件的尺寸会大大减小。做法就是先形成尺寸较细的纳米线，然后将其切断，形成一个极小的纳米缝隙，填充功能层材料即可形成阻变器件。

Son 等[36]在《应用表面科学》杂志上发表了 Au/NiO/Au 平面两端电阻转变器件，其结构示意图如图 3-17 所示。

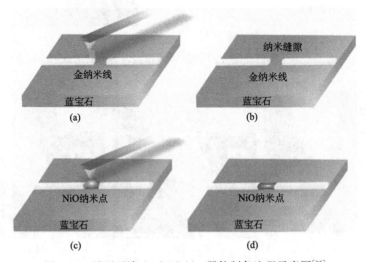

图 3-17　平面两端 Au/NiO/Au 器件制备流程示意图[36]
(a)两端电极纳米线的生长；(b)形成缝隙；(c)在缝隙中生长阻变功能层材料；(d)形成完整器件

利用原子力显微镜(AFM)针尖诱导产生小尺寸的左右两根金纳米线，其缝隙为 30nm，所形成的金纳米线的直径为 25nm 左右。所制备出的 Au/NiO/Au 电阻转变器件面积较小，在后续的电学测试中也可以看出，这种纳米线平面电阻转变存储器具有较小的操作电压和稳定的循环次数，结果如图 3-18 所示。

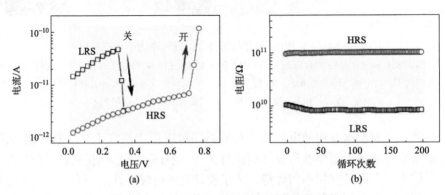

图 3-18　Au/NiO/Au 平面两端器件电学特性
(a) 开和关操作；(b)不同循环高低阻态的分布

Naioh 等[37]采用一种更巧妙的方法制备出了基于碳纳米管的平面电阻转变存储器,其研究结果发表在《应用物理快报》杂志上。由于单壁碳纳米管(SWCNT)具有相当小的尺寸(纳米尺度),利用这种材料作为阻变存储器的电极可以将有效器件面积缩小到相当小的尺寸,巧妙是在他们的研究中并不像传统的做法在碳纳米管的缝隙中加入阻变功能层,而是在碳纳米管的空洞结构中填入富勒烯分子,由于电场的作用,富勒烯分子在碳纳米管中的位置发生变化,从而改变了两根

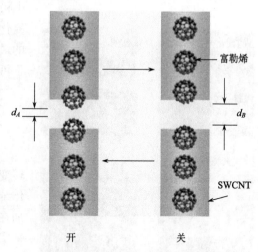

图 3-19　器件结构与转变示意图[37]

碳纳米管之间的有效间隙距离,使得两端的电阻发生变化,其原理示意图如图 3-19 所示。当然这种平面的器件结构只能作为一种研究的手段,在器件可缩小性及机理研究方面有作用,由于平面结构的器件存储密度难以做高,因此并不具有太大的实用价值。

3.1.6　侧边接触结构

随着对电阻转变存储器研究的不断深入,加上云计算和大数据时代的到来,对存储器的存储密度有了高的要求和新的挑战,因此越来越多的研究小组开始关注电阻转变存储器的三维集成问题。前面已经讨论过 crossbar 结构可以有效地实现阵列的三维集成,但是每层的图形化和堆叠使得工艺成本增加,尤其在堆叠层数较多时会遇到问题。Chen 等[41]在 2012 年度国际电子器件会议(IEDM)上发表了一种利用侧边接触形成的电阻转变器件的阵列三维集成结构,这一结构具有相当高的存储密度,并且工艺成本较低。就阵列中的单个器件结构而言,与传统的两端器件不太一样,利用图形化的电极侧边与另一个电极之间的接触形成器件的有效面积,如图 3-20 所示。

制备工艺流程如图 3-20 所示:首先在平整洁净的 SiO_2 衬底上依次淀积生长 $Pt/SiO_2/Pt/SiO_2$ 多层薄膜的堆叠;然后刻蚀出柱状深孔结构;依次填充阻变功能层氧化铪薄膜(HfO_2)和另一电极材料氮化钛(TiN);分别刻蚀露出两层金属铂(Pt)即可。从图中我们可以看到,这一器件实际上包含了两个电阻转变单元,并且这两个单元共用一个电极(TiN)。上下两个铂电极与氮化钛之间存在氧化铪薄层,形成器件单元。器件面积与刻蚀孔径的大小和铂电极薄膜的厚度有关。铂

电极呈现环形结构,阻变功能层材料与氮化钛电极嵌套在其中,这种器件结构的最大优点在于可以实现超高密度存储且可以保证低成本。

3.2 三端 RRAM

前面的章节中我们已经阐述过电阻转变存储器发生电阻转变的原理,对于传统的垂直结构两端器件,电激励总是加在两个电极上,通过两端电场的变化来实现阻变功能层中"导电通道"的变化,从而实现电阻转变。随着研究的深入,一些研究者借助晶体管的概念,提出了三端电阻转变存储器件的概念。

Banno 等[42]就针对三端阻变器件展开研究,器件结构示意图如图 3-21 所示。其制备工艺流程如下:首先在衬底材料上图形化生长具有间隙的两个铜电极,厚度为 120nm;然后沉积介质层硫化铜,厚度为 40nm;紧接着沉积厚度为 140nm 的绝缘层;最后图形化生长金属 Pt 上电极。从此结构图上看出三

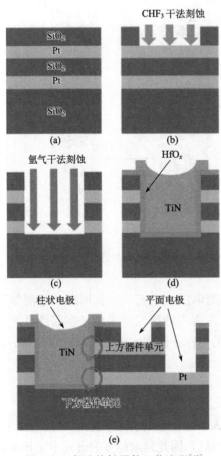

图 3-20　侧边接触器件工艺流程[41]

端的阻变器件确实比较类似于晶体管结构。在两端阻变存储器上增加第三个电极来实现阻变的第三端调控。测试结果表明,这样的三端结构确实可以实现类似晶体管的操作。如图 3-21 所示,先在上电极 Pt(漏端)和对应底部铜电极(源端)加一适当电场,使得源漏两端之间形成金属性的导电通道。接着通过在另一个铜底部电极(控制端)施加负电压,使得导电通道中的铜离子迁移离开原来的位置,完整的导电通道被破坏,源漏两端重回高电阻状态。当在控制端铜电极上加正向偏压时,部分铜离子又被电场拉回到导电通道所在位置,使得源漏两端又回到低电阻状态。这样,通过源漏两端初始化形成完整导电通道后,借助控制端的偏压可以调控导电通道的状态,从而实现数据的存储。

Xia 等[43]也研究了通过引入第三电极来实现两端电极之间导电能力的调控,其器件结构示意图如图 3-22 所示。该研究小组巧妙地利用了有角度蒸发的办法来实现小尺寸的电极缝隙。通常来说,在微纳加工手段中我们常利用图形化对准

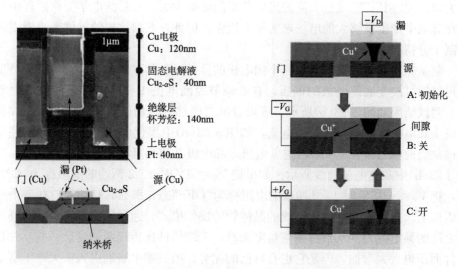

图 3-21　三端电阻转变器件结构及工作原理示意图[42]

或者刻蚀来实现较小的电极间距,当这一间距尺寸在微米或者几百纳米时实现起来比较容易,但对于几十纳米甚至几纳米的小尺寸间隙就比较困难了。往往需要一些巧妙的手段,如刚才提及的有角度沉积。一般情况下,我们在基底上沉积薄膜材料时,薄膜会在基底上均匀覆盖上一层,如图 3-22(b)所示的氧化钛(TiO_2),但是当沉积的角度发生变化时,在高低不平的拐角处就会发生遮挡,使得"阴影"区域不发生沉积,如图 3-22(b)所示的铂(Pt)。

器件的制备流程也比较简单:①先在衬底材料上图形化生长底部电极(Pt),Ti 作为黏附层;②直接沉积氧化钛层覆盖底部电极;③采用有角度沉积金属 Pt,使得氧化钛层上的金属分为两段,并且两段之间保持较小间隙(几纳米)。最后一步非常关键,如果衬底的角度没有调整到合适位置,就会出现两种不好的结果:①"阴影"区域过于小或者充分暴露在沉积范围内,这样就会导致沉积出来的是一整块电极,而不存在任何间隙,造成器件制备

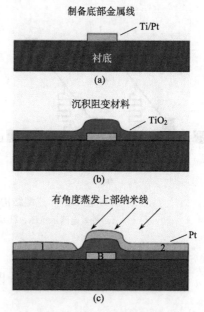

图 3-22　三端结构制备流程示意图[43]
(a)衬底上淀积 Pt/Ti 作为控制极;(b)淀积阻变功能层材料 TiO_2;(c)有角度蒸发金属 Pt

的失败；②"阴影"区域过大使得最后获得的缝隙太大，在后续电学操作过程中不能在缝隙中产生足够大的电场来实现电操作。因此，获取这样的器件要求对工艺控制十分精准到位。

制备完成后就获得了具有三个铂电极的器件。在测试的过程中，研究人员发现可以通过改变底部电极的偏压，有效调节表面电极1和电极2之间的导电能力，测试结果如图3-23(b)所示，可以看出当底部电极加正向偏压（$V_B=8V$）时，电极1和电极2两端具有较大电流，如图3-23(b)中黑色电流曲线所示；当底部电极加负向偏压（$V_B=-15V$）时，电极1和电极2两端具有相对较小的电流，如图3-23(b)中灰色电流曲线所示。如果把$V_B=8V$时1、2两端的电阻称为"ON"态，把$V_B=-15V$时1、2两端的电阻称为"OFF"态，那么其存储窗口在一个数量级以上。这就非常类似于传统的晶体管的操作模式，通过第三端来调整另外两端之间的导电能力。从器件制备角度来看，三端器件比传统两端复杂一些，并且器件面积也大大增加，但是它也有自己的优势。第三端电极的引入极大地丰富了器件的操作模式，这种类似于晶体管的结构可以应用于多值、低功耗等。如果结构设计合理，也可以弥补面积上的缺陷。

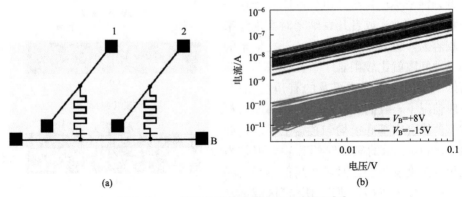

图3-23　三端结构等效示意图及电学特性[43]
(a)等效电路示意图；(b)不同控制极电压下两端的I-V特性

3.3　四端RRAM

传统的两端器件在RESET（低阻态转变为高阻态）过程中通常会产生较大的电流，这是由于"导电通道"的存在使得器件处于一个比较低的电阻态，因此在整个器件的电学操作过程中，功耗主要产生于RESET过程。如何降低RESET过程的电流成为研发低功耗电阻转变存储器的关键。通过不断的努力和尝试，多数研究小组都报道了可以通过降低SET（高阻态转变为低阻态）过程中限制电流的大小来实现低功耗。这是由于 SET 中限制电流越小,所形成的"导电通道"就会越细,器件的阻态会比较高,在 RESET 过程中不会产生很大的电流,从而实现低功耗,这种办法确实可行,但存在一个不容忽视的问题。当"导电通道"尺寸较小时,它的稳定性也会恶化,一旦自动断开就意味着器件的失效或者存储信息的丢失,这样看来,这种办法存在很大的局限性,不能够兼顾低功耗和良好的数据保持特性。鉴于此,Sun 等[44]提出了一种利用横向电场打断导电通道的平面四端结构和操作方法,从而实现了低功耗操作,同时兼具了良好的数据保持特性。在平面两端的基础上再加入一对控制电极,形成平面四端结构,如图 3-24 所示。

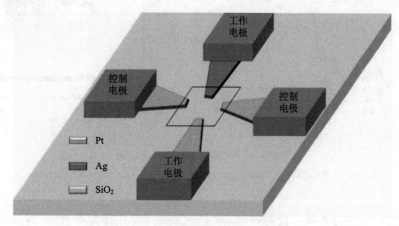

图 3-24 平面四端器件结构示意图[44]

一端为活性 Ag 电极,另外三端为惰性金属 Pt 电极,Ag 电极与相对的 Pt 电极形成工作电极对,来形成导电通道,另外两个 Pt 电极形成控制电极对,来实现对导电通道的调控。这种四端器件的制备工艺流程如下:首先在平整洁净衬底材料上图形化生长三端 Pt 电极;然后再套刻、沉积金属形成图形化的活性电极端。制备完成的四端器件工作电极之间的间隙在 $200nm\sim2\mu m$,而控制电极的间隙在 $500nm\sim3\mu m$。与两端阻变存储器相比,四端器件具有两个电极对,可以有效地实现数据"写入"和"擦除"时使用不同的电极对,这样做最大的好处在于可以实现低功耗操作。对于两端阻变存储器,不论是垂直结构还是平面结构,其只有一个电极对,在进行数据的"写入"时,实际上是通过电场激励使得这一电极对之间形成了具有相对较高电导率的"导电通道",那么在进行数据的"擦除"过程中,由于使用的是同一电极对,加之"写入"过程中产生的"导电通道",必然产生较大的"擦除"电流,整个功耗就会很大。相比较而言,采用四端结构,在数据"写入"过程中使用第一组电极对,使得这一电极对之间形成了"导电通道",在数据擦除的过程中使用第二电极对,第二电极对之间产生的电场会打破第一电极对之间的"导电通道"并且几乎不会产生漏电流,因此可以保证较低的功耗。测试结果如图 3-25 所示,可以看出利用不同电极对可以有效实现控制电极对导电通道的调控,实现低功耗操作,为低功耗存储器件的研发提供了新的思路,但是这样的器件结构与传统的垂直两端器件相比具有较大的面积,不利于实现高密度存储。

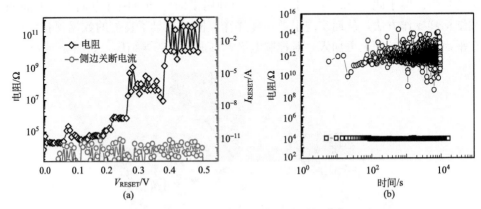

图 3-25　平面四端器件电学测试结果[44]
(a)工作电极对之间的电阻随着横向电场的变化关系;(b)高低组态的保持特性

　　另外,在生物领域,我们知道人类的大脑最基本的单元是神经元,而一个神经元中又包含了很多突触连接,神经元与神经元之间就是通过这种突触结构来传递生物电信号的。典型突触的结构如图 3-26(a)所示。为了发展人工智能,我们需要更加清楚地研究人类大脑,具体来说是要研究大面积的神经元网络。因此,人工制备的突触网络结构十分必要。由于突触数目繁多,网络结构复杂,很难实现人工的制备和模拟。随着微纳加工工艺和电阻转变存储器研究的进一步发展,一些研究小组发现可以利用电阻转变存储器良好的可缩小性及电学传输特性来模拟生物突触结构。南京大学 Zhu 等[45]就提出了一种平面四端的结构来实现对突触行为的模拟,构造神经元网络。器件示意图如图 3-26(b)所示,外侧两个电极相当于生物突触中的前突触,而内侧两个电极相当于生物突触中的后突触部分。在象征前突触的外侧电极上加尖峰脉冲来模拟生物电信号,探测后突触两个电极之间电压的变化,从而实现电信号的传输。这是一个简单的神经突触器件,将无数个这样的器件连接起来形成的网状结构就是神经元网络,利用这样的网络结构可以模拟生物神经元的行为,为更深层次的人工智能的实现提供帮助。

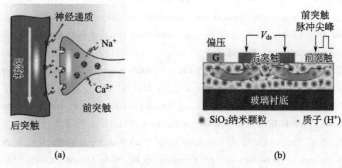

图 3-26 生物突触结构的示意图及器件模拟[45]

(a)生物突触结构的示意图；(b)利用平面四端结构来模拟突触行为的器件示意图

参 考 文 献

[1] Waser R, Aono M. Nanoionics-based resistive switching memories. Nature Materials, 2007, 6: 833-840.

[2] Kund M, Beitel G, Pinnow C U, et al. Conductive bridging RAM (CBRAM): an emerging non-volatile memory technology scalable to sub 20nm. IEEE International Electron Device Meeting IEDM Technical Digest, 2005: 754-757.

[3] Yang Y C, Pan F, Liu Q, et al. Fully room-temperature-fabricated nonvolatile resistive memory for ultrafast and high-density memory application. Nano Letters, 2009, 9: 1636-1643.

[4] Lee H Y, Chen Y S, Chen P S, et al. Low-power and nanosecond switching in robust hafnium oxide resistive memory with a thin Ti cap. IEEE Electron Device Letters, 2010, 31: 44-46.

[5] Lin C Y, Wu C Y, Wu C Y, et al. Memory effect of RF sputtered ZrO_2 thin films. Thin Solid Films, 2007, 516: 444-448.

[6] Wu X, Zhou P, Li J, et al. Reproducible unipolar resistance switching in stoichiometric ZrO_2 films. Applied Physics Letters, 2007, 90: 183507.

[7] Kim H, McIntyre P C, Chui C O, et al. Engineering chemically abrupt high-k metal oxide/ silicon interfaces using an oxygen-gettering metal over layer. Journal of Applied Physics, 2004, 96: 3467-3472.

[8] Cheng C H, Tsai C Y, Chin A, et al. High performance ultra-low energy RRAM with good retention and endurance. IEEE International Electron Device Meeting Technical Digest, 2010: 19.4.1-19.4.4.

[9] Lv H, Wang M, Wan H, et al. Endurance enhancement of Cu-oxide based resistive switching memory with Al top electrode. Applied Physics Letters, 2009: 94: 213502.

[10] Yoon H S, Baek I G, Zhao J, et al. Vertical cross-point resistance change memory for ultra-high density non-volatile memory applications. Symposium on VLSI Technology, 2009: 26-27.

[11] Lo C L, Hou T H, Chen M C, et al. Dependence of read margin on pull-up schemes in gigh-density one selector-one resistor crossbar array. IEEE Transactions on Electron Devices, 2013, 60: 420-426.

[12] Dong Y, Yu G, McAlpine M C, et al. Si/a-Si core/shell nanowires as nonvolatile crossbar switches. Nano Letters, 2008, 8: 386-391.

[13] Kim K H, Gaba S, Wheeler D, et al. A functional hybrid memristor crossbar-array/CMOS system for data storage and neuromorphic applications. Nano Letters, 2011, 12: 389-395.

[14] Cagli C, Nardi F, Harteneck B, et al. Resistive-switching crossbar memory based on Ni-NiO core-shell nanowires. Small, 2011, 7: 2899-2905.

[15] Jeong H Y, Kim Y I, Lee J Y, et al. A low-temperature-grown TiO_2-based device for the flexible stacked RRAM application. Nanotechnology, 2010, 21: 115203.

[16] Rosezin R, Linn E, Nielen L, et al. Integrated complementary resistive switches for passive high-density nanocrossbar arrays. IEEE Electron Device Letters, 2011, 32: 191-193.

[17] Cagli C, Nardi F, Ielmini D, et al. Nanowire-based RRAM crossbar memory with metallic core-oxide shell nanostructure. Proceedings of the European Solid State Device Research Conference, 2011: 103-106.

[18] Nauenheim C, Kugeler C, Rudiger A, et al. Nano-crossbar arrays for nonvolatile resistive RAM (RRAM) applications. IEEE Conference on Nanotechnology, 2008: 464-467.

[19] Nardi F, Balatti S, Larentis S, et al. Complementary switching in metal oxides: toward diode-less crossbar RRAMs. IEEE International Electron Device Meeting Technical Digest, 2011: 31. 1. 1-31. 1. 4.

[20] Govoreanu B, Kar G S, Chen Y, et al. $10 \times 10 nm^2$ Hf/HfO_x crossbar resistive RAM with excellent performance, reliability and low-energy operation. IEEE International Electron Device Meeting Technical Digest, 2011: 31. 6. 1-31. 6. 4.

[21] Zhang Z, Wu Y, Wang H P, et al. Nanometer-Scale RRAM. IEEE Electron Device Letters, 2013, 34: 1005-1007.

[22] Yu L E, Kim S, Ryu M K, et al. Structure effects on resistive switching of Al/TiO_x/Al devices for RRAM applications. IEEE Electron Device Letters, 2008, 29: 331-333.

[23] Shin J, Kim I, Biju K P, et al. TiO_2-based metal-insulator-metal selection device for bipolar resistive random access memory cross-point application. Journal of Applied Physics, 2011, 109: 033712.

[24] Kim S, Biju K P, Jo M, et al. Effect of scaling-based RRAMs on their resistive switching characteristics. IEEE Electron Device Letters, 2011, 32: 671-673.

[25] Kim T W, Choi H, Oh S H, et al. Resistive switching characteristics of polymer non-volatile memory devices in a scalable via-hole structure. Nanotechnology, 2009, 20: 025201.

[26] Fu D, Xie D, Feng T, et al. Unipolar resistive switching properties of diamond like carbon-based RRAM devices. IEEE Electron Device Letters, 2011, 32: 803-805.

[27] Terabe K, Hasegawa T, Nakayama T, et al. Quantized conductance atomic switch. Nature, 2005, 433: 47-50.

[28] Eigler D M, Lutz C P, Rudge W E. An atomic switch realized with the scanning tunneling microscope. Nature, 1991, 352: 600-603.

[29] Smith D P E. Quantum point contact switches. Science, 1995, 269: 371-373.

[30] Hasegawa T, Terabe K, Tsuruoka T, et al. Atomicswitch: atom/ion movement controlled devices for beyond von-neumann computers. Advanced Materials, 2012, 24: 252-267.

[31] Nayak A, Tsuruoka T, Terabe K, et al. Switching kinetics of a Cu_2S-based gap-type atomic switch. Nanotechnology, 2011, 22: 235201.

[32] Tamura T, Hasegawa T, Terabe K, et al. Switching property of atomic switch controlled by solid elec-

trochemical reaction. Japanese Journal of Applied Physics, 2006, 45: L364.

[33] Hirose Y, Hirose H. Polarity-dependent memory switching and behavior of Ag dendrite in Ag-photo-doped amorphous As_2S_3 films. Journal of Applied Physics, 2008, 47: 2767-2772.

[34] Terabe K, Nakayama T, Hasegawa T, et al. Formation and disappearance of a nanoscale silver cluster realized by solid electrochemical reaction. Journal of Applied Physics, 2002, 91: 10110-10114.

[35] Yang Y, Gao P, Gaba S, et al. Observation of conducting filament growth in nanoscale resistive memories. Nature Communications, 2012, 3: 732.

[36] Son J Y, Shin Y S, Shin Y H. Nanoscale resistive random access memory consisting of a NiO nanodot and Au nanowires formed by dip-pen nanolithography. Applied Surface Science, 2011, 257: 9885-9887.

[37] Naitoh Y, Yanagi K, Suga H, et al. Non-volatile resistance switching using single-wall carbon nanotube encapsulating fullerene molecules. Applied Physics Express, 2009, 2: 035008.

[38] Fujiwara K, Nemoto T, Rozenberg M J, et al. Resistance switching and formation of a conductive bridge in metal/binary oxide/metal structure for memory devices. Japanese Journal of Applied Physics, 2008, 47: 6266.

[39] Suzuki K, Igarashi N, Kyuno K. Two-step forming process in planar-type Cu_2O-based resistive switching devices. Applied Physics Express, 2011, 4: 051801.

[40] Gao S, Song C, Chen C, et al. Formation process of conducting filament in planar organic resistive memory. Applied Physics Letters, 2013, 102: 141606.

[41] Chen H Y, Yu S, Gao B, et al. HfO_x based vertical resistive random access memory for cost-effective 3D cross-point architecture without cell selector. IEEE International Electron Device Meeting Technical Digest, 2012: 20. 7. 1-20. 7. 4.

[42] Banno N, Sakamoto T, Hasegawa T, et al. Effect of ion diffusion on switching voltage of solid-electrolyte nanometer switch. Japanese Journal of Applied Physics, 2006, 45: 3666.

[43] Xia Q, Pickett M D, Yang J J, et al. Two-and three-terminal resistive switches: nanometer-scale memristors and memistors. Advanced Functional Materials, 2011, 21: 2660-2665.

[44] Sun H, Lv H, Liu Q, et al. Overcoming the dilemma between RESET current and data retention of RRAM by lateral dissolution of conducting filament. IEEE Electron Device Letters, 2013, 34: 873-875.

[45] Zhu L Q, Wan C J, Guo L Q, et al. Artificial synapse network on inorganic proton conductor for neuromorphic systems. Nature Communications, 2014, 5: 3158.

第4章 电阻转变机制

亚琛工业大学的 Waser 教授[1]根据主导电阻转变行为的物理化学机制,将电阻转变机制分为纳米机械机制(nanomechanical mechanism)、分子转变机制(molecular switching mechanism)、静电/电子机制(electrostatic/electronic mechanism)、电化学金属化(electrochemical metallization)机制、化学价变化机制(valency change mechanism)、热化学机制(thermochemical mechanism)、相变存储机制(phase change memory mechanism)、磁电阻机制(magnetoresistive mechanism)、铁电隧穿机制(ferroelectric tunneling mechanism)等,如图4-1所示。电化学金属化机制、化学价变化机制、热化学机制和静电/电子机制是 RRAM 器件的主要机制,将在4.1节~4.4节分别进行介绍。纳米机械机制对应着纳机电系统构成的电阻开关,分子转变机制对应着单分子存储器,相变机制对应着相变存储器,铁电隧穿机制对应着铁电存储器,这几类存储器涉及的存储机制可以参考相关领域的文献,这里不再进一步阐述。

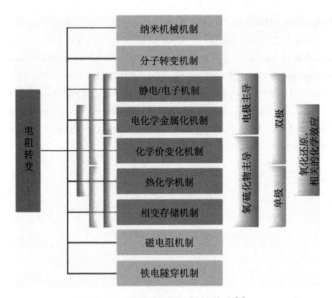

图 4-1 电阻转变机制的分类[1]

4.1 电化学金属化机制

电化学金属化(electrochemical metallization)机制，简写成 ECM 模型。这种模型主要是针对固态电解液基 RRAM 提出的，这类 RRAM 器件需要特殊的上、下电极材料，通常一端为电化学活性电极(如 Ag、Cu 和 Ni 等)，另一端为辅助电极，通常由电化学惰性金属材料(Pt、W 和 IrO 等)构成[1-5]。该类 RRAM 的电阻转变现象产生的原因是基于阳离子(Ag^+、Cu^{2+}、Ni^{2+} 等)的产生(氧化)、迁移和还原过程导致金属性导电细丝在固态电解液中的形成和破灭。基于导电细丝成分的特点，固态电解液基 RRAM 器件又被称为原子开关器件、电化学金属化器件(electrochemical metallization cell)、可编程金属化器件(programmable metallization cell，PMC)或导电桥随机存储器(conductive bridging RAM，CBRAM)器件。为了方便读者理解，下面将用 ECM 器件来表示固态电解液基 RRAM。

最初被用来作为 ECM 器件功能层的固态电解液材料主要是一些富 Ag 或 Cu 的硫系化合物材料，如 Ag_2S、CuS、AgGeSe、CuGeSe 等[6-10]。目前这类材料还没有在 CMOS 工艺中使用，兼容性问题需要考虑。另外，铜离子或银离子在这类材料中的迁移较为容易，导致器件的操作电压较低，器件可靠性容易受到电路噪声的影响。随后，一些氧化物材料如 WO_x[11]、SiO_2[12,13]、ZrO_2[5,14-17]、Ta_2O_5[18,19]、ZnO[20] 和 HfO_2[21] 被发现也可以作为固态电解液材料构成 ECM 器件。部分氧化物材料已在 CMOS 工艺中被广泛使用，工艺兼容性好，同时，铜离子或银离子在氧化物中的迁移较为困难，使得器件的操作电压和可靠性都得到了提高。因此，氧化物基 ECM 器件具有更好的应用前景。

4.1.1 电化学金属化理论

Waser 教授[1]在 2009 年的综述文章中对 ECM 器件的转变机制进行了总结，提出了 ECM 模型。该模型认为 ECM 器件产生电阻转变现象的原因是，在电激励下固态电解液薄膜中会形成或破灭金属性的导电细丝，而这类导电细丝的成分主要是易氧化金属电极(Ag 或 Cu)材料，其电阻转变的微观过程如图 4-2 所示。其中，导电细丝的生长过程主要分为三个部分(以 Ag 电极为例)：①阳极氧化过程。当 Ag 电极加正电压时，电极中的 Ag 原子将被氧化成 Ag^+，化学反应式为 $Ag + e \longrightarrow Ag^+$。②$Ag^+$ 电迁移过程。氧化后的 Ag^+ 在电场的驱动下向阴极(Pt)移动。③阴极的还原过程。当 Ag^+ 迁移到阴极时，将会从阴极捕获到电子从而被还原成 Ag 原子，化学反应式为 $Ag^+ - e \longrightarrow Ag$，随着阴极处被还原的 Ag 原子数量的增加，将形成 Ag 的沉淀体，如图 4-2(a)所示。阳极氧化和阴极还原过程的持续进行，Ag 的沉淀体继续生长，最终与阳极（Ag）相连，形成连通上下电极的导电通道，在这种情况下器件的导电能力将大大增强，对应图 4-2(b)中的 SET 过程。而当负向激励电压加在器件的易氧化电极上时，在导电细丝区域将发生与 SET 过程相反的氧化还原过程。由于 Ag 电极处的导电细丝最细，这个区域的电流密度最大，产生的焦耳热最多，导致该区域的温度更高，加剧金属的氧化反应，使得 Ag 导电细丝最先在 Ag 电极附近被熔解，并最终完全断裂。这时器件的电阻状态由低阻态转变到高阻态，对应图 4-2(c)和(d)中的 RESET 过程。

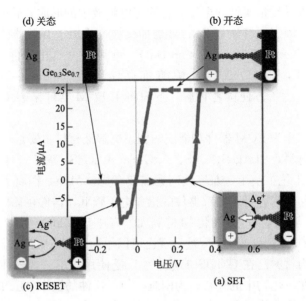

图 4-2　以 Ag/$Ge_{0.3}Se_{0.7}$/Pt 器件为例，ECM 模型描述的固态电解液基 RRAM 电阻转变特性与导电细丝生长和破灭过程的示意图[1]

Guo 等[22]采用 H_2O 作为电解液材料，在平面的 Ag/H_2O/Pt 器件中获得了 Ag 导电细丝生长过程的 SEM 照片，如图 4-3 所示。当在 Ag 电极上加正偏压时，平面器件的电流在 3s 以后发生了跳变，器件转变为低阻态，如图 4-3(a)所示。器件的电流变化过程对应的导电细丝的生长过程如图 4-3(b)~(d)所示。在正偏压的激励过程中，树枝状的 Ag 导电细丝最先在 Pt 电极处形成（图 4-3(b)），然后向 Ag 电极处生长（图 4-3(c)），并最终形成连接上下电极的 Ag 导电细丝（图 4-3(d)）。这个实验直观地给出了 ECM 机制描述的导电细丝生长的动态过程。

4.1.2　导电细丝生长和破灭的动态过程

限制 ECM 器件转变速度的关键因素是活性电极材料的阳极氧化、阳离子迁

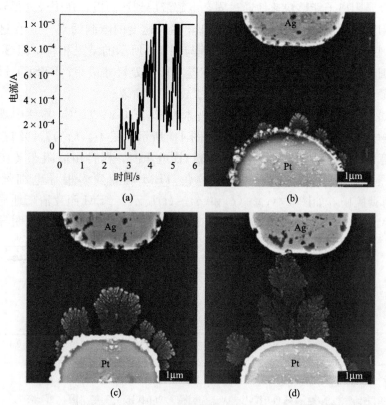

图 4-3 Ag/H$_2$O/Pt 器件中 Ag 导电细丝的动态生长过程[22]
(a)Ag 电极加正偏压时,器件对应的电流-时间曲线;(b)~(d) −1V 电压激励 1s,
2s 和 4s 对应的 Ag 导电细丝生长过程的 SEM 照片

移和阳离子还原这三个过程中的一个或多个。这三个物理化学过程主导着导电细丝的生长和破灭。在不同的 ECM 材料体系中,限制导电细丝的生长过程的因素不一样,造成了导电细丝生长和破灭的动力学过程上存在一定的差异。TEM 或者 SEM 的观测,能够提供导电细丝生长和破灭过程的直接图像信息,下面将以两类典型的 ECM 材料为例来介绍实验中观测到的导电细丝生长和破灭动态过程的差异,并给出可能的影响因素。

1. 传统固态电解液(快离子导体)

传统的固态电解液材料主要包括 Ag$_2$S、CuS、Ag-GeS$_x$、Cu-GeS$_x$、Ag-Ge-Se$_x$、Cu-GeSe$_x$、Ag-GeTe、Cu-GeTe、AgI 等,这些材料都是 Ag 和 Cu 的快离子导体,即阳离子在这些材料中具有较大的迁移率[23]。在快离子导体中,阳极氧化的金属阳离子能够快速地通过固态电解液层到达阴极,在阴极处得到电子被还原,阳离子的还原过程是影响导电细丝生长速度的限制因素[23]。在这类材料中观察到的导电细丝生长和破灭的过程与图 4-2 所示的结果相符,即 SET 过程中导电细丝从阴极向阳极生长,导电细丝在阳极处尺寸最小;RESET 过程中导电细丝最先在活性电极端(导电细丝尺寸最小处)断裂。

例如,Choi 等[10]采用原位 TEM 技术在 Pt-Ir/CuGeTe/Cu 器件中观测到多根 Cu 导电细丝的生长和破灭过程,如图 4-4 所示。图 4-4(a)为器件结构与测试方法示意图。当在 Pt-Ir 探针上加负向扫描电压时,器件由高阻态转变为低阻态,如图 4-4(b)所示。与此同时,原位 TEM 观测到多根导电细丝出现在 CuGeTe 薄膜中,如图 4-4(c)~(e)和(g)~(i)所示。TEM 照片清晰地显示导电细丝的尺寸在 Cu 电极(阳极)处明显小于 Pt-Ir 电极(阴极)处,这说明导电细丝

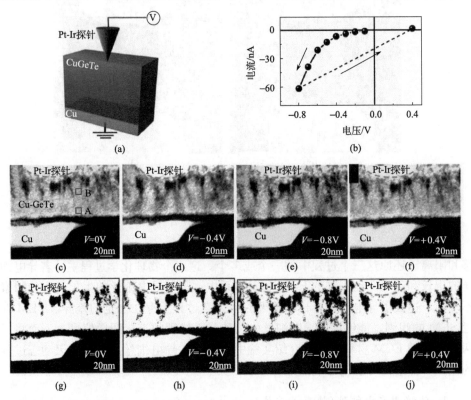

图 4-4 采用原位 TEM 探测技术在 Pt-Ir/CuGeTe/Cu 器件中观测到的导电细丝生长和破灭的动态过程[10]

(a)器件结构和实验配置示意图;(b)原位 TEM 测试过程中器件对应的 I-V 曲线;(c)~(f)为施加 0V,−0.4V,−0.8V,+0.4V 后,器件截面的 TEM 照片;(g)~(j)为从原始 TEM 照片(c)~(f)中转换得到的黑白照片,更清楚地表明导电细丝的生长和断裂

是从阴极开始生长，符合传统 ECM 理论预测的导电细丝的生长过程。而当 Pt-Ir 探针上加正电时(+0.4V)，器件回到高阻状态，对应的电流-电压曲线如图 4-4(b)所示。与此同时，原位 TEM 观测到导电细丝从 Cu 电极处开始断裂，如图 4-4(f)和(j)所示。导电细丝的破灭过程也与传统 ECM 理论预测的相符。

Fujii 等[9]采用原位 TEM 显微技术，在 CuGeS 中观测到的导电细丝生长和破灭的动态过程，如图 4-5 所示。当在 Pt-Ir 探针加负电时，可以看到导电细丝从 Pt-Ir 探针处开始生长，并最终与 Pt-Ir 下电极相连，如图 4-5(b)~(e)所示。而当 Pt-Ir 探针加正电时，生成的导电细丝从 Pt-Ir 下电极处开始熔解，并最终完全熔解，如图 4-5(f)~(i)所示。Fujii 等在 CuGeS 中观测到的导电细丝生长和破灭的动态过程也与传统 ECM 理论预测的结果相符。

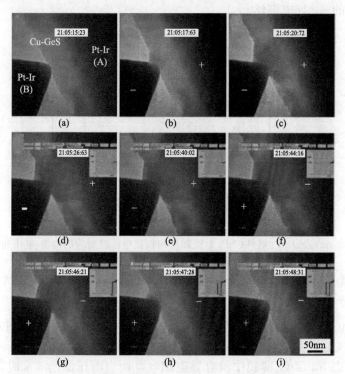

图 4-5　采用原位 TEM 探测技术在 Pt-Ir/CuGeS/Pt-Ir 器件中观测到的 Cu 导电细丝的生长和破灭的动态过程[9]

(a)~(e)为导电细丝的生长过程，从阴极向阳极生长；(f)~(i)为导电细丝的熔解过程，从阴极开始熔解

2. 氧化物(电子和离子混合导体)

当采用绝缘介质，如 ZrO_2、Al_2O_3、ZnO、HfO_2、α-Si 等，作为 ECM 器件

的阻变功能层时,实验观测到的导电细丝的形貌和动态生长过程与传统 ECM 机制预测的结果有一定的差异。Liu 等[24]采用原位 TEM 测试技术,在 Ag/ZrO$_2$/Pt 器件中原位观测到 Ag 导电细丝的生长过程。当在 Ag/ZrO$_2$/Pt 器件的 Pt 电极上施加一个负向的扫描电压时,器件的电流在 −0.9V 时急剧增加,说明器件的电阻由高阻态转变到低阻态,如图 4-6 所示。同时,原位 TEM 观测到 ZrO$_2$ 阻变层中出现了一个连接上下电极的阴影区域(导电细丝),如图 4-6 插图所示。在 Ag/ZrO$_2$/Pt 器件中,导电细丝的上下两端尺寸不对称,与 Ag 电极(阳极)连接的区域导电细丝的尺寸约为 30nm,而与 Pt 电极(阴极)连接的区域导电细丝的尺寸约为 5nm,这个形貌与传统固态电解液理论(ECM 模型)预测的导电细丝形貌相反[25]。采用静态 TEM 观测技术,在低阻态的 Ag/ZnO/Pt 器件中也观察到类似圆锥形状的 Ag 导电细丝[20]。

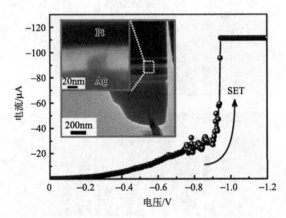

图 4-6 Ag/ZrO$_2$/Pt 器件的 Pt 电极加负向扫描电压时对应的电流-电压曲线[24]
电压到达 0.9V 时,器件由高阻态转变到低阻态;插图是电压扫描
后器件的 TEM 截面照片,在 ZrO$_2$ 薄膜中出现连通上下电极的导电细丝区域

当在 Cu/ZrO$_2$/Pt 器件的 Pt 电极上原位施加 −4V 恒压电激励时,Liu 等[24]采用 TEM 实时记录了 Cu 导电细丝在 ZrO$_2$ 薄膜中动态的生长过程,如图 4-7 所示。初始状态下,ZrO$_2$ 薄膜中没有导电细丝,而当电压激励 60s 时,第一根导电细丝突然出现在 ZrO$_2$ 薄膜中,这时对应的器件电流有一个突变,但是这个高电流状态不太稳定,很快又回复到低电流状态,如图 4-7(k)所示。继续加电压激励到 110s 附近,第二根导电细丝出现在 ZrO$_2$ 薄膜中靠近 Cu 电极的区域,随着电激励时间的增加,可以看到第二根导电细丝向 Pt 电极生长,最终与 Pt 电极相连(130s),这时器件的电流突变达到限流值,如图 4-7(k)所示,说明导电细丝与上下电极连通。图 4-7(f)~(j)是图 4-7(a)~(e)的黑白处理照片,更清晰地表明导电细丝的生长过程。图 4-7(l)给出了 Cu/ZrO$_2$/Pt 初始态、导通态的能量色

散 X 射线(EDX)谱线。初始态 EDX 谱线取自样品测试前 ZrO_2 薄膜中任选的一个区域,低阻态 EDX 谱线来自导电细丝区域。从图 4-7(l)可以看出,低阻态 EDX 谱线与初始态相比,出现了较强的 Cu 元素峰,说明 Cu 元素是构成导电细丝的主要成分,这与 Guan 等[16]采用变温测试在 $Cu/ZrO_2/Pt$ 器件中获得的导电细丝温度系数与 Cu 纳米线相符的实验结果一致。导电细丝动态的生长过程更直观地说明导电细丝从阳极附近开始生长。类似的实验现象在 ZnO[26]、α-Si[27] 和 Al_2O_3[27] 构成的 ECM 器件中也被观测到。

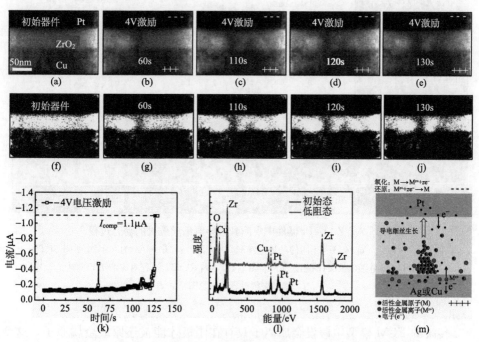

图 4-7 $Cu/ZrO_2/Pt$ 器件中观测到的导电细丝生长的动态过程[24]

(a)~(e)在 $Cu/ZrO_2/Pt$ 结构中获得的一组导电细丝生长过程的动态 TEM 照片;(f)~(j)为了使导电细丝的生长过程更加清晰地表现出来,将(a)~(e)中的 TEM 照片进行黑白转化处理;(k)导电细丝生长过程对应的 I-t 曲线,电学测试在−4V 恒压下进行,电压加在 Pt 电极上,Cu 电极接地;(l)$Cu/ZrO_2/Pt$ 器件的初始态、低阻态时的 EDX 谱;(m)导电细丝生长过程的示意图

图 4-8 给出了 $Ag/ZrO_2/Pt$ 器件中导电细丝破灭的动态过程。首先通过一个 SET 过程使得 $Ag/ZrO_2/Pt$ 器件从高阻态转变到低阻态,这时 ZrO_2 薄膜中出现的导电细丝如图 4-8(a)所示。然后在不同的 RESET 操作中(0→1.5V),可以清晰地观察到导电细丝从 Pt 电极处开始断裂,并向 Ag 电极收缩,如图 4-8(b)~(e)所示,RESET 过程对应的 I-V 曲线如图 4-8(f)所示。由于导电细丝在 Pt 电极附近的尺寸最小,因此在 RESET 过程中,这个区域的导电细丝通过的电流密

度最大,产生的热量最多,使得局部温度升高。较高的温度将会加速金属导电细丝的氧化反应,因此这个区域的导电细丝最先破灭。继续加电压时,剩余的导电细丝会继续发生氧化反应,生成的金属离子在电场的驱动下将向阴极(Ag)移动,导电细丝从阳极(Pt)向阴极(Ag)收缩。RESET过程中导电细丝破灭的过程符合热助氧化还原反应模型[16]。

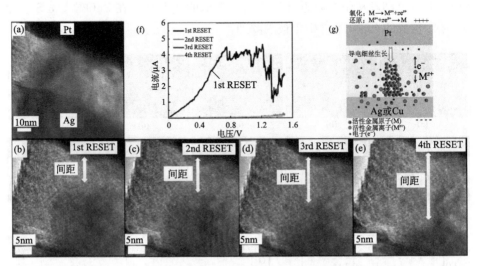

图 4-8 Ag/ZrO$_2$/Pt 器件中观测到的导电细丝破灭的动态过程[24]
(a)在 SET 过程后,Ag/ZrO$_2$/Pt 器件的导电细丝 TEM 照片;(b)~(e)为在不同的 RESET(0→1.5 V)过程中,导电细丝破灭过程的 TEM 照片;(f)不同 RESET 过程对应的 I-V 曲线;(g)导电细丝熔解过程的示意图

传统的 ECM 模型中假设金属离子只有在阴极才能被还原成金属原子,这个假设对于传统的固态电解液材料(如 AgS、CuS、Cu-GeSe、Ag-GeSe 等)是适用的。这类固态电解液材料中的 Ag 或 Cu 具有很高的固溶度和迁移速度,因此,从阳极进入的大量的银离子或铜离子只有在阴极处才能获得足够的电子被还原。在 Ag/H$_2$O/Pt[22]、Pt-Ir/CuGeTe/Cu[9] 和 Pt-Ir/CuGeS/Pt-Ir[10] 结构的器件中,观察到的导电细丝从阴极向阳极生长的动态过程,证实了这种机制在传统固态电解液中的适用性。而对于氧化物材料,如 ZrO$_2$、HfO$_2$ 和 Ta$_2$O$_5$ 等,尽管可以将其作为电子和金属离子的混合导体,但是金属离子的固溶度和迁移率比传统的固态电解液材料小很多。例如,Banno 等[18]报道 Cu$^+$ 在 Cu$_2$S 中的固溶度和迁移率分别是 $3.1×10^{22}$ atom/cm^3 和 $4.0×10^{-6}$ cm^2/s,而 Cu$^+$ 在 Ta$_2$O$_5$ 中的固溶度和迁移率比在 Cu$_2$S 中小很多,分别是 10^{11} atom/cm^3 和 10^{-22} cm^2/s。固溶度和迁移率的差别导致这两类固态电解液材料中电子电流和离子电流的比值存在巨大的

差别。

Banno 等[18]深入地研究了 Cu/Cu$_2$S/Pt 和 Cu/Ta$_2$O$_5$/Pt 器件的导通电压(即 SET 电压)与 Cu$^+$ 通量之间的关系，如图 4-9 所示。根据图 4-9 中给出的数值，由爱因斯坦关系式 $D=(kT/q)\mu$，能够简单地通过电流密度公式 $J_{Cu}=nq\mu E=(q^2 D_{Cu} N_{Cu} E)/(kT)$，估算出 Cu/Cu$_2$S/Pt 和 Cu/Ta$_2O_5$/Pt 器件中 Cu$^+$ 的电流密度。这里，J_{Cu} 是 Cu$^+$ 的电流密度；q 是电子电荷；D_{Cu} 是 Cu$^+$ 的迁移率；N_{Cu} 是 Cu$^+$ 的浓度；E 是电场强度；k 是玻尔兹曼常量。从图 4-9 中可以得出 Cu$_2$S 和 Ta$_2$O$_5$ 薄膜中的 $D_{Cu}N_{Cu}$ 分别是 10^3 atom/(s·cm) 和 10^{-9} atom/(s·cm)，假设 Cu$_2$S 和 Ta$_2$O$_5$ 薄膜的厚度均为 50nm，施加电压为 1V，则流

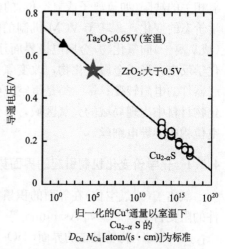

图 4-9 ECM 器件的导通电压与阳离子通量之间的关系[18]
ZrO$_2$ 的数据来源于参考文献[24]

过 Cu/Cu$_2$S/Pt 和 Cu/Ta$_2$O$_5$/Pt 器件的 Cu$^+$ 的电流密度 J_{Cu} 分别约为 10^3 A/cm^2 和 10^{-9} A/cm^2，两者相差 12 个数量级。文献[24]报道的 Cu/ZrO$_2$/Pt 器件的导通电压大于 0.5V，选取最小值 0.5V 代入图 4-9 所示的导通电压与阳离子通量的关系曲线中，其对应的位置用五角星标注在图 4-9 的曲线上。其对应的 $D_{Cu}N_{Cu}$ <10^5 atom/(s·cm)，计算出的 J_{Cu}<10^{-5} A/cm^2。由上述计算可以看出，氧化物基固态电解液中的金属离子电流密度远小于传统固态电解材料中的金属离子电流密度。文献[24]中的 Cu/ZrO$_2$/Pt 器件的面积(S)约为 100nm×100nm，由公式 $I_{Cu}=SJ_{Cu}$，可得 Cu$^+$ 电流在 Cu/ZrO$_2$/Pt 器件中的值约为 10^{-15} A，而器件的初始态电流(离子电流与电子电流总和)约为 10^{-10} A，表明初始状态 Cu/ZrO$_2$/Pt 器件中的电子电流占主导。基于上述分析，可以证明基于传统固态电解液材料的 ECM 器件中的电流主要为离子电流，而基于氧化基 ECM 器件中的电流主要为电子电流。低的离子电流以及低的离子迁移率使得金属离子更容易在氧化物中获得电子被还原，因此在氧化物基 ECM 器件中，导电细丝更容易从阳极附近开始生长。

4.2 化学价变化机制

化学价变化机制(valence change mechanism，VCM)与 ECM 机制类似，都与离子的电化学反应和电迁移过程相关，但 ECM 机制是基于易氧化金属离子

(Cu^{2+}、Ag^+ 或 Ni^{2+})的电化学反应,而 VCM 机制是基于氧化物自身存在的与氧相关的缺陷(如氧离子或氧空位)的电化学反应引起的氧化物材料中非氧元素化学价态的变化[1]。基于 VCM 机制的阻变机制主要分为两类:第一类是氧空位(或氧离子)向氧化物/金属电极界面迁移,在金属界面处积累与金属电极发生电化学反应,形成金属氧化物,改变氧化物/金属电极界面的肖特基势垒,从而引起器件的电阻转变;第二类是氧空位(或氧离子)在电场作用下的定向移动使得氧化物材料中出现局域的欠氧区域,降低了氧化物中非氧元素的化学价,形成了氧空位构成的导电细丝。

4.2.1 化学价变化机制引起的界面势垒调制

氧离子(或氧空位)在界面的积累常被用来解释复杂氧化物构成的 RRAM 器件的阻变行为[28-31]。如 Asanuma 等[29]通过 TEM 分析发现在高、低阻态下 Ti/$Pr_{1-x}Ca_xMnO_3$ 肖特基结的界面(TiO_y)的厚度会发生变化,如图 4-10 所示。这个工作直观地证明了氧空位俘获和释放调节肖特基势垒的变化是导致这类氧化物发生电阻转变的主要原因。类似的界面变化在 Pt/Al/PCMO/Pt 器件中也被观察到[31]。

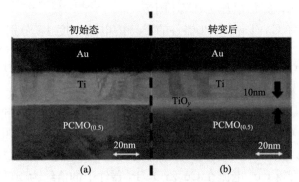

图 4-10 Ti/$PCMO_{(0.5)}$ 肖特基结在电阻转变前后的 TEM 截面照片[29]
(a)初始状态下 Ti/$PCMO_{(0.5)}$ 之间没有明显的界面;
(b)转变后 Ti/$PCMO_{(0.5)}$ 之间存在一层 10nm 左右的 TiO_y 界面层

图 4-11 给出了 Ti/$PCMO_{(0.5)}$ 肖特基结的电阻转变特性,氧空位电迁移示意图和高、低阻态的能带示意图[29]。器件的初始态为低阻态,这时 Ti/$PCMO_{(0.5)}$ 之间只有~1nm 的 TiO_y 界面,如图 4-11(b)所示。当 Ti 电极加正偏压时,Ti/$PCMO_{(0.5)}$ 界面处的氧空位在电场的作用下向 $PCMO_{(0.5)}$ 薄膜中迁移,导致 PCMO$_{(0.5)}$ 薄膜中氧耗尽层厚度的增加,TiO_y 界面的厚度增加到~10nm,如图 4-11(c)所示。界面层厚度的增加使得 Ti/$PCMO_{(0.5)}$ 能带出现较大的弯曲,增加了空穴传导的势垒。在这种情况下器件从低阻态转变到高阻态。当 Ti 电极加负偏压

时，PCMO$_{(0.5)}$薄膜中的氧空位在电场的作用下向 Ti/ PCMO$_{(0.5)}$界面处迁移，导致 PCMO$_{(0.5)}$薄膜中氧耗尽层厚度的减小，从而减小了 PCMO$_{(0.5)}$能带的弯曲程度，减小了空穴传导的势垒。在这种情况下器件从高阻态转变到低阻态，如图 4-11(d)所示。

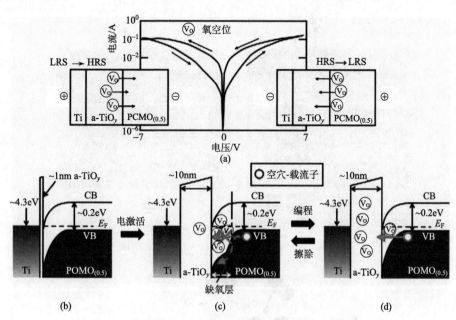

图 4-11　Ti/ PCMO$_{(0.5)}$肖特基结的电阻转变的物理机制[29]
(a) Ti/PCMO$_{(0.5)}$肖特基结的阻变特性、机理示意图；
(b)~(d)分别为初始态、高阻态和低阻态下的能带示意图

4.2.2　化学价变化机制引起的导电细丝生长和破灭

通常情况下，过渡族金属氧化物中的金属离子存在多种价态，以 TiO$_2$为例，在 TiO$_2$晶格结构中可能会存在 Ti^{4+}和 Ti^{3+}（相当于一个氧空位），使得 TiO$_2$薄膜中存在一些非化学剂量配比的 Ti$_n$O$_{2n-1}$（一般 n 为 4 或 5）相，这种 Ti$_n$O$_{2n-1}$相被称为 Magnéli 相[32]。含有大量氧空位的 Ti$_n$O$_{2n-1}$薄膜的导电能力比 TiO$_2$薄膜高很多[32]。这类 RRAM 器件的电阻转变现象产生的原因也被归结为导电细丝的形成和破灭，只是导电细丝的成分主要是由富含氧空位的非化学配比的氧化物组成。

下面以 Pt/TiO$_2$/Pt 结构来解释这种基于 VCM 效应的电阻转变机制。图 4-12 给出了氧空位迁移形成导电细丝的示意图[33]。当加正偏压在上电极时，氧化物在强电场激励下会产生一些氧空位(V$_O^+$)，这种带正电荷的氧空位会在电场的作用下向阴极迁移，在阴极处获得电子形成不带电的氧空位(V$_O$)，这个过程持续

进行，最终形成由氧空位组成的导电通道，从而提高了氧化物薄膜的导电能力。当加相反偏压时，靠近阳极的 V_O 能够从电极中捕获到 O^{2-} 后被复合，从而使得由 V_O 构成的导电细丝熔解并断裂。在这种情况下，器件由低阻态转变为高阻态（RESET 过程）。

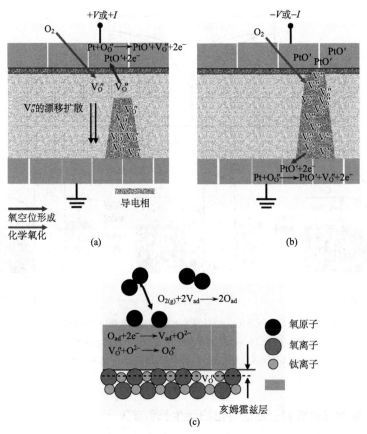

图 4-12　Pt/TiO$_2$/Pt 器件的氧空位电化学反应和电迁移示意图[33]

Kwon 等[32]在 *Nature Nanotechnology* 杂志上报道了采用 TEM 方法来研究 Pt/TiO$_2$/Pt 器件中导电细丝的形貌和晶格结构的工作。在这个工作中，他们在低阻态 Pt/TiO$_2$/Pt 器件中成功捕获到导电细丝的 TEM 照片，如图 4-13（a）和（b）所示。通过电子衍射（electron diffraction，ED）分析方法，证明导电细丝区域的衍射斑点的间距为 0.62nm，与(002)晶面的 Ti$_4$O$_7$ 的 Magnéli 相结构相符，如图 4-13（b）和（g）所示。TEM 的暗场相（图 4-13（c））进一步清晰地显示了导电细丝区域连通了上下电极。同时在这个样品中也观测到未完全连通的导电细丝（图 4-13（f）），可以看到导电细丝与上电极相连，说明导电细丝是从阴极开始生长的。Hp 实验室的 Strachan 等[34]在双极型 Pt/TiO$_2$/Pt 器件中也观测到 Ti$_4$O$_7$ 的 Magnéli 相构成的导电细丝，进一步证实了 Pt/TiO$_2$/Pt 器件的电阻转变机制是由氧空位电化学反应与电迁移效应主导的导电细丝形成与破灭的机制，为 VCM 转变机制提供了确凿的直接证据。

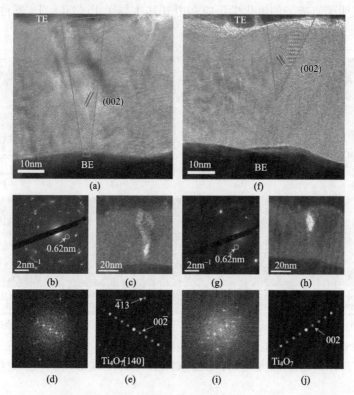

图 4-13　Pt/TiO$_2$/Pt 器件中的 Magnéli 相导电细丝高清 TEM 照片和电子衍射分析结果[32]
(a)~(e)表示完全连通的导电细丝；(f)~(j)表示未完全连通的导电细丝，导电细丝为圆台形状，其成分为 Ti$_4$O$_7$，并且在同一个样品中发现多根连通的导电细丝

Hp 的 Yang 等[35]详细地研究了 Pt/TiO$_2$/Pt 电阻变化过程中电极形貌的变化，发现在电阻转变过程中，上电极表面出现气泡的鼓起和消散，如图 4-14 所示。这个实验进一步证明了阻变过程中在电极界面存在氧离子的交换。图 4-14(a)给出了 Pt/TiO$_2$/Pt 器件结构，器件面积由 Pt 上电极图形决定。当在上电极加－4V 电压时，通过光学显微镜能够观测到上电极表面出现了一些气泡，如图 4-14(b)所示。撤销所加电压时，气泡仍然保持，如图 4-14(c)所示。当在上电极加＋4V 电压时，原来留存的气泡消失，但是在上电极表面产生了一些新的气泡，如图 4-14(d)所示。当继续施加＋4V 电压时，上电极表面的气泡增多并变

大,如图 4-14(e)所示。当撤销所加电压时,几秒后所有气泡完全消失,如图 4-14(f)所示。AFM 测试结果也表明了电压去除后仍有一些火山状突起留存在上电极表面,如图 4-14(g)所示。当长时间施加大电压在器件上时,上电极表面出现了更多的气泡并且这些气泡出现相互团聚的现象,如图 4-14(h)所示。这些结果进一步证明了氧离子的电化学反应和电迁移主导了 Pt/TiO$_2$/Pt 器件的电阻转变行为。

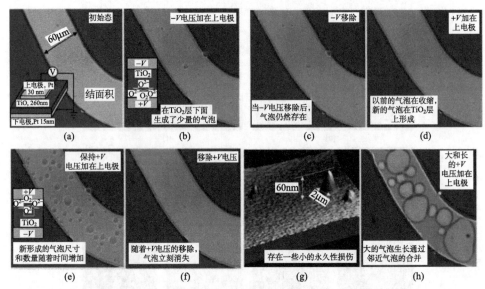

图 4-14　Pt/TiO$_2$/Pt 器件电阻转变过程中观测到气泡的产生与消失的动态过程,进一步证明了 VCM 器件在阻变过程中存在电极界面与外界环境的氧离子交换过程[35]

4.2.3　导电细丝生长和破灭的动态过程

采用原位的 TEM 探测技术,Chen 等[36]在 ZnO 基 RRAM 器件中观测到氧离子迁移主导的导电细丝生长和破灭的动态过程,如图 4-15 所示。器件的初始状态为高阻态,上下电极和 ZnO 薄膜都有清晰的界面,如图 4-15(a)所示。当上电极加负电压时,一个圆锥形的导电细丝最先出现在阴极上,如图 4-15(c)所示,对应着电流在缓慢地增加。继续施加电压,导电细丝向阳极生长并出现了树枝状分叉,如图 4-15(d)所示。继续施加电压,导电细丝最终与阳极相连,如图 4-15(d)所示。这时器件的电流突然增加,器件由高阻态变为低阻态,如图 4-15(h)所示。电子能量损失谱(electron energy loss spectroscopy,EELS)分析结果表明,导电细丝区域为富 Zn 的 ZnO$_{1-x}$ 材料,证明了导电细丝的形成过程是由于强电场下 ZnO 中的 Zn—O 键断裂,形成的 O^{2-} 在电场作用下向阳极移动,留下了金属态的 Zn 在 Zn—O 键断裂的位置,因此导电细丝从阴极向阳极生长。导电细丝形成以后,当上电极加一个负的扫描电压时,导电细丝从阳极一端发生断裂,导电细丝残存的一段与阴极相连,如图 4-15(f),(g)所示。与此对应,器件的电流急剧减小,电阻由低阻态转变回到高阻态,如图 4-15(h)所示。

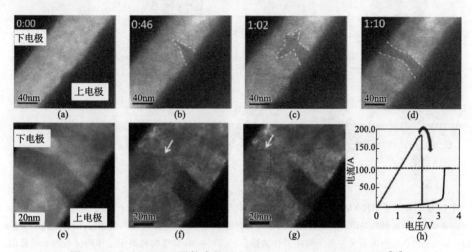

图 4-15　Pt/ZnO/Pt 器件中的导电细丝生长和破灭的动态过程[36]
(a)~(d) 导电细丝生长的动态过程的原位 TEM 照片;(e)~(g) 导电细丝破灭的动态过程的原位 TEM 照片;(h) 导电细丝形成和破灭对应的电流-电压曲线

4.3　热化学机制

从目前报道的研究结果来看,氧化物中的电阻转变现象大部分都与局域性的导电细丝的形成与破灭相关。尽管导电细丝的机制得到 RRAM 研究领域的广泛认可,但是目前对于导电细丝的形成和破灭的微观过程、成分和形状等关键问题,都还存在较大的争议。Yang 等[2]在 2013 年的综述文章中,总结了 VCM 机制的 RRAM 器件中电效应与热效应对阻变行为的影响,如图 4-16 所示。当电场驱动氧离子反应和迁移占主导时,RRAM 器件表现出双极型的电阻变化趋势,即 SET 和 RESET 操作必须在相反的电压极性下才能完成。当焦耳热驱动氧离子反应和迁移占主导时,器件表现出单极性或无极性的电阻转变特性,即 SET 和 RESET 操作可以在相同的电压极性下完成。当焦耳热效应更大时,这时器件表现出单稳态的电阻阈值转变(threshold switching),当电压小于某个阈值时,导电细丝在焦耳热的作用下会自发熔断,导致器件回到高阻状态,即在掉电情况下,器件的低阻态无法保持。

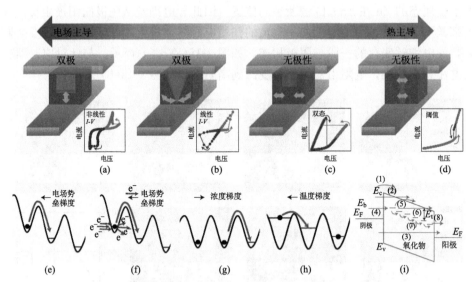

图 4-16 阴离子 RRAM 器件中的驱动力、电学特性以及离子和电子的传输方式的分类[2]
(a)~(d)为四种典型的电阻转变曲线对应的导电细丝的示意图,导电细丝的形貌和器件转变特性与电场和焦耳热相关,灰色箭头代表离子的理想移动路径;(e)~(h)为影响氧离子迁移路径的因素示意图;
(i) 器件中电子传输的可能路径

这种电场驱动与焦耳热驱动竞争的现象在阳离子基 RRAM 器件中同样存在。当采用较大的限流来完成激活/编程(forming/SET)过程时,将在固态电解液材料中形成较大尺寸的导电细丝,在后续的 RESET 过程中,器件中的电流主要通过导电细丝进行传输,从而产生大量的焦耳热,增加了导电细丝的温度,使得导电细丝发生热熔断。如 Guan 等[15]发现在 Cu/ZrO$_2$:Cu/Pt 器件中一样存在单极性和双极性的电阻转变现象。

4.3.1 熔丝与反熔丝模型

熔丝与反熔丝模型主要用来解释单极电阻转变现象,这种现象经常出现在一些过渡族金属氧化物中,如 NiO[37]、TiO$_x$[38]、MnO$_x$[39]和 ZrO$_2$[40]等。通常情况下,这类氧化物的初始状态为高阻态,并需要一个较大的电压来激活器件的电阻转变现象,这个过程被称为 forming 过程,如图 4-17 (b)中的 forming 曲线所示。forming 现象类似于 MOSFET 中栅介质薄膜的软击穿(soft break)现象,即氧化物薄膜在强电场的作用下会产生一些缺陷,这些缺陷可能是晶格缺陷,也可能是氧化物分解后得到的氧空位或者金属空位。在强电场的作用下,这些缺陷会在氧化物薄膜中渗透并形成一些由缺陷组成的连接上下电极的局域性导电通道,从而大大提高了氧化物薄膜的导电能力,导致器件由高阻态转变为低阻态。需要强调的是，在 forming 过程中需要设置一个较小的限制电流来防止氧化物薄膜被永久性击穿（hard breakdown）。随后，重新使用同方向的电压对器件进行扫描（不限流），这时由于薄膜中的电流主要通过尺寸很小的局域性导电通道进行传输，并且由于没有进行限流，流过导电通道的电流很大，产生了大量的焦耳热，使得导电通道周围的环境温度急剧上升，并最终导致导电通道的断裂，器件重新回到高阻状态。这个由低阻态转变为高阻态的编程过程被称为 RESET 过程，如图 4-17(b) 中的 RESET 曲线所示。当再加一个限流的同方向电压扫描时，熔断的细丝将在电场作用下重新连接，使得器件重新由高阻态编程到低阻态，这个过程被称为 SET 过程，如图 4-17(b) 中的 SET 曲线所示。由于 SET 和 RESET 过程类似于电路中保险丝的连接和熔断过程，因此这个模型被形象地称为熔丝与反熔丝模型。图 4-17(c) 和 (d) 给出了对应的高、低阻态下 C-AFM 测试的电流分布图，直观地证明了 TiO_x 薄膜在低阻态下电流主要是通过一些局域的导电通道来进行传输。

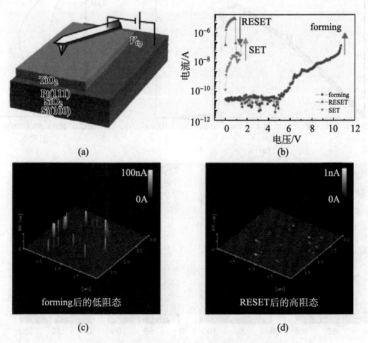

图 4-17　TiO_2 薄膜的 C-AFM 测试[38]

(a) C-AFM 测试方法示意图；(b) C-AFM 针尖作为上电极测试得到的 I-V 曲线；(c) 和 (d) 分别是低阻和高阻状态下的 TiO_2 薄膜表面的电流密度图，可以看出低阻态下出现一些电流密度较大的导电通道，而在 RESET 过程后，导电通道的电流密度变小，说明导电通道发生了断裂

4.3.2 焦耳热 RESET 模型

Russo 等[41]在 2007 年 IEDM 上报道了一种基于导电细丝自加速热熔断的 RESET 模型,这个模型很好地解释了基于 NiO 薄膜材料的单极性电阻转变特性,如图 4-18 所示。在这个模型中,Russo 等假设导电细丝是圆柱形的,通过模拟 RESET 过程中产生的焦耳热对导电细丝温度的改变来计算导电细丝熔解的位置和阈值温度。在圆柱形导电细丝情况下,细丝的中间位置在 RESET 过程中所获得的热量最大,因此细丝最先在这个位置处断裂,如图 4-18(b)所示。他们[42]在后续的工作中,发现如果细丝是圆台形状,导电细丝将最先在圆台的顶部断裂,这也说明了在细丝断裂过程中,细丝的形貌将起到很大的作用。

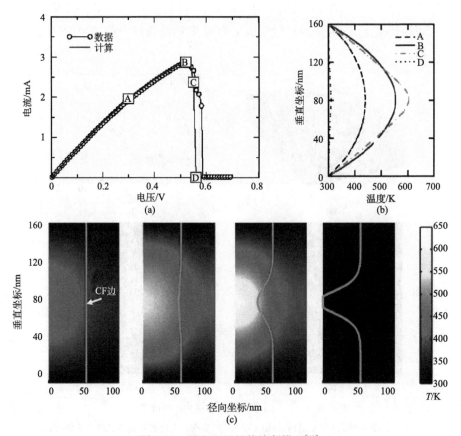

图 4-18 导电细丝的热熔断模型[41]

(a)Au/NiO/n-Si 器件的测试和模拟的 I-V 曲线;(b) RESET 过程中不同时刻的细丝温度与细丝位置之间的关系;(c) RESET 过程中不同时刻的细丝温度模拟结果

在熔丝与反熔丝模型中，导电细丝的断裂过程主要是由焦耳热主导的，这已经得到广泛的认可，但目前还没有直接的实验证据来证明导电细丝的形成过程是由什么因素主导的。

4.3.3 焦耳热引起的阈值转变现象

当通过导电细丝的电流较大，产生的焦耳热过多时，可能导致导电细丝自发熔断，器件出现单稳态的阈值转变现象。Chang 等[43]在 Pt/NiO/Pt 器件中发现通过调节环境温度，器件的电阻转变行为可以在双稳态的电阻转变和单稳态的阈值转变之间进行变换，如图 4-19 所示。当环境温度为 118K 时，Pt/NiO/Pt 器件在 forming 后(10mA 限流)具有稳定的单极转变特性，如图 4-19(a)所示。当将环境温度提高到 300K 时，器件表现出单稳态的阈值转变特性，如图 4-19(b)所示。当将环境温度降低到 80K 时，器件又恢复到稳定的单极转变特性，如图 4-19(c)所示。当环境温度又升高到 300K 时，器件由双稳态单极转变特性回到单稳态的阈值转变特性，如图 4-19(d)所示。这个实验证实了焦耳热在电阻转变过程中起到主导的作用。在 ECM 机制的器件中，也存在焦耳热引起的导电细丝不稳定性的问题，这也会造成器件低阻态无法保持的现象[44]。

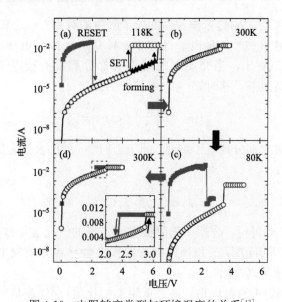

图 4-19　电阻转变类型与环境温度的关系[43]

(a)～(d)分别为 118K，300K，80K 和 300K 温度下的电阻转变特性曲线；300K 下器件表现为单稳态的阈值转变特性，低温下器件表现为双稳态的单极性电阻转变特性

4.4 静电/电子机制

介质材料中存在一些杂质和缺陷态,这些处于禁带中的杂质能级和缺陷能级被电子占据和没有被占据的情况下,会影响薄膜中的电子传输能力,从而导致电阻发生变化。目前这类与材料中的电荷陷阱相关的电阻转变模型主要包括陷阱控制的空间电荷限制传输模型(trap-controlled-SCLC)[45-47]、Frenkel-Poole 发射模型[48-50]和 SV 模型[51-55]。

4.4.1 空间电荷限制模型

Fang 等[45]用陷阱控制的空间电荷限制传输模型来解释 Cu_xO 的电阻转变行为,同时南京大学的 Xia 等[46]也用其来解释多晶的 $(Ba,Sr)(Zr,Ti)O_3$ 薄膜的阻变效应。陷阱控制的空间电荷限制传输模型可用式(4-1)来表示:

$$J = \left(\frac{\theta}{\theta+1}\right)^{(\frac{9}{8})} \varepsilon_r \varepsilon_0 \mu \frac{V^2}{L^3} \tag{4-1}$$

其中, $\theta = \frac{N_C}{N_t} \exp \frac{-(E_C - E_t)}{kT}$,表示自由电子和被陷阱俘获电子的比率, N_C 是导带底的有效态密度, N_t 是未被占据的电子陷阱的数目; ε_0 是真空介电常数; ε_r 是材料的相对介电常数; μ 是电子迁移率; V 是所施加的电压; L 是薄膜的厚度。由式(4-1)可以看出,当介质中的陷阱大部分都没有被电子填充,即 $\theta \ll 1$ 时,器件表现为高阻态,这时式(4-1)可简化为式(4-2):

$$J_{HRS} = \theta \left(\frac{9}{8}\right) \varepsilon_r \varepsilon_0 \mu \frac{V^2}{L^3} \tag{4-2}$$

而当介质中的陷阱大部分被电子填充,即 $\theta \gg 1$ 时,器件表现为低阻态,式(4-1)可简化为式(4-3):

$$J_{LRS} = \frac{9}{8} \varepsilon_r \varepsilon_0 \mu \frac{V^2}{L^3} \tag{4-3}$$

由式(4-2)和式(4-3)可得,介质中陷阱被电子占据的情况会导致流过介质的电流密度增加 θ^{-1} 倍,即陷阱俘获和释放电荷的程度会导致介质发生电阻转变现象,其机理示意图如图 4-20 所示。

由式(4-2)和式(4-3)可以得到高、低阻态的比值(存储窗口)与陷阱密度的关系为

$$\frac{R_{HRS}}{R_{LRS}} = \frac{\frac{V_{read}}{A \cdot J_{HRS}}}{\frac{V_{read}}{A \cdot J_{LRS}}} = \frac{1}{\theta} = \frac{N_t}{N_C} \exp\left(\frac{E_C - E_t}{kT}\right) \tag{4-4}$$

其中，A 是器件面积。由式(4-4)可以看出，电阻转变的窗口与材料中的陷阱密度、陷阱能级和温度等因素相关。通过人为增加陷阱密度，可以提高器件的存储窗口。Liu 等[47]在 $Au/Cr/ZrO_2:Zr/n^+$-Si 器件中，人为地掺入了一定含量的 Zr^+，提高了 ZrO_2 薄膜中的陷阱密度，发现器件的转变窗口增加了近四个数量级，如图 4-21 所示。

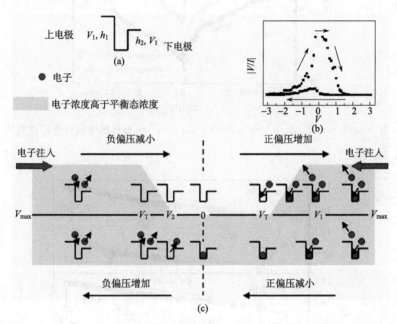

图 4-20　Xia 等用来解释陷阱控制的空间电荷限制传输模型机制的示意图[46]
(a) 陷阱势垒结构示意图；(b) $|V/I|$-V 的关系曲线；(c) 电阻转变过程中电荷陷阱的充放电示意图

陷阱控制的空间电荷限制传输模型主导的电流-电压曲线可以分为三个变化区间：①在低电压区，器件的电流和电压满足欧姆定律的关系($I \sim V$)；②在较大电压区间，器件的电流和电压满足二次方的关系($I \sim V^2$)；③在电压超过一个定值时，器件的电流和电压成指数倍增长。Liu 等[47]对 $Au/Cr/ZrO_2:Zr/n^+$-Si 器件的电流-电压曲线进行了拟合，发现高、低阻态下电流-电压都满足陷阱控制的空间电荷限制传输模型，如图 4-22 所示。Liu 等认为 Zr^+ 陷阱能级对电子的捕获和释放是造成 $Au/Cr/ZrO_2:Zr/n^+$-Si 器件电阻转变的主要原因。当器件加正向电压时，流过 ZrO_2 薄膜的电子有一部分被 Zr^+ 陷阱捕获，这时电流的传输满足式(4-2)。而当陷阱能级被填满时，器件的电流传输满足式(4-3)，这时器件由高阻态转变到低阻态。当加反向电压时，被电子占据的陷阱能级将释放出电子，从而使得器件从低阻态转变回高阻态。

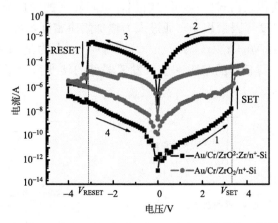

图 4-21 Au/Cr/ZrO$_2$:Zr/n$^+$-Si 与 Au/Cr/ZrO$_2$/n$^+$-Si 器件的电阻转变特性曲线[47]

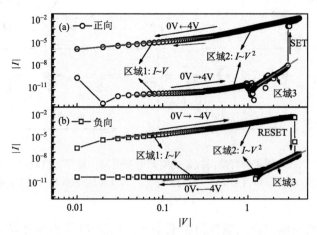

图 4-22 双对数坐标下的 Au/Cr/ZrO$_2$:Zr/n$^+$-Si 器件的电流-电压曲线[47]
(a)正向电压;(b)负向电压

4.4.2 Frenkel-Poole 发射模型

Frenkel-Poole(P-F)效应又称为场助热电离效应,是一种发生在体内的类似于肖特基势垒的效应。其电流-电压的关系如式(4-5)所示:

$$J \propto E \exp\left[\frac{-q\left(\varphi_B - \sqrt{\frac{qE}{\pi\varepsilon_i}}\right)}{kT}\right] \tag{4-5}$$

其中,E 是电场强度;q 是单位电子电荷;φ_B 是势垒高度;ε_i 是介质的介电常数;k是玻尔兹曼常量;T是温度。介质材料在生长过程中或在电激活过程中会在体内产生大量的陷阱,这些陷阱在体内产生类似于界面处的库仑势垒,严重限制了漂移电流和扩散电流,而相邻陷阱间的距离比较大,隧穿现象难以发生,因此这时只能通过陷阱俘获或释放电荷的方式来控制导带中的电子浓度,从而决定了电导的大小[48]。在镜像力和电场的作用下,陷阱态的势垒会降低,如图4-23所示,电荷跃迁出陷阱的概率增大,从而导致电导增加,电流急剧上升[49]。

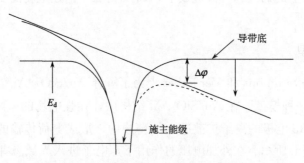

图 4-23 施主效应的 Frenkel-Poole 效应[49]

P-F效应是一种体效应,产生这种效应的前提是:在界面处形成非阻挡接触,或者即使界面处是阻挡接触,但是势垒很薄,可以通过隧穿的方式向体内注入大量电子[48]。同时体内一般要有以下两种状况:材料中的陷阱是正电性的(空态时呈正电性,吸引一个电子时不带电),或者材料中存在大量的施主或受主中心。Liu等[50]采用Frenkel-Poole发射传输模型来解释$SrZrO_3$:Cr的薄膜阻变现

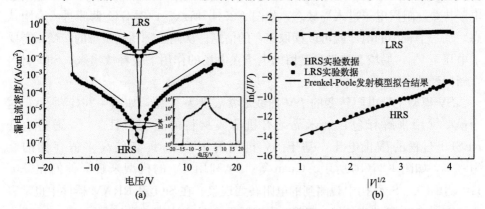

图 4-24 (a)Cr掺杂的$SrZrO_3$基RRAM器件的电阻转变特性曲线(插图是电阻与电压的关系曲线);(b)将正向电压下的高、低阻态的电流-电压曲线重新绘制在$|V|^{1/2}$-$\ln(J/V)$坐标下,高阻态区间符合P-F传输机制[50]

象。如图4-24(a)所示，SrZrO$_3$:Cr的薄膜构成的RRAM器件表现出双极转变特性。将图4-24(a)中所示的正向电压下的电流-电压曲线绘制在$|V|^{1/2}$-$\ln(J/V)$坐标下，可以看出高阻态(HRS)的电流电压在$|V|^{1/2}$-$\ln(J/V)$坐标下成线性变换关系，符合P-F传输机制，而低阻态(LRS)电流电压在$|V|^{1/2}$-$\ln(J/V)$坐标下的斜率基本为零，表明低阻态传输机制不是由P-F机制主导而是由欧姆传输机制主导。Liu等[50]认为，SrZrO$_3$中Cr掺杂在电阻转变中扮演了重要的角色，电子在Cr杂质能级上的捕获和释放造成了SrZrO$_3$薄膜中内建电场的变化，导致器件发生电阻转变。

4.4.3 SV模型

SV模型是Simmons和Verderber[51]为了解释Au/SiO$_2$/Al结构的电阻转变行为时提出的一种模型。在Au/SiO$_2$/Al结构中，在强电场的激励过程(electro-forming)下，Au电极的离子扩散进SiO$_2$薄膜中，形成电荷传输的杂质深能级陷阱，如图4-25(a)所示。在外加电压的作用下，电子进入局域态并以隧穿的方式穿过局域态到达正电极，此时SiO$_2$薄膜处于低阻态。而在能带弯曲的Ⅰ区，陷阱能级的差异导致了隧穿难度的加大，因此有少量电子驻留在这里。继续加电压至V_{max}，能带弯曲加大，使局域态能带的顶部接近于费米能级，这时局域态内部的电子隧穿通道减少，从而隧穿难度加大，导致电流急剧下降，SiO$_2$薄膜进入到负微分电阻区(NDR)。再增加电压至V_{min}，隧穿现象趋于停止，电流降至最低点。若此时迅速撤去外加电压，能带弯曲处陷阱中的电子不能及时释放出来，在声的作用下，电子逐渐隧穿到Ⅱ区的局域态能带顶部并驻留下来，形成附加电子势垒，阻碍电子进入局域态，如图4-25(b)所示。此时SiO$_2$薄膜进入高阻状态，加一个较小的电压就可以读取储存的信息。从高阻态到低阻态的转变则需要加电压至V_{th}，局域态能带顶驻留的电子在电场的作用下被释放出来，SiO$_2$材料重新回到低阻态。

SV模型主导电阻转变的I-V曲线通常表现为N型，如图4-26(a)所示。这个模型常用来解释包含纳米晶的有机薄膜材料的阻变特性[52-55]。通过改变RESET过程的截止电压，基于SV机制的RRAM具有较高多值存储的能力[52-54]，如图4-26(b)所示。Guan等[56]也利用SV的模型来解释他们在Au/HfO$_2$:Cu/n$^+$-Si结构中观测到的电阻转变现象。在SiO$_2$基RRAM器件中也常表现出N型的电阻转变特性，TEM分析结果表明SiO$_2$基RRAM在forming操作后，薄膜中出现Si纳米晶链构成的导电通道，这种结构类似于掺入Si纳米晶，也满足SV的模型[57,58]。

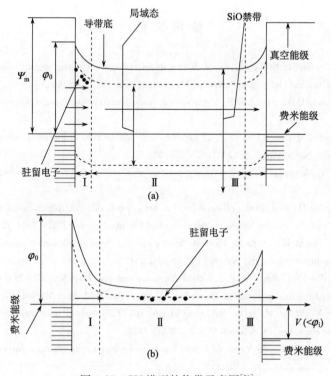

图 4-25 SV 模型的能带示意图[50]

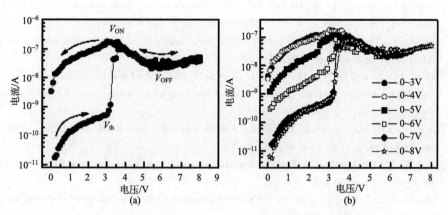

图 4-26 (a)ITO/AlQ$_3$/核-壳纳米粒子/AlQ$_3$/Al 器件的电阻转变曲线；
(b)采用不同的 RESET 截止电压，器件表现出多值阻变特性[52]

参 考 文 献

[1] Waser R, Dittmann R, Staikov G, et al. Redox-based resistive switching memories-nanoionic mechanisms, prospects, and challenges. Advanced Materials, 2009, 21: 2632-2663.

[2] Yang J J, Strukov D B, Stewart D R. Memristive devices for computing. Nature Nanotechnology, 2013, 8: 13-24.

[3] Valov I, Waser R, Jameson J R, et al. Electrochemical metallization memories- fundamentals, applications, prospects. Nanotechnology, 2011, 22: 254003.

[4] Yang Y, Lu W. Nanoscale resistive switching devices: mechanisms and modeling. Nanoscale, 2013, 5: 10076-10092.

[5] Sun J, Liu Q, Xie H, et al. In situ observation of nickel as oxidizable electrode material for the solid-electrolyte-based resistive random access memory. Applied Physics Letters, 2013, 102: 053502.

[6] Hasegawa T, Terabe K, Tsuruoka T, et al. Atomic switch: atom/ion movement controlled devices for beyond von-neumann computers. Advanced Materials, 2012, 24: 252-267.

[7] Hollmer S, Gilbert N, Dinh J, et al. A high performance and low power logic CMOS compatible embedded 1Mb CBRAM nonvolatile macro. Proceedings of International Memory Workshop, 2011: 107-110.

[8] Xu Z, Bando Y, Wang W, et al. Real-time in situ HRTEM-resolved resistance switching of Ag_2S nanoscale ionic conductor. ACS Nano, 2010, 4: 2515-2522.

[9] Fujii T, Arita M, Takahashi Y, et al. In situ transmission electron microscopy analysis of conductive filament during solid electrolyte resistance switching. Applied Physics Letters, 2011, 98: 212104.

[10] Choi S J, Park G S, Kim K H, et al. In situ observation of voltage-induced multilevel resistive switching in solid electrolyte memory. Advanced Materials, 2011, 23: 3272-3277.

[11] Kozicki M N, Gopalan C, Balakrishnan M, et al. A low-power nonvolatile switching element based on copper-tungsten oxide solid electrolyte. IEEE Transactions on Nanotechnology, 2006, 5: 535-544.

[12] Schindler C, Thermadam S C P, Waser R, et al. Bipolar and unipolar resistive switching in Cu-doped SiO_2. IEEE Transactions on Electron Devices, 2007, 54: 2762-2768.

[13] Schindler C, Staikov G, Waser R. Electrode kinetics of Cu-SiO_2-based resistive switching cells: overcoming the voltage-time dilemma of electrochemical metallization memories. Applied Physics Letters, 2009, 94: 072109.

[14] Liu Q, Dou C, Wang Y, et al. Formation of multiple conductive filaments in the Cu/ZrO_2:Cu/Pt device. Applied Physics Letters, 2009, 95: 023501.

[15] Guan W, Long S, Liu Q, et al. Nonpolar nonvolatile resistive switching in Cu doped ZrO_2. IEEE Electron Device Letters, 2008, 29: 434-437.

[16] Guan W, Liu M, Long S, et al. On the resistive switching mechanisms of Cu/ZrO_2:Cu/Pt. Applied Physics Letters, 2008, 93: 223506.

[17] Liu Q, Long S, Lv H, et al. Controllable growth of nanoscale conductive filaments in solid-electrolyte-based ReRAM by using metal nanocrystal cover bottom electrode. ACS Nano, 2010, 4: 6162-6168.

[18] Banno N, Sakamoto T, Iguchi N, et al. Diffusivity of Cu ions in solid electrolyte and its effect on the performance of nanometer-scale switch. IEEE Transactions on Electron Devices, 2008, 55: 3283-3287.

[19] GuT, Tada T, Watanabe S. Conductive path formation in the Ta_2O_5 atomic switch: first-principles ana-

lyses. ACS Nano, 2010, 4: 6477-6482.

[20] Yang Y C, Pan F, Liu Q, et al. Fully room-temperature-fabricated nonvolatile resistive memory for ultrafast and high-density memory application. Nano Letters, 2009, 9: 1636-1643.

[21] Wang Y, Liu Q, Long S, et al. Investigation of resistive switching in Cu-doped HfO_2 thin film for multi-level non-volatile memory applications. Nanotechnology, 2010, 21: 045202.

[22] Guo X, Schindler C, Menzel S, et al. Understanding the switching-off mechanism in Ag^+ migration based resistively switching model systems. Applied Physics Letters, 2007, 91: 133513.

[23] Valov I, Kozicki M N. Cation-based resistance change memory. Journal of Physics D: Applied Physics, 2013, 46: 074005.

[24] Liu Q, Sun J, Lv H, et al. Real-time observation on dynamic growth/dissolution of conductive filaments in oxide-electrolyte-based ReRAM. Advanced Materials, 2012, 24: 1844-1849.

[25] Russo U, Kamalanathan D, Ielmini D, et al. Study of multilevel programming in programmable metallization cell (PMC) memory. IEEE Transactions on Electron Devices, 2009, 56: 1040-1047.

[26] Peng S, Zhuge F, Chen X, et al. Mechanism for resistive switching in an oxide-based electrochemical metallization memory. Applied Physics Letters, 2012, 100: 072101.

[27] Yang Y C, Gao P, Gaba S, et al. Observation of conducting filament growth in nanoscale resistive memories. Nature Communications, 2012, 3: 732.

[28] Liao Z, Gao P, Meng Y, et al. Electroforming and endurance behavior of $Al/Pr_{0.7}Ca_{0.3}MnO_3/Pt$ devices. Applied Physics Letters, 2011, 99: 113506.

[29] Asanuma S, Akoh H. Relationship between resistive switching characteristics and band diagrams of $Ti/Pr_{1-x}Ca_xMnO_3$ junctions. Physical Review B, 2009, 80: 235113.

[30] Yang R, Li X M, Yu W D, et al. The polarity origin of the bipolar resistance switching behaviors in $metal/La_{0.7}Ca_{0.3}MnO_3/Pt$ junctions. Applied Physics Letters, 2009, 95: 072105.

[31] Jo M, Seong D J, Kim S, et al. Novel cross-point resistive switching memory with self-formed Schottky barrier. IEEE Symposia on Very Large Scale Integration Technology Digest, 2010: 53-54.

[32] Kwon D H, Kim K M, Jang J H, et al. Atomic structure of conducting nanofilaments in TiO_2 resistive switching memory. Nature Nanotechnology, 2010, 5: 148-153.

[33] Jeong D S, Schroeder H, Breuer U, et al. Characteristic electroforming behavior in $Pt/TiO_2/Pt$ resistive switching cells depending on atmosphere. Journal of Applied Physics, 2008, 104: 123716.

[34] Strachan J P, Pickett M D, Yang J J, et al. Direct identification of the conducting channels in a functioning memristive device. Advanced Materials, 2010, 22: 3573-3577.

[35] Yang J J, Miao F, Pickett M D, et al. The mechanism of electroforming of metal oxide memristive switches. Nanotechnology, 2009, 20: 215201.

[36] Chen J Y, Hsin C L, Huang C W, et al. Dynamic evolution of conducting nanofilament in resistive switching memories. Nano Letters, 2013, 13: 3671.

[37] Seo S, Lee M J, Seo D H, Reproducible resistance switching in polycrystalline NiO films. Applied Physics Letters, 2004, 85: 5655-5657.

[38] Chae B S C, Lee J S, Kim S, et al. Random circuit breaker network model for unipolar resistance switching. Advanced Materials, 2008, 20: 1154-1159.

[39] Zhang S, Long S, Guan W, et al. Resistive switching characteristics of MnO_x-based ReRAM. Journal of Physics D: Applied Physics, 2009, 42: 055112.

[40] Liu Q, Guan W, Long S, et al. Resistance switching of Au-implanted-ZrO$_2$ film for nonvolatile memory application. Journal of Applied Physics, 2008, 104: 114514.

[41] Russo U, Jelmini D, Cagli C, et al. Conductive-filament switching analysis and self-accelerated thermal dissolution model for reset in NiO-based RRAM. IEEE International Electron Devices Meeting Technology Digest, 2007: 775-778.

[42] Russo U, Ielmini D, Cagli C, et al. Self-accelerated thermal dissolution model for reset programming in unipolar resistive-switching memory (RRAM) devices. IEEE Transactions Electron Devices, 2009, 56: 193-200.

[43] Chang S H, Lee J S, Chae S C, et al. Occurrence of both unipolar memory and threshold resistance switching in a NiO film. Physical Review Letters, 2009, 102: 026801.

[44] Hsiung C P, Liao H W, Gan J Y, et al. Formation and instability of silver nanofilament in Ag-based programmable metallization cells. ACS Nano, 2010, 4: 5414-5420.

[45] Fang T N, Kaza S, Haddad S, et al. Erase mechanism for copper oxide resistive switching memory cells with nickel electrode. IEEE International Electron Devices Meeting Technology Digest, 2006: 543-546.

[46] Xia Y, He W, Chen L, et al. Field-induced resistive switching based on space-charge-limited current. Applied Physics Letters, 2007, 90: 022907.

[47] Liu Q, Guan W, Long S, et al. Resistive switching memory effect of ZrO$_2$ films with Zr$^+$ implanted. Applied Physics Letters, 2008, 92: 012117.

[48] Jeong D S, Hwang C S. Tunneling-assisted Poole-Frenkel conduction mechanism in HfO$_2$ thin films. Journal of Applied Physics, 2005, 98: 113701.

[49] 王永, 管伟华, 龙世兵, 等. 阻变式存储器存储机理. 物理, 2008, 37: 870-874.

[50] Liu C Y, Wu P H, Wang A, et al. Bistable resistive switching of a sputter-deposited Cr-doped SrZrO$_3$ memory film. IEEE Electron Device Letters, 2005, 26: 351-353.

[51] Simmons J G, Verderber R R. New conduction and reversible memory phenomena in thin insulating films. Proceedings of the Royal Society A, 1967, 301: 77-102.

[52] Reddy V S, Karak S, Dhar A. Multilevel conductance switching in organic memory devices based on AlQ$_3$ and Al/Al$_2$O$_3$ core-shell nanoparticles. Applied Physics Letters, 2009, 94: 173304.

[53] Yang Y, Ouyang J, Ma L, et al. Electrical switching and bistability in organic/polymeric thin films and memory devices. Advanced Functional Materials, 2006, 16: 1001-1014.

[54] Park J G, Nam W S, Seo S H, et al. Multilevel nonvolatile small-molecule memory cell embedded with Ni nanocrystals surrounded by a NiO tunneling barrier. Nano Letters, 2009, 9: 1713-1719.

[55] Nau S, Sax S, List-Kratochvil E J W. Unravelling the nature of unipolar resistance switching in organic devices by utilizing the photovoltaic effect. Advanced Materials, 2014, 26: 2508-2513.

[56] Guan W, Long S, Liu M, et al. Nonvolatile resistive switching characteristics of HfO$_2$ with Cu doping. MRS Proceeding, 2008: 1071.

[57] Yao J, Sun Z, Zhong L, et al. Resistive switches and memories from silicon oxide. Nano Letters, 2010, 10: 4105-4110.

[58] Yang G, Chen H Y, Ma L, et al. Study of multi-ON states in nonvolatile memory based on metal-insulator-metal structure. Applied Physics Letters, 2009, 95: 203506.

第 5 章 阻变存储器物理模型

为了准确地分析实验中的现象,充分认识理解阻变存储器的存储机理,研究人员基于不同的阻变机制提出了各种各样的物理模型,具有代表性的包括金属细丝模型[1]、氧空位模型[2]、杂质带模型[3,4]、肖特基势垒变化模型[5]、热反应模型[6,7]、离子输运模型[8]等。通过相应的模型,可以模拟出阻变存储器件电阻转变过程中各种物理效应的动态变化,定性或定量地讨论实验中的各种物理参数、编程/擦除模式等对器件性能的影响,对器件性能预测、参数分析、改良优化等具有重要的指导意义。另一方面,随着科技的发展,计算机性能飞速地提高,人们对物理理论的认识也更加深入,利用计算机模拟对器件进行设计已经成为现代科学研究不可缺少的研究手段。在众多模拟方法中,第一性原理计算凭借其独特的精度和无需经验参数的优点而得到众多研究人员的青睐,成为计算材料学的重要基础和核心计算。本章将主要围绕阻变存储器阻变模型及第一性原理计算两个方面,阐述目前阻变器件的物理机制。

5.1 阻变存储器阻变模型

5.1.1 模型的发展状况与分类

2006 年,Szot 等[9]首先提出,阻变现象是由阻变层内存在的导电细丝导通和断裂所致,并且他们通过电镜观察到导电细丝的存在,此后导电细丝模型被广泛接受和报道。同时,一些非细丝类型的阻变现象也被观察到[10,11],这类非细丝型的器件与细丝型器件不同,它们的电流路径并不是局限在一个区域,而是分布于整个器件,人们一般把这类阻变现象称为界面型阻变。细丝型阻变与界面型阻变最大的区别是:细丝型阻变器件低阻态导电发生在器件的局部,因此低阻态下细丝型阻变器件的电阻值与器件面积无关;而界面型阻变器件的阻值则服从欧姆定律,它的阻值随着面积的减小而增大。界面型阻变器件的阻变机制一般被认为由电极与阻变材料界面的接触势垒变化等引起[12],其阻变现象一般采用肖特基发射(Schottky emission)模型来描述。界面型阻变器件通常稳定性较差,可缩小性差,并不适合实际应用,因此,研究者们更多地关注细丝型阻变器件。

目前,阻变存储器的导电细丝理论认为,器件发生电阻转变的原因是阻变材料中导电细丝的形成和断开[3]。当细丝连通两个电极时,导电通道形成;当细丝断裂时,导电通道断开。相应地器件的阻值则在高阻态(HRS)和低阻态(LRS)之间发生变化,阻变器件正是依靠这种可重复的阻态转换来存储信息。

阻变器件随着材料的不同会表现出不同的阻变特性,根据导电细丝形成和断裂过程中起主导作用的离子类型,可以将导电细丝类阻变器件大致分为两类[12]:①活性金属(Cu、Ag)阳离子氧化还原反应(redox)主导的电化学金属化(ECM)机制;②阴离子(主要是氧离子O^{2-})氧化还原反应主导的化学价变化机制(VCM)。现在主流的阻变存储器物理模型主要基于以上两种机制,下面就这两种机制的阻变器件作一个简单回顾。

一个典型的ECM阻变器件是由一个易发生化学反应的活性电极(Ag、Cu、Ni等)、一个惰性电极(Pt等)以及一层夹在两层电极之间的固态电解液材料组成,如图 5-1 所示。电解液材料一般选取快离子导体材料,如 AgGeS[13]、CuS[14]等,或者选用CMOS工艺中常用的材料,如 ZrO_2[15]、HfO_2[16]等。根据传统的电化学理论,在导电细丝形成过程中,活性电极上施加正电压,活性金属原子发生电化学反应被氧化为金属离子,在电场的驱动下,离子迁移进入阻变材料,向阴极运动并在阴极还原,还原的金属原子逐渐堆积,最终形成一根导电细丝连通阴极和阳极,如图 5-1(b)和(c)所示;当施加反向电压时,金属细丝界面发生氧化形成阳离子并向活性电极迁移,最终导致导电细丝断裂,电阻状态转变为高阻状态(图 5-1(c)和(d))。这类器件一般又被称为金属导电桥型阻变器件(CBRAM)。

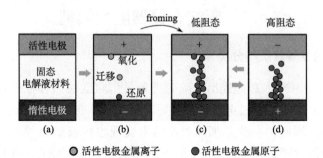

图 5-1　ECM 器件结构以及电阻转变过程示意图
(a)金属细丝型阻变存储器件结构示意图;(b)和(c)表示器件 forming 过程;
(c)和(d)表示导电细丝的形成/断裂

VCM 类型的阻变器件的阻变现象一般认为是由阻变材料内部氧空位缺陷的变化引起的。图 5-2(a)给出了 VCM 阻变存储器典型的器件结构,它主要由两层惰性电极(Pt 等)和夹在两者之间的氧化物阻变材料(HfO_x、TiO_x、TaO_x)构成[16-18]。初始的器件一般处于高阻态,在外加偏压的作用下,电场将使氧化物层的化学键断裂,氧离子(O^{2-})脱离原来位置形成氧空位缺陷,随着氧空位缺陷的逐渐增多，最终会形成一条导电的缺陷通道连通阴极和阳极，相应地器件会由高阻态转变为低阻态；当施加反向偏压时，氧离子与空位复合，导电通路断裂，器件由低阻态转变为高阻态。图 5-2(c)和(d)为氧空位机制的阻变存储器阻变过程示意图。

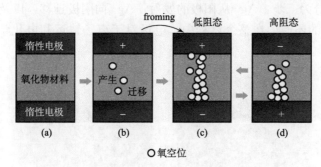

图 5-2　VCM 器件结构以及电阻转变过程示意图
(a)氧空位机制阻变存储器件结构示意图；(b)和(c)表示器件 forming 过程；
(c)和(d)表示导电细丝的形成/断裂

本章所介绍的阻变存储器物理模型主要针对 ECM 和 VCM 两类器件。目前，国内外关于阻变器件物理模型的报道很多，本章根据模拟过程中所采用的不同模型架构，主要将物理模型分为连续介质模型和随机模型两种。连续介质模型主要研究宏观参数的变化(如载流子浓度的宏观分布等)对阻变特性的影响，而忽略具体粒子的微观运动过程；随机模型则主要研究系统中具体粒子的微观运动对阻变器件特性的影响。

5.1.2　连续介质模型

连续介质模型主要根据体系中的宏观现象(如载流子扩散、漂移等)表征器件状态，而不必涉及体系中具体每一个粒子的微观运动行为。这类模型采用的方法与经典半导体物理体系下 pn 结、晶体管等求解电流电压特性的方法类似，一般是通过联立载流子连续性方程、泊松方程等对阻变存储器阻变过程进行描述，以获得器件的电学特性的变化。连续介质物理模型理论框架简单明了，通过模拟对比，能直观反映出载流子迁移率、温度等宏观参数对器件性能的影响。国内外已有很多基于连续介质模型框架对阻变器件进行研究的报道。其中在金属细丝阻变(又称为电化学金属化，ECM)器件和氧空位型导电细丝阻变(又称为化学价变化机制，VCM)器件中分别以余志平小组[19-21]、Ielmini 小组[22-25]等的工作为代表。

1. ECM 阻变器件连续介质模型

余志平小组[19-21]针对 ECM 器件开展了一系列的研究工作。2012 年在 IEDM

上,他们[19]报道了一种导电细丝的生长和熔解过程的模型。模型使用的器件结构为 Ag(阳极)/GeS$_2$/W(阴极)结构,模拟区域示意图如图 5-3(a)所示。模型的理论基于传统电化学理论,即金属阳离子在阳极产生,在阴极还原。器件的 forming 过程分为三步:Ag$^+$ 从阳极的发射,Ag$^+$ 向阴极迁移,以及 Ag$^+$ 在细丝或者阴极表面的还原。在整个过程中,电场对于离子输运和电化学过程起重要作用。

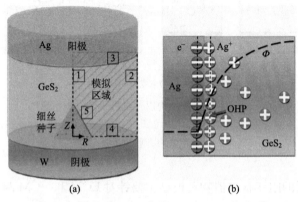

图 5-3 模型采用的器件结构示意图以及双电层模型[19]

(a)模型采用的 ECM 器件结构示意图(由于轴对称性,模型采用柱坐标系,模拟区域如图阴影部分所示);(b)静电势在双电层的分布示意图(根据 Stern 模型,空间电荷集中在细丝-电介质的接触界面;OHP 表示外亥姆霍兹层)

电势分布可以通过求解泊松方程获得:

$$\nabla(\varepsilon \nabla \Phi) = -\rho \tag{5-1}$$

式中,ε 为介电常数;Φ 为电势;ρ 为电荷浓度。电极与电介质接触界面采用电化学理论中的亥姆霍兹层(Helmholtz layer,HL)模型,如图 5-3(b)所示,电势 Φ 在电偶层呈线性迅速升高,在扩散层逐渐趋于体材料的电势值。模型中,把 OHP 当做一个平板电容 C_h,相应的边界条件为

$$\left.\frac{\partial \Phi}{\partial r}\right|_{1,2} = 0$$
$$\left.\frac{\partial \Phi}{\partial n} + \frac{C_h}{\varepsilon}\right|_3 = \frac{C_h}{\varepsilon}\Phi_a \tag{5-2}$$
$$\left.\frac{\partial \Phi}{\partial n}\right|_{4,5} = 0$$

式中,Φ_a 为电介质层上分得的实际电压。金属阳离子在阻变层体材料中的输运服从连续性方程

$$\frac{\partial C_{Ag^+}}{\partial t} = \nabla(D \nabla C_{Ag^+} - v C_{Ag^+}) \qquad (5\text{-}3)$$

$$v = fr\exp\left(-\frac{E_m}{k_B T}\right)\left[\exp\left(\frac{\frac{1}{2}re}{k_B T}E\right) - \exp\left(-\frac{\frac{1}{2}re}{k_B T}E\right)\right] \qquad (5\text{-}4)$$

式中，C_{Ag^+} 代表 Ag^+ 的浓度；D 为扩散系数；v 为离子漂移速率；f 为声子振荡频率；r 为 Ag^+ 的平均跳跃距离；E_m 为 Ag^+ 运动的激活能；e 为单元电荷；k_B 和 T 分别为玻尔兹曼常量和温度。

阴极表面原子还原的速率与表面 OHP 的电压 Φ_h 相关，还原速率的快慢在一定程度上会影响细丝形成的快慢，阴极表面的还原反应由式(5-5)表示：

$$Ag^+ + e^- \longrightarrow Ag$$

$$\frac{\partial C_{Ag}}{\partial t} = \frac{k_B T}{h}\exp\left(-\frac{E_r}{k_B T}\right)C_{Ag^+}\exp\left(-\frac{\alpha z e \Delta \Phi_h}{k_B T}\right) \qquad (5\text{-}5)$$

式中，C_{Ag} 代表表面银原子的浓度；E_r 为还原过程的激活能。擦除过程中，金属细丝表面银原子的氧化过程同样用该公式描述。forming 过程中，银离子在阴极表面还原，模型设置了一个银原子阈值浓度 ρ_{Ag}，大小为金属银的原子浓度，一旦还原所得的银原子浓度达到这个阈值，细丝区域向前移动一个格点。forming 过程模拟的流程图如图 5-4 所示。

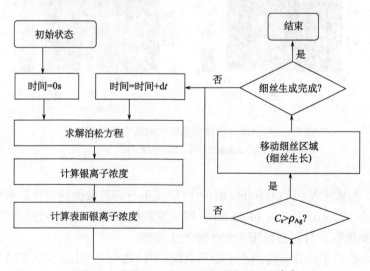

图 5-4 器件 forming 过程的模拟流程图[19]

图 5-5 为模拟得到的 forming 过程中细丝形貌的动态变化。初始状态，人为地在阴极放置了一个锥形的纳米晶种子(图 5-5(a))，随着时间的增加，阴极表面积累

的金属离子越来越多，还原反应开始(图 5-5(b))，细丝开始生长并最终连接上下电极，完成阻态转变。图 5-6 为器件擦除过程前后细丝区域电场分布情况。

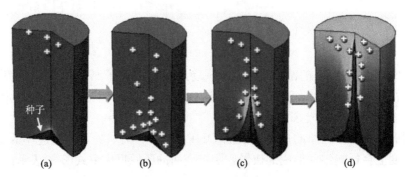

图 5-5　模拟所得 forming 过程细丝形貌的变化[19]

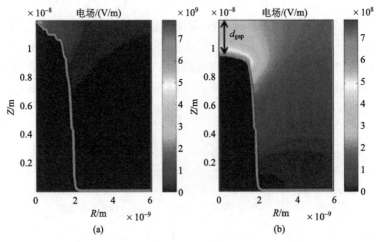

图 5-6　模拟所得器件擦除操作前后电场的变化[19]
(a)擦除操作前；(b)擦除操作后

图 5-7 为模拟所得的 forming 时间-电压关系与实验数据的对比。所用器件阻变层厚度为 12 nm，20 nm 和 40 nm。可以发现模拟结果在大部分区域可以很好地重现实验数据，只有在电压非常小时产生偏离。

图 5-8 给出了计算所得的离子输运时间($T1$)和化学反应时间($T2$)与施加电压的关系，总的 forming 时间是 $T1$ 与 $T2$ 的加和。在不同电压区域，离子传输和还原反应具有不同的主导作用，在小电压区域，forming 过程主要由离子输运速率限制而不再是化学反应速率限制，这也解释了图 5-7 中 forming 时间在低电压区域的偏离现象。

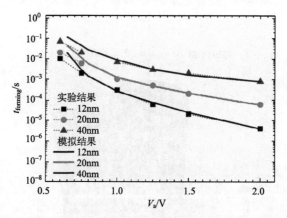

图 5-7 模拟以及实验测得的 forming 时间-电压关系的对比[19]

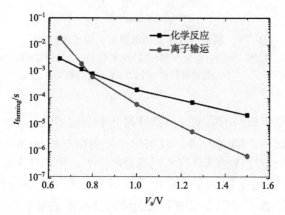

图 5-8 计算所得离子输运时间($T1$)和化学反应时间($T2$)与施加电压(V_a)的关系[19]
总的 forming 时间是 $T1$ 与 $T2$ 的加和

该模型将电化学理论引入到 ECM 器件导电细丝形成和擦除的动态模拟中，通过联系离子迁移、电场分配等物理效应，直观地重现了细丝的动态的形成过程，并且可以定量计算离子输运速率以及电化学还原反应速率对 forming 过程的影响，一般来说，这些参数采用实验手段很难获得。另外，模型的建立可以加深对 ECM 器件的阻变过程的理解。

2. VCM 阻变器件连续介质模型

关于 VCM 阻变器件连续介质模型，比较有代表性的工作是 Ielmini 小组[24,25]于 2012 年报道的氧空位机制阻变存储器阻变过程的理论模型。该理论模型采用的器件是基于 HfO_x 阻变器件，器件结构为 Pt/HfO_x(20nm)/Pt 的"金属-绝缘体-金属"的三明治结构，模拟区域以及模型所采用的坐标如图 5-9 所示。

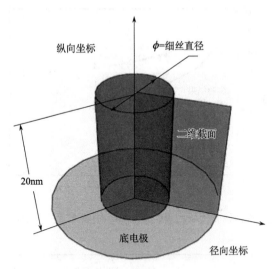

图 5-9 模拟区域示意图以及所采用的坐标系[25]

细丝区域假设为圆柱形状,由于圆柱的轴对称性,三维的模拟问题可以通过柱坐标系转换到一个二维平面进行解决

通常认为氧空位机制的阻变存储器件高低阻态的形成是由于氧空位缺陷态导电路径的断裂和连通。Ielmini 等研究发现,导电细丝区域可以被等效为氧空位掺杂,不同的掺杂浓度将使其具有不同的导电能力。他们认为双极性阻变器件的阻变行为是电场作用下的离子(氧离子或者氧空位)迁移导致:对器件进行 forming 或者 SET 操作,阻变层中形成连续的高浓度的氧空位区域(图 5-9 中圆柱区域),连通正负电极,形成低阻状态;RESET 过程中,较高电流通过导电路径,产生大量焦耳热,在电场和焦耳热的共同作用下氧空位迁移,致使原来高浓度导电通道区域的局域氧空位浓度下降,形成间隙(gap),器件由低阻状态转变为高阻状态。

这一理论模型主要是研究氧离子(或空位)的浓度分布,同时包括动态电场变化和温度分布等多重物理效应的耦合。其中离子的运动由漂移扩散方程(式(5-6))表示;而泊松方程(式(5-7))和热传导方程(式(5-8))分别描述相应的电势和温度分布。

$$\frac{\partial n_D}{\partial t} = \nabla(D \nabla n_D - \mu F n_D) \tag{5-6}$$

$$\nabla \sigma \nabla V = 0 \tag{5-7}$$

$$-\nabla k_{th} \nabla T = \sigma |\nabla V|^2 \tag{5-8}$$

式中,n_D 为等效掺杂离子浓度;D 为扩散系数;μ 为离子迁移率;F 为电场;σ

为电导率；k_{th} 为热导率；T 为温度。

采用的边界条件为

$$\text{上电极}: V=V(t), \quad T=T_0 \tag{5-9}$$

$$\text{下电极}: V=0, \quad T=T_0 \tag{5-10}$$

式中，$V(t)$ 表示上电极外加的扫描电压，下电极接 0 电位。上下电极温度边界条件为室温(T_0)。

图 5-10 给出了不同初始低阻态情况下，模拟和实验所得的 RESET 过程 I-V 特性曲线，实验结果与理论计算能够很好地吻合。通过对式(5-1)～式(5-5)的自洽求解，可以得到器件阻态转变过程中氧空位浓度(图 5-11(a))、温度分布(图 5-11(b))以及电势分布(图 5-11(c))。图 5-12(a)～(d)是模拟所得到的 RESET 操作过程中细丝形貌的变化，与图 5-10 中 A、B、C、D 点以及图 5-11 中 A、B、C、D 图一一对应。

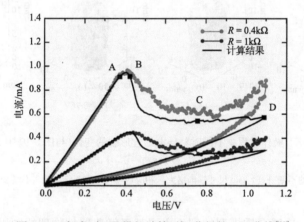

图 5-10 实验(点)及模拟计算(线)获得的 I-V 曲线[25]

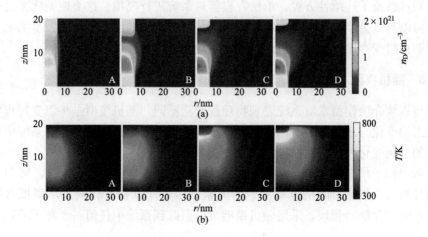

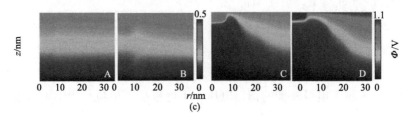

图 5-11　RESET 过程中不同时刻细丝区域各种物理量的变化[25]

(a)离子浓度分布；(b)温度分布；(c)电势分布。

A、B、C、D 时刻分别与图 5-10 中 A、B、C、D 点相对应

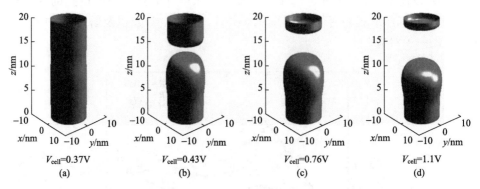

图 5-12　RESET 操作过程中不同时刻导电细丝形貌的变化(与图 5-10 中 A、B、C、D 点对应)[25]

随着电压的不断升高，gap 尺寸逐渐增大，相应地器件阻态逐渐由低阻态转变为高阻态

综上所述，连续介质模型的理论主要基于经典器件物理的知识，框架较为明朗，通过载流子连续性方程、泊松方程等对系统进行模拟。这类模型建模过程简单，可以对该类型的阻变器件转变过程获得一个直观的认识和理解。事实上，这类模型在阻变存储器领域也得到了广泛的应用。

5.1.3　随机模型

与连续介质模型求解系统宏观物理量变化不同，随机模型是将阻变过程中器件状态的变化与系统中粒子的微观运动联系起来，通过描述阻变器件系统中每个粒子的微观变化过程得到器件的状态变化。

微观粒子状态转变具有随机性，通常采用蒙特卡罗(Monte Carlo，MC)方法模拟计算。一般地，随机模型考虑的因素较多，计算量比较庞大，模拟时间较长。在阻变存储器领域，采用随机模型可以追踪到系统中任何一个粒子的运动轨

迹和状态变化，对器件转变过程中的微观状态变化获得直观的认识，并且能很好地还原器件性能参数的离散性以及导电路径微观形貌变化等[26,27]，这是连续介质模型所不具备的优势，对操作模式、材料选取等也具有很重要的参考意义。

随机模型在阻变存储器领域也已经被广泛证实是一种有效的研究手段[26-38]。模型基本思想大同小异，本节针对 ECM 和 VCM 两种类型的阻变器件，以中国科学院微电子研究所刘明研究组以及斯坦福大学 Wong 研究组的工作为例分别对随机模型进行阐述。

1. ECM 阻变器件随机模型

本小节主要介绍 ECM 随机模型基于 Cu/HfO$_x$(10nm)/Pt 结构器件，这种器件类型是一种典型的固态电解液机制阻变器件[39]。模型基于电化学理论，采用蒙特卡罗方法进行模拟，通过合理地选择器件电阻转变过程中发生转变的事件类型和速率，可以准确地模拟出系统的特性。图 5-13 给出了模型中的各种转变过程。

阳极表面发生原子的氧化/还原、离子的吸附/解吸、离子表面扩散等。模拟过程中阳极被简化成一个理想的

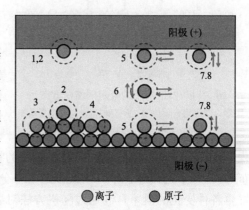

图 5-13　模拟过程中的各种物理化学反应[26]
1. 阳极原子氧化；2. 离子还原；3. 离子在台阶位置还原；4. 离子在空位处还原；5. 离子表面扩散；6. 离子迁移；7. 离子界面吸附；8. 离子界面解吸

平面。在电介质层，转变过程主要包括离子在体材料中的迁移。阴极处将发生离子的吸附/解吸、表面扩散和还原等。考虑到微观结构的影响，离子在不同位置还原的激活能大小不同（$E_a2 > E_a3 > E_a4$）。各种转换过程发生的速率 Γ 符合玻尔兹曼分布

$$\Gamma = f e^{\frac{E_a - \alpha E}{kT}} \tag{5-11}$$

式中，f、k、T 分别表示振荡频率、玻尔兹曼常量和温度；E_a 对应于图 5-13 所示的各种转变过程的激活能；αE 是外加电场的影响。电场分布可以通过泊松方程计算获得。

为了反映出工艺制作或其他因素引起的接触表面不平整的影响，阳极界面金属离子的产生速率假定为位置相关的高斯分布形式

$$g = \Gamma_g e^{-\frac{(r-r_0)^2}{2\sigma^2}} \tag{5-12}$$

式中，Γ_g 为阳极产生离子的速率（式(5-11)）；参数 r_0 和 σ 为高斯分布的平均值和

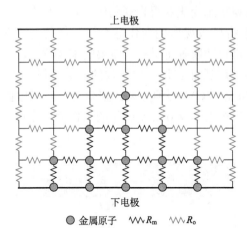

图 5-14 模拟采用的电阻网络示意图[26]

图中，圆圈为金属原子，R_m 和 R_o 分别代表金属细丝的电阻率和电介质材料的电阻率

标准偏差。ECM 类型阻变器件的导电通路通常认为是细丝形状并且局限在一个区域，通过引入参数 r_0 和 σ，在模拟中可以有效地控制导电通路产生的位置以及相应的粗细大小。

随着原子不断在阴极淀积，阴极一侧的形貌逐渐发生变化，与之相对，电势分布同样随之改变，为了计算通过器件的电流，采用了一个电阻网络模型。模型基于欧姆定律和基尔霍夫定律。电阻网络示意图如图 5-14 所示。

图 5-15 是模型所用的模拟流程图。模拟过程中所涉及的各种微观过程均依赖于电场。模拟之前，设定系统的初始条件（初始电压温度、原子离子分布等），每个迭代过程中，①模拟出电势分布和温度分布等；②据此计算载流子发生各种变化的概率；③通过随机方法对载流子所处状态进行更新；④计算器件电流、更新时间以及外加电压，得到器件的 I-V 特性等，直到达到所设定的循环限定条件（达到限制电流）。

图 5-16 给出了模拟计算获得的电流-电压特性曲线，插图为实验结果（结果为器件 Cu/HfO$_2$(10nm)/Pt 在室温条件下测得）。从图中可以明显地观察到电流-电压的回滞现象，另外，模拟结果与实验结果基本一致。这一结果表明，当施加正向偏压时，阳极的铜原子被氧化为离子，在电场驱动下，铜离子向阴极迁移并最终在阴极还原。当导电细丝连通阴极和阳极，在电流-电压曲线上就可以观察到急剧的电流增加现象。

图 5-17 是模拟所得到的细丝形貌的动态变化。可以发现模拟的细丝形貌呈现圆锥形，较细的一端出现在阳极一侧，并且细丝连续性较好。图 5-18 为不同参数情况下，模拟所得细丝形貌与实验观

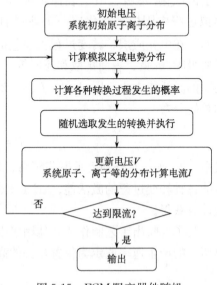

图 5-15 ECM 阻变器件随机模型模拟流程图

测的对比。采用不同参数,细丝具有不同形貌,模拟结果与实验观察到的细丝形貌非常吻合。

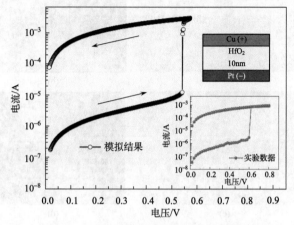

图 5-16 模拟获得的电流-电压特性曲线[26]
插图分别为计算模拟选用的器件结构及在室温条件下 Cu/HfO$_2$(10 nm)/Pt
器件上实验测得的电流-电压特性曲线

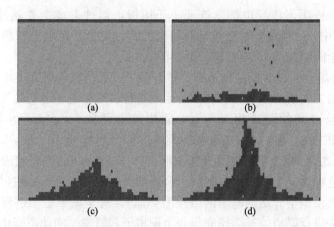

图 5-17 模拟所得电压扫描过程中导电细丝的动态变化[26]

2. VCM 阻变器件随机模型

关于 VCM 阻变器件,采用随机模型开展的工作较多,其中以 Wong 小组[27-32]、康晋峰小组[36,37]、Makarov 等[34,35,38]的工作为代表。本节将主要以斯坦福大学 Wong 小组的工作为例介绍 VCM 阻变器件的随机模型。

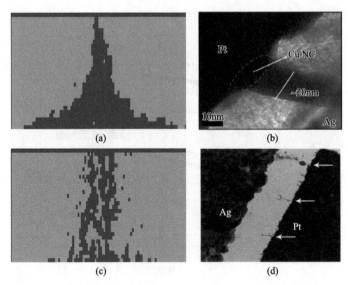

图 5-18 采用不同参数,模拟所得导电细丝形貌(a)[26]、(c)[26]
与实验观测结果(b)[40]、(d)[41]的对比

对于典型的 VCM 器件,在 forming 和 SET 过程中,O^{2-} 从晶格位置被拉出产生氧空位,进而形成导电细丝连通上下电极,器件电流主要通过细丝流通。RESET 操作中,导电细丝部分被迁移回来的 O^{2-} 复合,在电极和剩余细丝部分之间形成一个间隙(gap),器件转变到高阻状态。

Wong 小组[27-32]针对氧空位类型器件开展了一系列理论研究工作。在模拟过程中,该小组主要研究了电子和离子的运动过程。对于电子运动过程,在高阻态下,空位缺陷之间的距离相对较远,陷阱辅助隧穿(trap assisted tunneling,TAT)机制占据主导,而在高电压区域则以 F-N 隧穿(Fowler-Nordheim tunneling)机制为主导。当器件处于低阻态时,缺陷之间的位置较近,电子处于扩展态,在这种情况下,导电机制采用金属细丝电阻网络进行描述(与上文 ECM 阻变器件随机模型中介绍的电阻网络模型类似)。对于离子运动过程,则是采用蒙特卡罗方法进行模拟,进而研究每一个阳离子和氧空位的动态变化。

电子 TAT 输运过程中,电子运动遵循连续型方程

$$\frac{\mathrm{d}f_n}{\mathrm{d}t} = (1-f_n)\sum_m r_{nm}f_m - f_n\sum_m (1-f_m)r_{mn} + R_{cn}(1-f_n) - R_{na}f_n$$

(5-13)

式中,f_n 是第 n 个缺陷的电子占据概率;r_{nm} 是电子由第 m 个缺陷通过跳跃(hopping)过程跳到第 n 个缺陷的概率;R_{cn} 是电子由阴极隧穿到第 n 个陷阱的概率;R_{na} 是电子由第 n 个陷阱隧穿到阳极的概率。hopping 速率为

第 5 章 阻变存储器物理模型

$$r_{\text{hopping}} = \nu_0 \exp\left(\frac{-2d}{\xi} + \frac{q\Delta V}{kT}\right) \tag{5-14}$$

式中，d 是陷阱间距；ξ 是电子波函数局域长度；ν_0 是振荡频率；q 是单元电荷；kT 是热能项。隧穿过程计算公式为

$$R_c = \nu_0 \int_{E_t-qV(L)}^{\infty} F_{\text{Fermi}}(E) \exp\left\{\frac{-2}{\hbar} \int_0^L \sqrt{2m^*[E_b - E - qV(x)]} \,dx\right\} dE \tag{5-15}$$

$$R_a = \nu_0 \int_{-\infty}^{E_t-qV(L)} [1 - F_{\text{Fermi}}(E)]$$
$$\cdot \exp\left(\frac{-2}{\hbar} \int_0^L \sqrt{2m^*\{E_b - E - q[V - V(x)]\}} \,dx\right) dE \tag{5-16}$$

式中，E 是电子相对于电极费米能级的势能；E_b 是电极与阻变层材料接触势垒；E_t 是氧化物阻变层缺陷能级；L 是缺陷与电极间距；m^* 是电子有效质量；$\hbar$ 是约化普朗克常量；$V(x)$ 是距离电极 x 处的电势；V 是器件外加电压。器件电流计算公式为

$$I = -q \sum_n [R_{cn}(1-f_n) - R_{na} f_n] \tag{5-17}$$

模拟区域的温度分布由傅里叶热流方程计算得出，即

$$\frac{\partial T}{\partial t} = \kappa \left(\frac{\partial^2 T}{\partial x^2} + \frac{\partial^2 T}{\partial y^2}\right) + \frac{P(x,y)}{C_{\text{th}}} \tag{5-18}$$

式中，κ 为热导；C_{th} 为热容；$P(x,y)$ 为模拟区域功率分布，该值与器件的电势分布相关。

离子相关的过程主要包括氧空位的产生复合以及氧离子的运动，这些过程的发生概率 P 依赖于电场 F 和温度 T 的分布，通过式(5-19)来进行描述：

$$P(F, T, t) = \frac{t}{t_0} \exp\left(-\frac{E_a - \gamma a_0 F}{kT}\right) \tag{5-19}$$

式中，t 为模拟时间步长；t_0 为原子振动时间常数；E_a 为各个事件发生的激活能；γ 为修正因子；a_0 为氧化物材料氧离子的平均距离。

模拟流程图如图 5-19 所示。图 5-20 和图 5-21 分别为模拟出来的高阻状态器件电势分布图以及低阻状态下器件温度分布图。

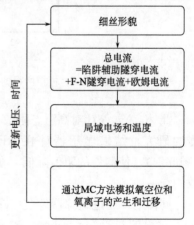

图 5-19 模拟流程图[30]

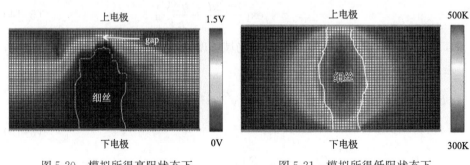

图 5-20　模拟所得高阻状态下器件电势分布[30]

图 5-21　模拟所得低阻状态下器件温度分布图[30]

图 5-22 为模拟所得的 100 次直流扫描的电流-电压曲线。图 5-23 是与之对应的高低阻态的阻值分布。可以看到高阻态的阻值离散性要比低阻态的大很多，这是由于模型采用 TAT 机制，隧穿电流对 gap 间距大小非常敏感，高阻状态下很小的间距变化都能导致较大的阻值波动。

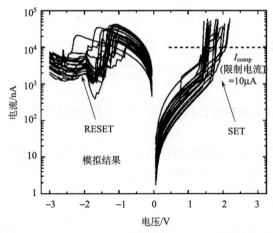

图 5-22　模拟所得的 100 次直流扫描的电流-电压曲线[30]

此外，Yu 等针对高阻态阻值分布的带尾点(tail bits)现象(图 5-23)做了进一步的研究，结果显示器件在 RESET 过程中 gap 中会重新产生的空位缺陷(图 5-24)，使器件的阻值降低，在分布图上产生 tail bits 现象，影响器件性能参数的均一性。

同样地，通过追踪器件空位缺陷和氧离子的动态变化，可以研究 VCM 器件 SET 过程的过冲(overshoot)现象形成以及器件可靠性(reliability)降低的原因[30]，探讨器件性能的提高方法。

第 5 章　阻变存储器物理模型

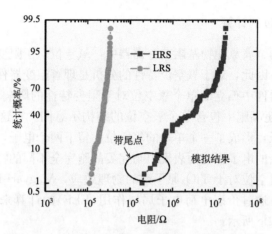

图 5-23　模拟所得高阻态和低阻态的阻值分布[30]

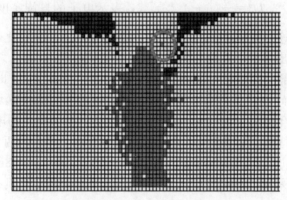

图 5-24　gap 区域产生的空位(圆圈位置所示)导致器件高阻态阻值分布出现 tail bits 现象[30]

5.2　第一性原理计算

目前，基于密度泛函理论的第一性原理计算已经广泛应用于金属氧化物基(TiO_2[42-44]、HfO_2[45-49]、ZrO_2[50-52]、NiO[53-55]等)的阻变存储器中。第一性原理计算主要基于分子的电子密度特性，计算时主要应用超软赝势和波函数的平面波扩张方法，并通过使用广义梯度近似(generalized gradient approximation，GGA)或局域密度近似(local density approximation，LDA)的交换关联函数进行计算[56]。本节主要介绍第一性原理计算在金属氧化物基阻变器件物理特性研究方面的相关工作。

5.2.1 单个氧空位的计算

在空位机制的金属氧化物基阻变存储器中，氧空位对于阻变器件的特性起着至关重要的作用，因此，对于氧空位特性的分析是理解阻变器件特性的关键。本节首先探讨阻变器件中孤立的单个氧空位对于阻变特性的影响。图 5-25 给出了 TiO_2 的 $2\times2\times3$ 超晶胞中包含单个氧空位的结构示意图。在这一晶胞中，由于移除了一个氧原子，形成了一个单一的氧空位，留下两个电子，因此，晶胞的电子特性将会被多余的电子影响而表现出与完美晶胞完全不同的特性。为了深入理解包含了孤立的氧空位对于 TiO_2 原子键的物理效应，Magyari-Kope 小组利用第一性原理的方法，通过价态电荷电子局域作用（ELF）的计算来研究这种物理效应，相关的方程如下所示：

$$\mathrm{ELF} = (1 + x_\sigma^2)^{-1} \tag{5-20}$$

式中，$x_\sigma = D_\sigma / D_\sigma^0$，$D_\sigma^0 = \frac{3}{5}(6\pi^2)^{2/3} \rho_\sigma^{5/3}$。$\rho$ 表示电子的自旋密度；D_σ^0 对应于一个拥有自旋密度等于局域量为 $\rho_\sigma(r)$ 的统一的电子气；系数 x_σ 没有量纲，起着校准作用。ELF 给出了一个首选的黏结类型，它的值介于 0 和 1 之间。ELF 的值为 1 时对应于局部的区域显示共价键的特性；ELF 的值为 0.5 时对应于电子气表示金属特性；而 ELF 的值为介于 0~0.5 时表示低电子密度区域，这些区域将主要由强离子交互作用主导。图 5-26 给出了围绕一个氧空位的电子局域作用及对应的结构弛豫特性。结果表明：由于氧空位的存在，多余的两个电子被高度地局于 3d 轨道中。通过使用两种不同的 $LDA+U^d$（$U^d=7eV$，$8eV$）计算得到的 ELF 表明，由于采用了不同的 U^d，最邻近的 Ti 原子和氧空位具有不同的黏结特

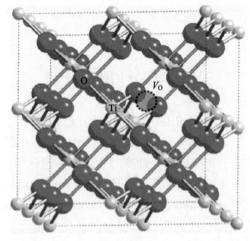

图 5-25 TiO_2 的 $2\times2\times3$ 超晶胞中包含单个氧空位的结构示意图[57]

性。与 $U^d=7eV$ 相比较，当 $U^d=8eV$ 时，电子的电荷将会从顶部的 Ti 原子转移到氧空位，同时，中心处的 Ti 原子和氧空位间的电子密度将随之增加。另外，计算结果也表明，计算获得的缺陷态比导带底小了 0.4eV，因此，从阻变器件的特性上看，两个电子的局域化以及在带隙中的缺陷态位置预示了阻变器件将处于低阻态，相关的实验也表明了在这种状态下，导电通道主要由氧空位的聚集形成。

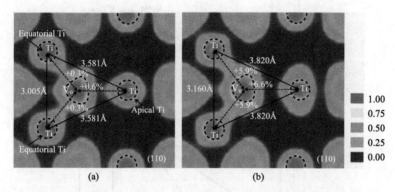

图 5-26 围绕一个氧空位的电子局域作用及对应的结构弛豫[57]
(a)使用 LDA+U^d(U^d=7eV)；(b)使用 LDA+U^d(U^d=8eV)，背景区域为无电子区域，ELF~0，虚线圆圈内为电子被局域化的区域，ELF~1

5.2.2 氧空位的形成能

在金属氧化物基的阻变存储器中，氧空位已被证实是形成导电细丝的主要原因，因此弄清氧空位在阻变存储器的形成过程对于充分理解金属氧化物基的阻变存储器具有重要的作用。关于 HfO_2 基的阻变存储器，目前国内外已有大量的报道。2005 年，Robertson 小组通过第一性原理计算的方法研究了氧空位及氧间隙缺陷的能级分布(结果如图 5-27 所示)以及氧空位的形成能(图 5-28)。他们发现，氧空位能级只能是位于 Si 导带边附近或者高于 Si 导带边，因此，在 HfO_2:Si 层中，氧空位成为了载流子主要的陷阱。通过这一发现，他们建议在制备 HfO_2 层时，可以通过沉积和后续工艺方法移除或者对这些缺陷进行处理，从而实现 HfO_2 层富氧的环境，进而改善阻变器件的特性。

2011 年，Magyari-Kope 小组[55]系统研究了包含过渡金属氧化物 TiO_2、NiO 等材料的 RRAM 器件的阻变机制。他们把氧空位的形成能定义为

$$E_{vf}=E(TiO_{2-x})-E(TiO_2)+N\mu_O \tag{5-21}$$

式中，$E(TiO_{2-x})$ 表示包含氧空位的超晶胞总的能量；$E(TiO_2)$ 表示 TiO_2 完全晶胞的总能量；μ_O 表示氧的化学势；n 表示氧空位的个数。

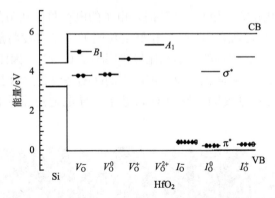

图 5-27 氧空位及氧间隙在不同的电荷状态下的能级分布[45]

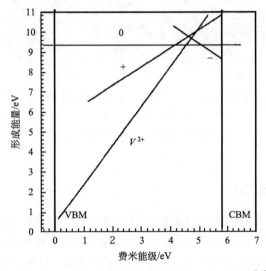

图 5-28 HfO_2 中随费米能级变化的氧空位形成能[45]

计算结果表明(图 5-29),在 TiO_2 基的阻变存储器中,与由大量随机分布的氧空位形成的渗流通道相比较,有序的氧空位结构具有最低的氧空位形成能,进而系统的稳定性将随着空位的增加而增加。另外,具有最低氧空位形成能的结构对应于有序氧空位结构,由沿着[001]晶向两个平行的氧空位链组成(图 5-30),同时,这种稳定性的排列会随着包含了其他部分的有序结构而不断扩展。图 5-31给出了在氧空位周围的原子黏结键的特性。图 5-31(a)~(c)给出了部分有序区域,在 Z 字形排列的氧空位中,局域的电子浓度状态将围绕在氧空位周围。但是在完全形成了氧空位链时,氧空位周围的局域电子则可以忽略,而系统中大部分的局域电子主要位于两条氧空位链间的钛离子周围。

第 5 章 阻变存储器物理模型

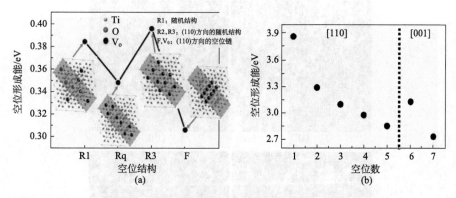

图 5-29 计算获得的 TiO_2 中氧空位的形成能[55]
(a) 具有不同氧空位结构的空位形成能；(b) 多种氧空位结构对应的氧空位数的空位形成能

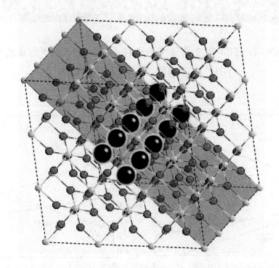

图 5-30 在 TiO_2 中 $3\times3\times4$ 超晶胞中沿[001]晶向的氧空位有序系统示意图[55]

NiO 是一种典型的 RRAM 阻变材料，它是具有 p 型电导特性的过渡金属氧化物，为了理解 NiO 电导特性的本质，Magyari-Kope 小组建立了具有孤立的 O 及 Ni 空位的 $Ni_{64}O_{64}$ 的超晶胞结构，并计算了该结构的形成能。图 5-32 给出了 NiO 中带不同电荷的 Ni 空位的形成能和带不同电荷的 O 空位的形成能随费米能级的变化。结果表明，在 NiO 中，由于具有低的形成能，氧空位的形成是有利的，这种氧空位带+2 价的电荷时具有稳定的电荷态。对于带电荷的 Ni 空位，当带电荷为-1 价时，Ni 空位在-0.04 eV 具有稳定状态，当带为-2 价的电荷

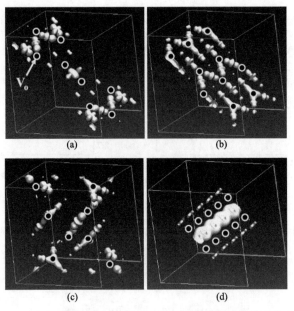

图 5-31 (a)~(c)TiO$_2$ 阻变器件中分别在不同的缺陷态下形成的电荷密度；(d)计算获得的 TiO$_2$ 空位链结构[55]

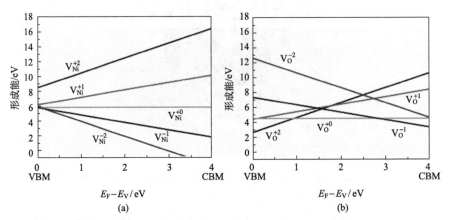

图 5-32 NiO 中带不同电荷的 Ni 空位(a)和带不同电荷的 O 空位(b)的形成能[55]

时，Ni 空位在 -0.16 eV 具有稳定状态。但是当空位形成以后，由于空位间的相互作用，氧空位将发生反应并形成团簇(图 5-33)。图 5-33 也表明，在"ON"态下，阻变器件的电导起源于两个 Ni 原子间金属间的交互作用；在"OFF"态下，阻变器件的电导起源于氧的扩散并进入氧空位。

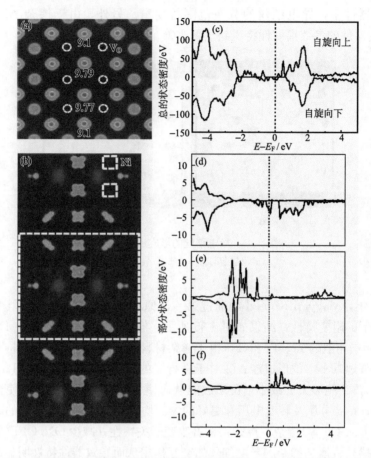

图 5-33 (a)一个超晶胞中拥有 6 个氧空位的电荷密度；(b)在(100)面上在(E_F，E_F + 0.3eV)内包括氧空位和一个 Ni 金属链的部分电荷密度；(c)超晶胞总的态密度；(d)~(f)在每一个 Ni 原子上 d 轨道的部分态密度[55]

5.2.3 掺杂效应

大量的实验结果表明，掺杂对于阻变器件的特性具有重要的影响，但是如何从物理本质上解释掺杂对阻变器件的特性影响，目前对于实验工作者具有较大的困难。借助于第一性原理计算，获得相关结构的状态密度、电子密度以及带结构等，人们可以从本质上理解掺杂的效应及作用。

2009 年，康晋峰小组[46]利用第一性原理计算了 HfO_2 器件中掺杂对阻变器件中导电细丝形成的影响，如图 5-34 所示。他们发现，在未掺杂的器件中，经过 forming 过程后，导电细丝的形成是随机的并且分布广泛；而通过 Al 进行掺杂后，导电细丝将主要沿着掺杂 Al 的位置有序地形成。同时，他们还发现，在掺杂后的器件中，导电细丝的分布范围将变窄。另外，由于掺杂 Al 的影响，HfO_2 阻变器件的参数离散性将得到显著改善。

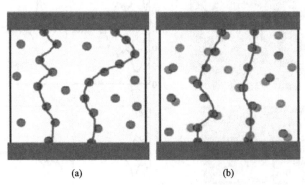

图 5-34　导电细丝的形成示意图[46]
(a)未掺杂的器件；(b)掺杂的器件

2013 年，Magyari-Kope 小组通过第一性原理计算研究了 HfO_x 阻变器件在掺杂条件下的阻变特性，结果如图 5-35 所示。他们的结果显示：①在 HfO_x 里掺入与 Hf 元素相似的 Zr、Ti 和 Si，由于掺杂材料具有与器件相同的结构参数，掺杂能够显著地减小空位形成能；②对于进行弱的磷型和氮型(如 Al、La、Ta、W 等)掺杂，掺杂能够大大减小空位形成能从而使导电细丝更加稳定，使器件具有较低的 forming 电压及转变电压和更好的参数均匀性；③对于进行强的磷型和氮型(如 Sr、Ni、Cu 等)掺杂，掺杂将显著改变开关特性并减少 ON/OFF(开关比)；④较高的掺杂将增加掺杂的导电细丝的交互作用从而导致器件特性明显改变。

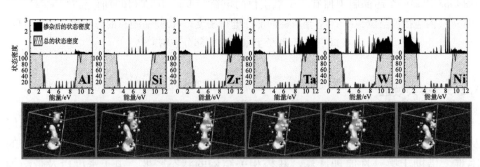

图 5-35　计算获得的在 HfO_x 阻变器件中进行不同元素掺杂后的状态密度、导电细丝
总的状态密度以及带隙态的部分电子态密度[58]

2013 年，代月花小组通过第一性原理研究了掺杂的 HfO_2 基阻变器件中缺陷间交互作用对于参数均匀性的影响，结果如图 5-36 所示。结果表明，在掺杂的

HfO$_2$器件中，掺杂对于缺陷的形成以及交互作用具有明显的局域效应，这种缺陷间的交互作用将促使氧空位形成团簇从而导致氧空位更容易形成。另外，由于氧空位团簇的形成，HfO$_2$阻变器件的参数均匀性将被显著改善。

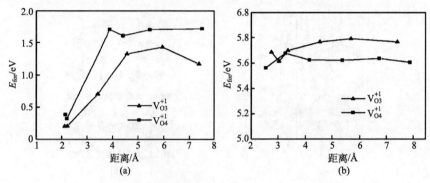

图 5-36　HfO$_2$阻变器件中 V_{O3}^{+1} 和 V_{O4}^{+1} 的形成能[49]
(a)在不同的位置上掺杂 Al 元素；(b)未掺杂的 Al 元素

5.2.4　导电细丝的结构预测

既然阻变器件的核心是金属-绝缘体-金属(MIM)电容器，它在工作过程中将发生电化学反应，由于高电压的作用将使其在绝缘的薄膜层中创建导电通道(即导电细丝)，因此，导电细丝的成分及形状对于阻变特性将具有决定性的作用。Xue 等[59]利用第一性原理计算预测了 RRAM 中 HfO$_2$ 和 ZrO$_2$ 两种阻变器件的导电通道中的导电细丝的成分和结构。他们的结果表明，这两种 RRAM 器件的导电细丝分别由具有半金属特性的 Hf$_2$O$_3$ 和 Zr$_2$O$_3$ 结构组成，其空间群为 P-4m2，

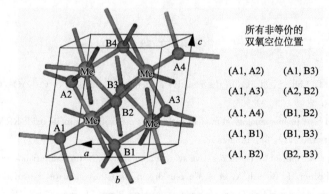

图 5-37　在 MeO$_2$ 中(Me=Hf 或 Zr)用于计算氧空位形成能的单胞结构[59]
图中的字母表示十种等价氧位置

电子和空穴密度约为 1.8×10^{21} cm^{-3},结果如图 5-37 和图 5-38 所示。导电细丝结构的预测将更好地帮助人们从微观层面上理解 RRAM 的物理本质及导电机制。

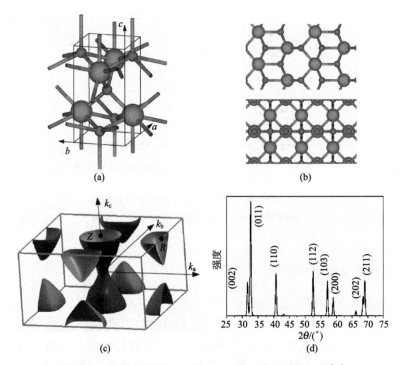

图 5-38 模拟获得的四角形 Hf_2O_3 和 Zr_2O_3 单胞结构[59]
(a)具有 5 个原子的原始晶胞;(b)沿着 a 轴和 c 轴方向的示意图;
(c)温度为 0K 时的 Hf_2O_3 的费米面;(d)Hf_2O_3 的 X 射线衍射谱

参 考 文 献

[1] Guan W, Liu M, Long S, et al. On the resistive switching mechanisms of Cu/ZrO$_2$:Cu/Pt. Applied Physics Letters, 2008, 93: 223506.

[2] Yu S, Wong H S. A phenomenological model for the reset mechanism of metal oxide RRAM. IEEE Electron Device Letters, 2010, 31: 1455-1457.

[3] Waser R, Aono M. Nanoionics-based resistive switching memories. Nature Materials, 2007, 6: 833-840.

[4] Watanabe Y, Bednorz J, Bietsch A, et al. Current-driven insulator-conductor transition and nonvolatile memory in chromium-doped SrTiO$_3$ single crystals. Applied Physics Letters, 2001, 78: 3738-3740.

[5] Sawa A, Fujii T, Kawasaki M, et al. Hysteretic current-voltage characteristics and resistance switching at a rectifying Ti/Pr$_{0.7}$Ca$_{0.3}$MnO$_3$ interface. Applied Physics Letters, 2004, 85: 4073-4075.

[6] Kim D, Seo S, Ahn S, et al. Electrical observations of filamentary conductions for the resistive memory switching in NiO films. Applied Physics Letters, 2006, 88: 202102.

[7] Sun P, Li L, Lu N, et al. Physical model of dynamic joule heating effect for reset process in conductive-bridge random access memory. Journal of Computational Electronics, 2013: 1-7.

[8] Guan W, Long S, Liu Q, et al. Nonpolar nonvolatile resistive switching in Cu doped ZrO_2. IEEE Electron Device Letters, 2008, 29: 434-437.

[9] Szot K, Speier W, Bihlmayer G, et al. Switching the electrical resistance of individual dislocations in single-crystalline $SrTiO_3$. Nature Materials, 2006, 5: 312-320.

[10] Shibuya K, Dittmann R, Mi S, et al. Impact of defect distribution on resistive switching characteristics of Sr_2TiO_4 thin films. Advanced Materials, 2010, 22: 411-414.

[11] Sim H, Choi H, Lee D, et al. Excellent resistance switching characteristics of Pt/$SrTiO_3$/Schottky junction for multi-bit nonvolatile memory application. IEEE International Electron Devices Meeting Technical Digest, 2005: 758-761.

[12] Waser R, Dittmann R, Staikov G, et al. Redox-based resistive switching memories-nanoionic mechanisms, prospects, and challenges. Advanced Materials, 2009, 21: 2632-2663.

[13] Kozicki M N, Balakrishnan M, Gopalan C, et al. Programmable metallization cell memory based on Ag-Ge-S and Cu-Ge-S solid electrolytes. Non-Volatile Memory Technology Symposium, 2005, 7: 8-9.

[14] Sakamoto T, Sunamura H, Kawaura H, et al. Nanometer-scale switches using copper sulfide. Applied Physics Letters, 2003, 82: 3032-3034.

[15] Lin C Y, Wu C Y, Wu C Y, et al. Effect of top electrode material on resistive switching properties of film memory devices. IEEE Electron Device Letters, 2007, 28: 366-368.

[16] Hou T H, Lin K L, Shieh J, et al. Evolution of reset current and filament morphology in low-power HfO_2 unipolar resistive switching memory. Applied Physics Letters, 2011, 98: 103511.

[17] Jeong D S, Schroeder H, Breuer U, et al. Characteristic electroforming behavior in Pt/TiO_2/Pt resistive switching cells depending on atmosphere. Journal of Applied Physics, 2008: 104: 123716.

[18] Wei Z, Kanzawa Y, Arita K, et al. Highly reliable TaO_x ReRAM and direct evidence of redox reaction mechanism. IEEE International Electron Devices Meeting Technical Digest, 2008: 1-4.

[19] Lin S, Zhao L, Zhang J, et al. Electrochemical simulation of filament growth and dissolution in conductive-bridging ram (CBRAM) with cylindrical coordinates. IEEE International Electron Devices Meeting Technical Digest, 2012: 26. 3. 1-26. 3. 4.

[20] Qin S, Zhang J, Yu Z. A unified model of metallic filament growth dynamics for conductive-bridge random access memory (CBRAM). International Conference on SISPAD, 2013: 344-347.

[21] Lv S, Liu J, Sun L, et al. An analytical model for predicting forming/switching time in conductive-bridge resistive random-access memory (CBRAM). International Conference on SISPAD, 2013: 364-367.

[22] Balatti S, Larentis S, Gilmer D, et al. Multiple memory states in resistive switching devices through controlled size and orientation of the conductive filament. Advanced Materials, 2013, 25: 1474-1478.

[23] Nardi F, Balatti S, Larentis S, et al. Complementary switching in oxide-based bipolar resistive-switching random memory. IEEE Transactions on Electron Devices, 2013, 60: 70-77.

[24] Nardi F, Larentis S, Balatti S, et al. Resistive switching by voltage-driven ion migration in bipolar RRAM—Part I: experimental study. IEEE Transactions on Electron Devices, 2012, 59: 2461-2467.

[25] Larentis S, Nardi F, Balatti S, et al. Resistive switching by voltage-driven ion migration in bipolar RRAM—Part II: modeling. IEEE Transactions on Electron Devices, 2012, 59: 2468-2475.

[26] Sun P, Liu S, Li L, et al. Simulation study of conductive filament growth dynamics in oxide-electrolyte-based ReRAM. Journal of Semiconductors, 2014, 10 (Accepted).

[27] Guan X, Yu S, Wong H S. On the switching parameter variation of metal-oxide RRAM—Part I: physical modeling and simulation methodology. IEEE Transactions on Electron Devices, 2012, 59: 1172-1182.

[28] Yu S, Guan X, Wong H S. On the stochastic nature of resistive switching in metal oxide RRAM: physical modeling, Monte Carlo simulation, and experimental characterization. IEEE International Electron Devices Meeting Technical Digest, 2011: 17.3.1-17.3.4.

[29] Guan X, Yu S, Wong H S. On the variability of HfO_x RRAM: from numerical simulation to compact modeling. Proceedings of Workshop on Compact Modeling, 2012: 815-820.

[30] Yu S, Guan X, Wong H S. Understanding metal oxide RRAM current overshoot and reliability using Kinetic Monte Carlo simulation. IEEE International Electron Devices Meeting Technical Digest, 2012: 26.1.1-26.1.4.

[31] Yu S, Chen Y Y, Guan X, et al. A Monte Carlo study of the low resistance state retention of HfO_x based resistive switching memory. Applied Physics Letters, 2012, 100: 043507.

[32] Yu S, Guan X, Wong H S. On the switching parameter variation of metal oxide RRAM—Part II: model corroboration and device design strategy. IEEE Transactions on Electron Devices, 2012, 59: 1183-1188.

[33] Pan F, Yin S, and Subramanian V. A detailed study of the forming stage of an electrochemical resistive switching memory by KMC simulation. IEEE Electron Device Letters, 2011, 32: 949-951.

[34] Makarov A, Sverdlov V, Selberherr S. A Monte Carlo simulation of reproducible hysteresis in RRAM. Computational Electronics (IWCE), 2010: 1-4.

[35] Makarov A, Sverdlov V, Selberherr S. Stochastic model of the resistive switching mechanism in bipolar resistive random access memory: Monte Carlo simulations. Journal of Vacuum Science & Technology B, 2011, 29: 01AD03.

[36] Gao B, Kang J, Chen Y, et al. Oxide-based RRAM: unified microscopic principle for both unipolar and bipolar switching. IEEE International Electron Devices Meeting Technical Digest, 2011: 17.4.1-17.4.4.

[37] Huang P, Gao B, Chen B, et al. Stochastic simulation of forming, set and reset process for transition metal oxide-based resistive switching memory. International Conference on SISPAD, 2012: 312-315.

[38] Makarov A, Sverdlov V, Selberherr S. Stochastic modeling of bipolar resistive switching in metal-oxide based memory by Monte Carlo technique. Journal of Computational Electronics, 2010, 9: 146-152.

[39] Wang Y, Liu Q, Long S, et al. Investigation of resistive switching in Cu-doped HfO_2 thin film for multilevel non-volatile memory applications. Nanotechnology, 2010, 21: 045202.

[40] Liu Q, Long S, Lv H, et al. Controllable growth of nanoscale conductive filaments in solid-electrolyte-based ReRAM by using a metal nanocrystal covered bottom electrode. ACS Nano, 2010, 4: 6162-6168.

[41] Yang Y, Gao P, Gaba S, et al. Observation of conducting filament growth in nanoscale resistive memories. Nature Communications, 2012, 3: 732.

[42] Zhao L, Park S G, Magyari-Kope B, et al. Dopant selection rules for desired electronic structure and va-

cancy formation characteristics of TiO$_2$ resistive memory. Applied Physics Letters, 2013, 102: 083506.

[43] Barabash S V, Chen C, Pramanik D, et al. Kinetics of frenkel defect formation in TiO$_2$ from first principles. MRS Proceedings, 2013: 1561.

[44] Zhao L, Park S G, Magyari-Kope B, et al. First principles modeling of charged oxygen vacancy filaments in reduced TiO$_2$-implications to the operation of non-volatile memory device. Mathemaitcal and Computer Modelling, 2013, 58: 275-281.

[45] Xiong K, Robertson J, Gibson M C, et al. Defect energy levels in HfO$_2$ high-dielectric-constant gate oxide. Applied Physics Letters, 2005, 87: 183505.

[46] Gao B, Zhang H W, Yu S, et al. Oxide-based RRAM: uniformity improvement using a new material-oriented methodology. Symposium on VLSI Technology Digest of Technical Papers, 2009: 30-31.

[47] Kamiya K, Yang M Y, Magyari-Kope B, et al. Physics in designing desirable ReRAM stack structure-atomistic recipes based on oxygen chemical potential control and charge injection/removal. IEEE International Electron Devices Meeting Technical Digest, 2012, 12: 478-481.

[48] Zhou M X, Zhao Q, Zhang W, et al. Theconductive path in HfO$_2$: first principles study. Journal of Semiconductors, 2012, 33: 072002.

[49] Zhao Q, Zhou M X, Zhang W, et al. Effects ofinteraction between defects on the uniformity of doping HfO$_2$-based RRAM: a first princile study. Journal of Semiconductors, 2013, 34: 032001.

[50] Hur J H, Park S, Chung U I. First priciples study of oxygen vacancy states in monoclinic ZrO$_2$: interpretation of conduction characteristics. Journal of Applied Physics, 2012, 112: 113719.

[51] Garcia, Scolfaro L M R, Lino A T, et al. Structural, electronic, and optical properties of ZrO$_2$ from *ab initio* calculations. Journal of Applied Physics, 2006, 100: 104103.

[52] Liu Q J, Liu Z T, Feng L P, et al. First-principles study of structural, optical and elastic properties of cubic HfO$_2$. Physica B, 2009, 404: 3614-3619.

[53] Kunes K, Anisimov V I, Skornyakov S L, et al. NiO: correlated band structure of a charge-transfer insulator. Physical Review Letters, 2007, 99: 156404.

[54] Magyari-Kope B, Park S G, Lee H D, et al. First principles calculations of oxygen vacancy-ordering effects in resistance change memory materials incorporating binary transition metal oxides. Journal of Materials Science, 2012, 47: 7498-7514.

[55] Magyari-Kope B, Tendulkar M, Park S G. Resistive switching mechanisms in random access memory devices incorporating transition metal oxides: TiO$_2$, NiO and Pr$_{0.7}$Ca$_{0.3}$MnO$_3$. Nanotechnology, 2011, 22: 254029.

[56] Clark S J, Segall M D, Pickard C J, et al. First principles methods using CASTEP. Z Kristallogr, 2005, 220: 567-570.

[57] Park S G, Magyari-Kope B, Nishi Y. Electronic correlation effects in reduced rutile TiO$_2$ within the LDA+U method. Physical Review B, 2010, 82: 115109.

[58] Zhao L, Rye S W, Hazeghi A, et al. Dopant selection rules for extrinsic tunability of HfO$_x$ RRAM characteristics: a systematic study. Symposium on VLSI Technology Digest of Technical Papers, 2013: T106-T107.

[59] Xue K H, Blaise P, Fonseca L R C, et al. Prediction of semimetallic tetragonal Hf$_2$O$_3$ and Zr$_2$O$_3$ from first principles. Physical Review Letters, 2013, 110: 065502.

第6章 电阻转变统计研究

阻变存储器(RRAM)利用材料的可逆电致电阻转变效应实现信息存储的功能,具有工艺及器件结构简单、可微缩性好、高速、低功耗、可嵌入功能强、与主流CMOS技术兼容等优点[1-20],被认为是最有希望的候选存储技术之一。然而,阻变存储器在实现应用的过程中还面临着一些挑战,包括如何有效地控制阻变参数的波动性。参数离散是RRAM的一个共性问题。在细丝型RRAM中,导电细丝的形成和断裂存在一定的波动性,包括置位(SET)过程中细丝的尺寸和位置、复位(RESET)过程中细丝断裂的程度。器件循环波动(cycle-to-cycle variation)和器件间波动(device-to-device variation)问题会影响RRAM阵列的应用,增加集成时外围电路的复杂性,阻碍其大规模集成和实际应用[21-23]。因此,有效控制转变参数的统计波动对于获得可靠和一致的转变操作是十分关键的。低波动性和高可靠性是RRAM获得成功应用的关键,这需要以深入透彻理解转变的物理[24-34]和统计[21-23,35-40]为基础。而且理解SET和RESET转变的统计也是理解和模拟RRAM高低阻态保持时间的前提[23]。目前,有关阻变参数波动性的研究大多集中于从实验上分析转变电流、转变电压、转变功耗和开态电阻或关态电阻的离散性,部分研究提出了一些改善阻变参数均匀性的实验方法,但对阻变参数波动的原因和机理的深入研究比较少。本章前两节在深入理解导电细丝形成和断裂机制的基础上,总结和分析了SET/RESET电压、电流、速度或时间等转变参数的统计分析和模拟方法,并分析了转变参数分布的规律及影响因素,总结了基于cell渗流模型和SET/RESET转变动力学模型的电阻转变统计的解析模型,模型的结果可以很好地解释NiO和HfO_2基器件的转变参数的分布特性,为改善器件参数均一性、抗干扰性等可靠性提供指导。在6.3节中,以单极性VCM器件的RESET转变为例,总结了电阻转变过程中导电细丝演化的统计分析方法,包括转变的类型和细丝演化过程、电导演化及转变参数的统计分析、转变统计的蒙特卡罗模拟。6.4节阐述了VCM和ECM器件在电阻转变过程中的电导量子化效应。

6.1 电阻转变统计的渗流解析模型

电阻转变现象可以分为均匀转变和局域转变两类,在均匀转变中,转变参数随阻变材料的总面积成比例变化;而在局域转变中,阻变基于导电细丝的形成与断裂。刘明研究员小组和 Suñé 教授小组[22,23,36-39]合作,从 cell 渗流模型出发,建立了一套分析和模拟电阻转变统计的基本方法,这一方法适用于各种阻变现象,但在本节中将主要针对基于细丝机制的 RRAM 器件。

6.1.1 导电细丝形成和断裂的本质

在阻变存储器中,基于细丝机制的电阻转变机制一般可以分为三种类型[1]:电化学金属化(ECM)机制、化合价变化机制(VCM)与热化学机制(TCM)。不同的物理机制对应于不同器件的转变特性,但是它们的共同特征是缺陷在转变中的作用。大量的材料呈现出电阻转变特性,但是都涉及一些缺陷,如 ECM 器件中的金属阳离子[41]、VCM 器件中的氧阴离子或氧空位[36,37]、人为掺杂的杂质[42]、金属性缺陷[43]、晶界[44-47]以及位错[48]。导电细丝可以被认为是缺陷连接形成的链,如晶格或者结构缺陷、杂质或者亚化学计量域的变化。具有较高迁移率的缺陷对细丝的形成/断裂至关重要,这些缺陷的增加或者耗尽对细丝的形成/断裂有很大的影响,会导致导电性发生很大的变化。如果这种导电缺陷形成的渗流路径连通了上电极与下电极,就形成了局域的导电细丝,这样器件就会发生 SET 转变,导电性增加,电阻状态转变为低阻态(LRS)或开态。细丝发生断裂时,RESET 转变发生,此时,细丝中的导电缺陷向外扩散或者与其他物质发生反应,此时电阻状态转变为高阻态(HRS)或关态[22]。栅介质击穿被广泛认为与电应力下介质中的缺陷产生紧密相关[40]。RRAM 的 SET 过程是阻变层中残余细丝与对立电极之间的间隙区域中的缺陷产生与导电通路形成的过程,类似于局部的击穿过程,而 RESET 则是在电化学、热效应等的作用下导电通路断裂的过程[22,23,36-39]。因此,RRAM 的 SET 与 RESET 转变统计分析可以借鉴栅介质击穿渗流模型。据此,刘明研究员和 Suñé 教授研究小组[22,23,36-39]建立了 VCM 单极性器件阻变统计的解析模型,包括两个基本要素:①导电细丝的 cell 几何模型,用于从数学上建立 SET 或 RESET 转变的累积分布与 cell 被"缺陷化"(即氧空位或金属阳离子缺陷进入或扩散出 cell)概率的关系;②SET/RESET 转变动力学的确定性模型,用于描述缺陷产生与可测量变量(如 SET/RESET 电压、电流、时间)之间的关系。这一 SET/RESET 转变的解析模型建立了 SET/RESET 转变参数的分布与器件在低阻与高阻下的初始电阻之间的关系。

6.1.2 SET/RESET 转变的 cell 几何模型

在 SET 转变中,缺陷在细丝区域累积形成导电细丝,器件转变为低阻态;而在 RESET 转变中,导电缺陷从细丝向外扩散,最终引起导电细丝的断裂,此时,器件转变至高阻态。图 6-1 为细丝在 LRS 与 HRS 状态下的 cell 几何模型。

在高阻态,器件在 RESET 之后还存在部分残余细丝,残余细丝与对立电极之间的最短间隙决定 SET 转变，当断裂的细丝恢复时，SET 发生。图 6-1(a)中，假设氧化层中残余细丝与对立电极间的最短间隙中含有 N_c 列 cell，每列有 n_c 个 cell，若每列 cell 的电阻为 R_0，则 $R_{on}=R_0/n_c$，则在这个间隙中形成细丝至少需要一列 cell 被"缺陷化"。如果间隙的长度为 t_{gap}，面积为 A_{CF}，假设立方形的 cell 边长为 a_0，则 N_c 与 n_c 可以分别表示为

$$N_c = A_{CF}/a_0^2, \qquad n_c = t_{gap}/a_0 \tag{6-1}$$

定义 λ 为单个 cell "缺陷化"（如由于氧空位进入而使 cell 变得导电）的概率，则一列 cell "缺陷化"的累积概率可以表示为

$$P_{col} = \lambda^{n_c} \tag{6-2}$$

间隙完整存在的概率（即细丝没有重新形成的概率）为 N_c 列 cell 都未被缺陷化的概率，即

$$1 - F_{SET} = (1 - \lambda^{n_c})^{N_c} \tag{6-3}$$

其中，F_{SET} 为 SET 的概率，即至少有一列中每一个 cell 都被缺陷化的概率。

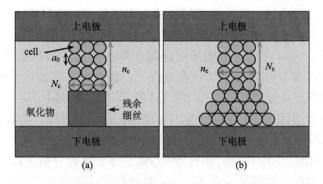

图 6-1 导电细丝形成与断裂过程的 cell 几何模型示意图

采用韦伯(Weibull)分布的形式描述 SET/RESET 转变的分布，韦伯分布可定义为

$$W(x) = \ln\{-\ln[1-F(x)]\} = \beta\ln(x/x_{63\%}) \tag{6-4}$$

其中，$F(x)$ 表示变量 x 的分布函数（即概率）；β 是韦伯斜率，也称为形状因子，决定变量 x 的统计分布的离散性，相当于正态分布的标准偏差[23]；$x_{63\%}$ 是尺度因子，是变量 x 在 $F=0.63$ 时的值，相当于正态分布中的平均值[23]。由图 6-2 可以看出，韦伯斜率 β 越大，变量 x 的分布越集中。韦伯分布又称韦氏分布或威布尔分布，是可靠性分析和寿命检验的理论基础。

当 $\lambda \ll 1$ 时，SET 转变的分布可近似为

$$W_{SET} \approx \ln(N_c) + n_c\ln(\lambda) \tag{6-5}$$

这种近似在 $N>30$ 时是有效的。例如，Pt/HfO$_2$/Pt 器件的开态电导的平均值在 500 G_0 数量级[37]，$G_0=2e^2/h$ 为量子电导，根据第一性原理计算的结果，单氧空位链的电导为量子电导[49]。如果简单地将一个氧空位当做一个 cell，则 N_c 值为 500 左右。因此，用方程(6-5)描述阻变存储器中的 SET 过程是有效的，并且 SET 转变服从韦伯分布，其形状因子等于 n_c，尺度因子与 N_c 相关。因间隙电阻和 SET 时间随 CF 面积大致呈线性变化而随间隙长度呈指数变化，简单起见，可以假设 N_c 在所有 SET 循环中保持不变，只有 n_c 在每次循环中变化。这样，韦伯斜率决定于 n_c 或者 t_{gap}，这是该模型的关键。

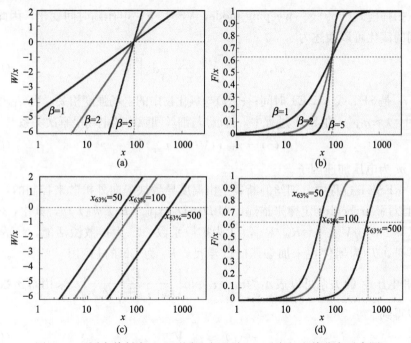

图 6-2 不同韦伯斜率 β 和不同尺度因子 $x_{63\%}$ 对应的韦伯分布示意图

在图 6-1(b)中，低阻状态下细丝的最窄部分决定 RESET 转变，假设细丝的最窄区域含有 N_c 层 cell，每层含有 n_c 个 cell，则细丝断裂需要一层中的 n_c 个 cell 全部被"缺陷化"，与上述分析类似，可以得出细丝存在的概率为

$$1-F_{RESET}=(1-\lambda^{n_c})^{N_c} \tag{6-6}$$

此时 λ 为每个 cell 扩散出细丝的概率。当 $\lambda \ll 1$ 时，RESET 分布近似为

$$W_{RESET} \approx \ln N_c + n_c \ln \lambda \tag{6-7}$$

6.1.3 SET/RESET 转变动力学模型

为了验证模型的合理性，需将模型与实验结合，因此需要将 λ 与可测量的转

变参量联系起来，在本节主要阐述与转变电压和转变电流的联系，6.3 节将阐述与转变速度的关系。假设 cell 中的缺陷服从泊松分布，则 λ 可以用每个 cell 中的平均缺陷数量 n_{DEF} 来表述，即

$$\lambda = 1 - \exp(-n_{\text{DEF}}) \tag{6-8}$$

与氧化物击穿过程类似，在外加恒定电压(CVS)下平均缺陷数量 n_{DEF} 随时间的演化可以用幂次定律来描述[23,36,37,50]：

$$n_{\text{DEF}}(t) = \left(\frac{t}{\tau_{\text{T}}}\right)^{\alpha} \tag{6-9}$$

在电压扫描模式(voltage sweeping mode，VSM)下，电压随时间变化，因此 n_{DEF} 随时间的演化可以表述为

$$n_{\text{DEF}}(t) = \left[\int_0^{t_{\text{RS}}} \frac{1}{\tau_{\text{T}}(t)} \mathrm{d}t\right]^{\alpha} \tag{6-10}$$

其中，t_{RS} 是 SET 或 RESET 时间；$\tau_{\text{T}}(t)$ 与氧化物中的电场强度相关。当 $n_{\text{DEF}} \ll 1$ 或 $\lambda \ll 1$ 时，$\lambda \approx n_{\text{DEF}}$。在 SET 过程中，$\tau_{\text{T}}(t)$ 与细丝间隙中的电场呈幂次关系[23,50]：

$$\tau_{\text{T}}(t) = \gamma_{\text{T0}} \left[(V(t)/t_{\text{gap}})\right]^{-m} \tag{6-11}$$

其中，m 为电压加速因子。

在 RESET 过程中，细丝的断裂是由温度导致缺陷向外扩散来控制的，扩散规律可以用 Arrhenius 定律来描述，即 $D = D_0 \exp[-E_a/(k_B T)]$，其中，CF 的温度 $T = T_0 + \eta V^2$，$\eta = R_{\text{th}}/R_{\text{on}}$，$D$ 为扩散系数，E_a 为扩散激活能，k_B 为玻尔兹曼常量，T_0 为器件在未加偏压时的温度，R_{th} 为 CF 的热阻[23,36,39,51-53]。因此 $\tau_{\text{T}}(t)$ 和电压 V 的关系可以表示为 $\tau_{\text{T}} \sim \tau_0 \exp\left[\frac{E_a}{k_B(T_0 + \eta V^2)}\right]$，采用幂函数近似后可以得到

$$\tau_{\text{T}}(t) \approx \tau_{\text{T0}} V^{-m} \tag{6-12}$$

这样就可以分别将 SET 与 RESET 过程中的 λ 与可测量的转变参量联系起来。

结合式(6-5)、式(6-8)、式(6-10)、式(6-11)得出 V_{SET} 的韦伯斜率与尺度因子分别为

$$\beta_{V_{\text{SET}}} = (m+1)\alpha t_{\text{gap}}/a_0 \tag{6-13}$$

$$V_{\text{SET63\%}} \approx \text{const} \cdot R^{\frac{1}{m+1}}(t_{\text{gap}}) \frac{m}{m+1} \tag{6-14}$$

当 m 足够大时，$\beta_{V_{\text{SET}}}$ 正比于 t_{gap}，$V_{63\%}$ 也大致正比于 t_{gap}。t_{gap} 与 CF 关态电阻 (R_{off}) 直接相关。假设通过间隙势垒的隧穿决定高阻态的电导，由于隧穿透过率随 t_{gap} 指数衰减，因此 $R_{\text{off}} \approx \exp(t_{\text{gap}}/t_0)/(G_0 N_c)$，$t_0$ 是特征势垒厚度，则

$$t_{\text{gap}} = t_0 \ln(G_0 N_c R_{\text{off}}) \tag{6-15}$$

因此，根据 SET 转变统计解析模型的结论式(6-13)和式(6-14)可知$\beta_{V\text{SET}}$以及$V_{63\%}$与$\ln(R_{\text{off}})$呈线性关系。

同样，结合式(6-7)、式(6-8)、式(6-10)、式(6-12)，在 RESET 过程中，V_{RESET}的韦伯斜率与尺度因子分别为

$$\beta_{V\text{RESET}} = \alpha\, n_c(m+1) \tag{6-16}$$

$$V_{\text{RESET}63\%} = V_0\, N_c^{-\frac{1}{an_c(m+1)}} \tag{6-17}$$

I_{RESET}的韦伯斜率与尺度因子分别为

$$\beta_{I\text{RESET}} = \alpha\, n_c(m+1) \tag{6-18}$$

$$I_{\text{RESET}63\%} = n_c(V_0/R_0)\, N_c^{-\frac{1}{an_c(m+1)}} \tag{6-19}$$

从式(6-16)和式(6-18)可以看出，V_{RESET}与I_{RESET}分布的韦伯斜率具有相同的表达式，且正比于n_c。开态电阻可被看成只有一个 cell 宽的单元电阻R_0的并联，则$R_{\text{on}} = R_0/n_c$。因此，RESET 电压、电流分布的韦伯斜率均与$n_c(m+1)$或$1/R_{\text{on}}$成正比，尺度因子$V_{\text{RESET}63\%}$与R_{on}无关，而$I_{\text{RESET}63\%}$与n_c或$1/R_{\text{on}}$成正比。

6.1.4 SET/RESET 电压和电流统计实验

单极性 VCM 器件 Pt/HfO$_2$/Pt[23,37,38]和 Pt/NiO/W[22,23,36]以及双极性 PCM 器件 Cu/HfO$_2$/Pt[39]的统计实验结果验证了上述 SET/RESET 统计模型的结论。以下几部分总结了上述器件的 SET、RESET 转变的统计实验结果，并与上述模型的结论进行对照。图 6-3～图 6-5 分别显示了 Pt/HfO$_2$/Pt、Pt/NiO/W、Cu/HfO$_2$/Pt 器件的 SET 与 RESET 转变的 *I-V* 曲线及 SET 和 RESET 点的定义。

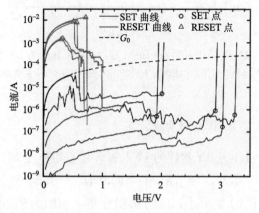

图 6-3　单极性 Pt/HfO$_2$/Pt VCM 器件的电阻转变的 *I-V* 曲线[23]
SET 与 RESET 操作均采用电压扫描，SET 与 RESET 点分别定义为
SET 曲线中电流开始突增的点与 RESET 曲线中电流最大的点

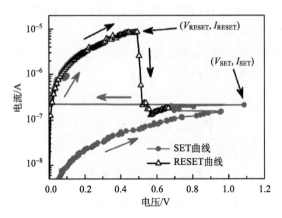

图 6-4　单极性 Pt/NiO/W VCM 器件的电阻转变的 $I\text{-}V$ 曲线[22]
SET 操作采用电流扫描，RESET 操作采用电压扫描，SET 点定义为
SET 曲线中电压开始突降的点，RESET 点定义为 RESET 曲线中电流最大的点

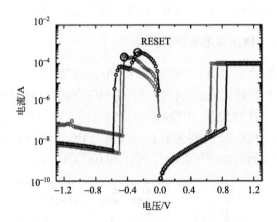

图 6-5　双极性 Cu/HfO$_2$/Pt ECM 器件的电阻转变的 $I\text{-}V$ 曲线[39]
SET 与 RESET 操作均采用电压扫描，RESET 点定义为 RESET 曲线中电流最大的点

1. Pt/HfO$_2$/Pt 器件 SET 转变统计实验

图 6-6(a) 为 Pt/HfO$_2$/Pt 器件的 1750 循环过程中 V_{SET}-R_{off} 散点图，V_{SET} 的分布受到 R_{off} 的影响，并且 V_{SET} 随着 R_{off} 的增加而增加，其他研究小组也有类似的结果报道[29,54]。图 6-6(b) 显示了 V_{SET} 的累积分布，插图为 R_{off} 的累积分布。由于 R_{off} 的统计分布范围很宽且影响 V_{SET} 的分布，需要采用"电阻筛选"方法来部分消除 R_{off} 波动的影响从而研究 V_{SET} 的"本征"分布。将 R_{off} 分为六个范围来研究 V_{SET} 分布与 R_{off} 的关系，结果如图 6-6(c) 所示，可以发现在每个电阻范围内 SET 电压的

分布是服从韦伯分布的,并且V_{SET}的累积分布与R_{off}分布密切相关,V_{SET}的韦伯斜率与尺度因子都随R_{off}呈对数增加,如图6-6(d)所示。因此可以得出基于cell渗流模型的SET转变统计模型对上述阻变存储器的SET过程是适用的。

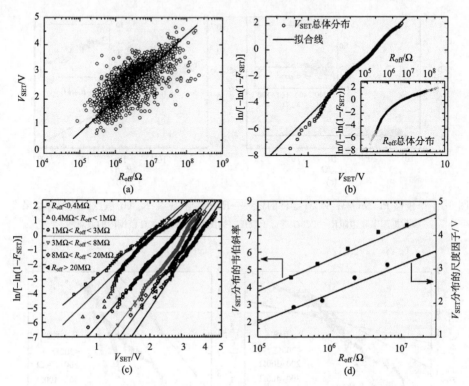

图6-6 单极性Pt/HfO$_2$/Pt VCM器件的SET电压统计结果[37]

(a)1750次循环过程的V_{SET}-R_{off}散点图;(b)V_{SET}的累积分布与韦伯分布拟合结果;
(c)V_{SET}分别在六个不同的R_{off}范围的分布与韦伯分布拟合结果;(d)V_{SET}分布的形状因子和
尺度因子与$<R_{off}>$的关系,$<R_{off}>$为每个电阻范围内的R_{off}的平均值

2. Pt/NiO/W 器件 RESET 转变统计实验

图6-7为Pt/NiO/W单极性VCM器件的V_{RESET}-R_{on}与I_{RESET}-R_{on}散点图及拟合结果,可以看出在很宽的开态电阻(R_{on})范围内,V_{RESET}都保持恒定,这与RESET热熔解模型是相符的[51,53]。相应地,因为$I_{RESET} \approx V_{RESET}/R_{on}$,$I_{RESET}$随$R_{on}$的增加而线性减小。图6-8为Pt/NiO/W器件经过电阻筛选后的RESET电压和电流的分布及其韦伯分布拟合结果,不同电阻范围内的韦伯斜率值不同。图6-9是根据图6-8的拟合结果得出的韦伯斜率和尺度因子与R_{on}的关系,可以看出V_{RESET}和I_{RESET}分布的韦伯斜率都随1/R_{on}线性增加,V_{RESET}分布的尺度因子

$V_{RESET63\%}$ 基本保持不变，I_{RESET} 分布的尺度因子 $I_{RESET63\%}$ 随 $1/R_{on}$ 线性增加。因此 Pt/NiO/W 器件的 RESET 分布实验结果与基于 cell 渗流模型的 RESET 转变统计模型完全符合。

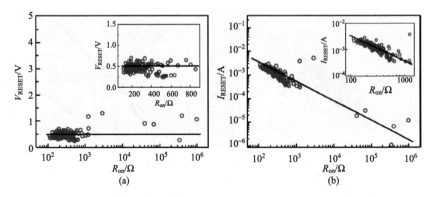

图 6-7 单极性 Pt/NiO/W VCM 器件的 V_{RESET}-R_{on}(a) 与 I_{RESET}-R_{on}(b) 散点图及拟合结果[22]
数据用串联电阻 R_s=220Ω 进行了校正，插图为 100~1000Ω 范围内的散点图

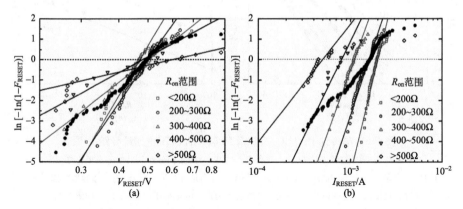

图 6-8 Pt/NiO/W 器件在不同 R_{on} 范围内的 V_{RESET}(a)、I_{RESET}(b) 分布及其韦伯分布拟合结果[23]
数据用串联电阻 R_s=220Ω 进行了校正，实心黑色圆点分别代表 V_{RESET}、I_{RESET} 的总体分布

3. Pt/HfO$_2$/Pt 器件 RESET 转变统计实验

图 6-10 为单极性 Pt/HfO$_2$/Pt VCM 器件的 V_{RESET}-R_{on} 与 I_{RESET}-R_{on} 散点图及拟合结果，在用串联电阻 R_s=28Ω 进行了数据校正[55]之后，V_{RESET} 保持恒定，不随开态电阻 R_{on} 变化，这一结果同样是与 RESET 热熔解模型的结论相一致的[51,53]。同样，因为 $I_{RESET} \approx V_{RESET}/R_{on}$，$I_{RESET}$ 随 R_{on} 的增加而线性减小。图 6-11 为该器件经过电阻筛选后的 RESET 电压和电流的分布及其韦伯分布拟合结果。图 6-12 是

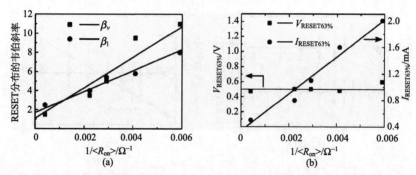

图 6-9　Pt/NiO/W 器件的 V_{RESET}、I_{RESET} 分布的韦伯斜率和尺度因子与 R_{on} 的关系[36]

根据图 6-11 的拟合结果得出的韦伯斜率和尺度因子与 R_{on} 的关系，可以看出 V_{RESET} 和 I_{RESET} 的分布的韦伯斜率均与 R_{on} 无关，V_{RESET} 分布的尺度因子 $V_{RESET63\%}$ 基本保持不变，I_{RESET} 分布的尺度因子 $I_{RESET63\%}$ 随 $1/R_{on}$ 线性增加。

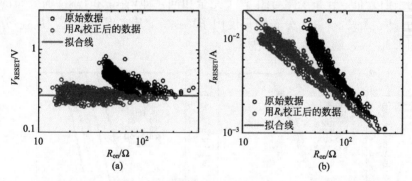

图 6-10　单极性 Pt/HfO$_2$/Pt VCM 器件的 V_{RESET}（a）、I_{RESET}（b）与开态电阻 R_{on} 的关系[55]
黑色点未进行数据校正，灰色点为数据用串联电阻 $R_s=28\Omega$ 进行了校正

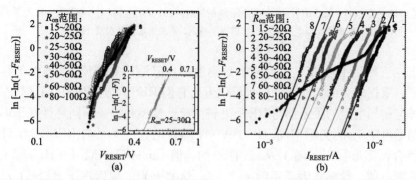

图 6-11　Pt/HfO$_2$/Pt 器件在不同 R_{on} 范围内的 V_{RESET}、I_{RESET} 分布及其韦伯分布拟合结果[38]
数据用串联电阻 $R_s=28\Omega$ 进行了校正，实心圆点为 V_{RESET}、I_{RESET} 的
总体分布，直线为韦伯分布拟合结果

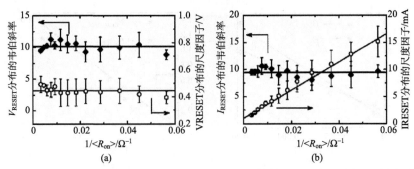

图 6-12 Pt/HfO$_2$/Pt 器件的 V_{RESET}、I_{RESET} 分布的韦伯斜率和尺度因子与 R_{on} 的关系[38]

4. Cu/HfO$_2$/Pt 器件 RESET 转变统计实验

图 6-13 为双极性 Cu/HfO$_2$/Pt ECM 器件经过电阻筛选后的 RESET 电压、电流的韦伯分布，分布规律与图 6-11 完全相同，即 V_{RESET} 和 I_{RESET} 的分布的韦伯斜率均与 R_{on} 无关，V_{RESET} 分布的尺度因子 $V_{RESET63\%}$ 基本保持不变，I_{RESET} 分布的尺度因子 $I_{RESET63\%}$ 随 $1/R_{on}$ 线性增加。

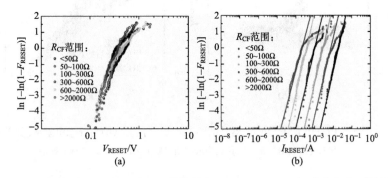

图 6-13 双极性 Cu/HfO$_2$/Pt ECM 器件的 V_{RESET}(a)、I_{RESET}(b) 分布与 R_{on} 的关系[39]
数据用串联电阻 $R_s = 20\Omega$ 进行了校正，直线为韦伯分布拟合结果

上述三种器件的 SET 过程基本是类似的，但是其 RESET 过程中仍存在一些区别。根据转变的实验统计结果可以看出它们 RESET 过程的共同之处在于尺度因子与初始电阻的关系都与 RESET 转变统计模型相符；不同之处在于形状因子与初始电阻 R_{on} 的关系不同，Pt/NiO/W 器件的这一关系与 RESET 统计模型完全符合，即形状因子随 $1/R_{on}$ 线性增加，但 Cu/HfO$_2$/Pt、Pt/HfO$_2$/Pt 器件的结果则不同，其形状因子不随 R_{on} 变化。这些差别的原因在于 RESET 点之前导电细丝所处的状态[23,38,39]不同。Cu/HfO$_2$/Pt 和 Pt/HfO$_2$/Pt 器件在低阻态时细丝较粗，R_{on} 的值较小，在 RESET 之前，导电细丝没有发生变化，因此韦伯

斜率不变；而 Pt/NiO/W 器件在低阻态时细丝较细，R_{on} 的值较大，在 RESET 之前，导电细丝的结构已经有所衰减，即细丝已经开始熔解，导致韦伯斜率随初始电阻变化。

6.2 转变速度统计解析模型及转变速度-干扰困境的快速预测

6.2.1 RRAM 中的转变速度-干扰困境问题

可靠性问题一直是阻碍阻变存储器应用的"瓶颈"。相比于保持特性与耐久性，干扰问题也是主要的问题之一[56-58]。干扰问题可以分为两种情况：一是读操作过程中存在一定的发生 SET 或 RESET 转变的可能性，即读干扰（read-disturb）；二是在 RRAM 交叉阵列中与读干扰问题类似的擦写干扰问题。通常期望读干扰免疫力达到高于 10^6 次非破坏性读取，或者读干扰时间长于 1s，同时 SET/RESET 时间低于 $1\mu s$。SET/RESET 电压决定 SET/RESET 速度并影响可靠性，在脉冲操作模式下，SET/RESET 电压需足够高才能保证 SET/RESET 成功并且 SET/RESET 速度足够快，但同时又会增大转变过程中发生硬击穿从而导致器件失效的可能性。另一方面，实际的外围电路会对读电压有一个最低限度要求，一般不低于转变电压的 1/10，这一比例关系或者说有限的 SET/RESET 电压及最低限度的读电压造成了 SET/RESET 操作成功率及速度与抗读干扰能力之间的矛盾或折中问题，这一问题可简称为转变速度-干扰困境。在 RRAM 交叉阵列中，擦写干扰问题更为严重，因为在交叉阵列的擦写操作过程中未被操作的单元需要承受 1/2 或 1/3 倍的 RESET 或 SET 电压。针对这一问题，台湾交通大学的侯拓宏研究组[56-58]采用 cell 渗流模型与高非线性的 t_{SET}-V_{SET} 幂次关系分析了 SET 速度-读干扰困境。由于导电细丝的生长随机性使得 SET 时间与电压分布离散，因此该小组[57,58]采用统计的方法对 Ti/TiO$_2$/Pt 器件与 Ni/HfO$_2$/Si 器件的 SET 过程开展了研究，并应用于其他已报道的器件。

6.2.2 SET 速度的统计与模型

在研究速度-干扰困境时，需要研究转变速度如 t_{SET} 或转变电压如 V_{SET} 的统计分布。转变时间存在强烈的波动性（几个数量级），能够加重转变速度-干扰困境问题，并且使转变操作与读取条件复杂化。为了研究转变时间的统计波动性，侯拓宏研究组[56-58]基于上述类似栅介质击穿的 cell 渗流模型发展了一套针对转变速度或时间的解析模型，模型的结果可以很好地解释 t_{SET} 的韦伯分布特性和电压加速关系（即 t_{SET}-V_{SET} 之间的幂次关系）。

RRAM 器件在施加恒定电压 V_{CVS} 时，转变时间 t_{SET} 的韦伯分布为

$$W_{SET} = \beta[\ln(t_{SET}/t_{63\%})] \quad (6-20)$$

根据 6.1.2 节和 6.1.3 节中有关 SET 转变统计及模型的式(6-5)、式(6-8)、式(6-9)、式(6-11)，可以得出式(6-20)中的韦伯斜率(β)和尺度因子($t_{63\%}$)分别为

$$\beta = n_c \alpha \quad (6-21)$$

$$t_{63\%} \propto V_{CVS}^{-m/\alpha} = V_{CVS}^{-n} \quad (6-22)$$

图 6-14(a)所示为 Ti/TiO$_2$/Pt 与 Ni/HfO$_2$/Si 器件的 t_{SET} 的分布，可以看出在每一个恒定电压下 t_{SET} 的分布都服从韦伯分布，而且两种器件的 β 值不随电压的变化而变化，很好地符合了式(6-21)。图 6-14(b)所示的多种器件的 $t_{63\%}$ 都与电压满足高度非线性幂次关系，这也与式(6-22)符合。

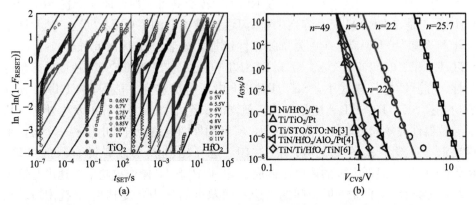

图 6-14 (a)恒压扫描模式(CVS)下，TiO$_2$ 与 HfO$_2$ 器件的 t_{SET} 的韦伯分布(两种器件的韦伯斜率(β)分别为 0.3 与 0.37，且恒定不变)；(b)不同器件的 t_{SET} 分布的尺度因子($t_{63\%}$)与 V_{CVS} 的关系(拟合结果显示 $t_{63\%}$ 与 V_{CVS} 服从高度非线性幂次关系即式(6-21)，图中的 n 为不同的加速因子)[57]

6.2.3 恒压模式预测速度-干扰困境的方法

恒压模式(CVS)可用于预测转变速度-干扰困境问题。以 SET 转变为例，如图 6-15 所示，其主要的预测步骤如下：①首先测量某一个加速电压(V_{CVS})下 t_{SET} 的分布，由式(6-20)提取 $t_{63\%}$ 与 β；②测量不同加速电压下 t_{SET} 的分布，得出不同加速电压下的 $t_{63\%}$，由式(6-22)提取加速因子 n；③根据式(6-22)的 V-t 幂次关系可以推出在设定编程电压(V_{PRO})和读干扰电压(V_{DIS})下的对应的特征转变时间($t_{63\%}$)，根据 β 与电压无关的性质可以推出在设定 V_{PRO} 和 V_{DIS} 下的 t_{SET} 的分布；④根据式(6-20)，由设定 V_{PRO} 和 V_{DIS} 下的 $t_{63\%}$ 的值外推出设定失败率(failure ratio, FR)标准下的编程时间(t_{PRO})与干扰时间(t_{DIS})。

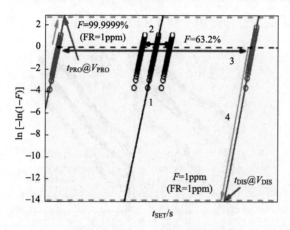

图 6-15　FR=1ppm(1ppm=10^{-6})时，在给定编程电压V_{PRO}与干扰电压V_{DIS}时预测编程时间与干扰时间的步骤[57]

6.2.4　电压扫描模式快速预测速度-干扰困境的方法

CVS 测试的一个严重的问题是测试需要大量的时间，这对于实际应用是不可取的。因此，需要考虑利用电压扫描(RVS)测试方式。实验证明其能够快速预测速度-干扰困境问题，且时间少，成本低。RVS 相当于一系列不连续的 CVS 呈线性增加的趋势，线性增加的斜率为 RR，即扫描速率，因此，可以进行 RVS 与 CVS 之间的相互转化，从而通过 RVS 达到快速预测速度-干扰困境问题。CVS 与 RVS 的参数之间的相互关系分别为[57,58]

$$\beta_{RVS} = \beta(n+1) \tag{6-23}$$

$$V_{63\%} = [t_{63\%} \cdot RR \cdot (n+1) V_{CVS}^n]^{\frac{1}{n+1}} \tag{6-24}$$

$$(n+1)\ln(V_{63\%}) = \text{const} + \ln(RR) \tag{6-25}$$

由于 RVS 测试方式能够在较短的时间内获得大量的数据，因此，可以通过 RVS 的参数 RR、$V_{63\%}$、β_{RVS} 提取 CVS 的参数 n、$t_{63\%}$、β。图 6-16 比较了 CVS 测得的 t_{SET} 分布与 RVS 测试结果转化而来的 t_{SET} 分布，可以看出两者是几乎重合的，因此通过 RVS 快速预测速度-干扰问题是可行的。

6.2.5　电压扫描模式下的速度-干扰问题设计空间

上述快速预测速度-干扰困境的方法和模型也可用于定量指导设计 RVS 模式下的速度-干扰问题设计空间。图 6-17 显示了 $V_{63\%}$、β_{RVS}、n 的设计空间。当 FR 很小时，较大的 n 值与 β_{RVS} 能够有效地抗干扰。一般认为 $\beta_{RVS}>20$ 与 $n>20$ 可以满足设计的要求。在现有的文献报道中，多数情况下，器件具有较高的 SET 电压与较低的抗干扰性，主要是因为它们的 $\beta_{RVS}<20$。因此要提高 SET 的速度-干

扰的设计空间就需要通过理论和实验方法进一步提高 n 与 β 的值。

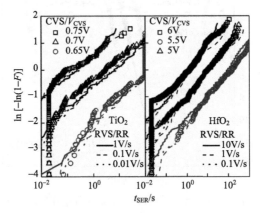

图 6-16　CVS(标记符)与 RVS(线条)测得的 t_{SET} 分布的比较[57]

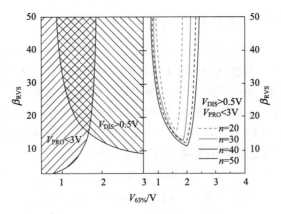

图 6-17　$V_{DIS}>0.3V$，$V_{PRO}<3V$，FR=1ppm，RR=1V/S，$n=20$ 时，$V_{63\%}$ 与 β 的设计空间(左图)；不同的 n 值对应的设计空间(右图)[57]

6.3　电阻转变过程中导电细丝演化的统计分析

理解电阻转变的物理及导电细丝的本质对于控制 RRAM 的性能、参数波动性和可靠性是极其重要的。通过统计方法对电阻转变参数分布和演变进行研究可以揭示和深入理解阻变和细丝的物理本质。本节主要以刘明研究员小组和 Suñé 教授小组[49,55,59]合作研究的单极性 Pt/HfO$_2$/Pt VCM 器件的 RESET 转变为例，介绍电阻转变过程中细丝电导演化的统计研究。

6.3.1 单极性 VCM 器件的 RESET 转变的类型与细丝演化过程

图 6-18 显示了单极性 Pt/HfO$_2$/Pt VCM 器件的 1250 次 RESET 转变的电流-电压(I-V)曲线,器件的 RESET 过程表现出较宽的参数分布和各种形态。经过分析,这些转变特性曲线可归纳为三种类型,图 6-19 显示了三种典型 RESET 类型的 I-V 和 G-V 曲线,其中电导 G 定义为 $I/(VG_0)$,单位为量子电导 $G_0 = 2e^2/h$。电导为 G_0 的单通道量子线[49,60](图 6-19 插图(c))可以代表两种不同电子传输方式的自然分界:一种是在连续的导电细丝(图 6-19 插图(a)和(b))中,电子波函数沿着导电通道延伸;另一种是在断裂的细丝(图 6-19 插图(d))中,电导受到势垒的限制,即电子通过在断裂细丝的间隙中以跳跃(hopping)或隧穿方式传输。在大多数情况下(图 6-19 实线),在电流达到最大值(即 RESET1 点)后会伴随着一个显著的突降,随后发生在一系列中间态位置(图 6-19 插图(b))的小幅度的电流减小,这些中间态表现出了细丝的分立性质,表明细丝很细而且在原子尺度变化,随后在 RESET2 点处细丝完全断裂产生间隙。RESET2 点的电流跳变对应于细丝的断裂,而且刚好跨越 G_0 分界线。在其他转变循环中(图 6-19 点划线),电流缓慢减小,只有最后的电流跳变是显著的(图 6-19 点线)。在少数情况下,RESET1 导致细丝完全断裂从而 RESET1 和 RESET2 点重合。完全突变型 RESET 转变(图 6-19 点线)通常在细丝具有很高的初始电导(G'_{ON})时容易被观察到,并显现出很高的 RESET 电流。而完全缓变型 RESET 转变(图 6-19 点划线)通常发生在细丝初始电导很低的情况下。

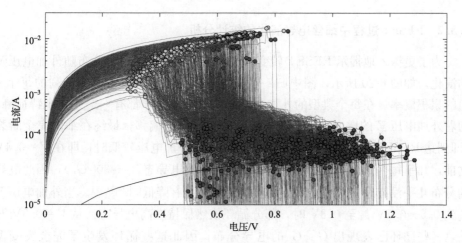

图 6-18 单极性 Pt/HfO$_2$/Pt VCM 器件的 1250 次 RESET 转变的 I-V 曲线

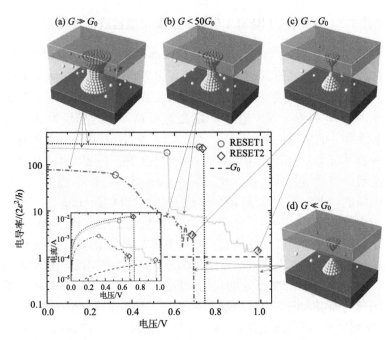

图 6-19 单极性 Pt/HfO$_2$/Pt VCM 器件的 RESET 转变的三类典型的 G-V 和 I-V 曲线
分别表现出完全突变型 RESET(点线)、台阶渐变型 RESET(实线)和完全缓变型 RESET(点划线),插图 (a)~(d)显示了细丝在 RESET 过程中的不同状态,细丝断裂分为三个阶段:第一次明显变细、逐步变细至量子线、完全断裂[55]

6.3.2 RESET 过程中细丝电导演化的统计分析

为了更深入地揭示 RESET 转变过程,研究了电导的统计分布随外加电压 V 的演化,如图 6-20 所示,图中归一化电导 $n=\Delta F/\Delta n$,F 是升序排列的每个 n 值的累积概率。在每个典型的外加电压下,归一化电导都有一个或几个特征峰,随着外加电压 V 的增大,特征电导峰朝着更低的值偏移,最终在细丝完全断裂(即到达 RESET2 点)之前偏移到 $1\,G_0$ 附近。在外加电压较低时,即在 $V=0.4\text{V}$ 之前,几乎每一个循环(cycle)都维持在初始的高电导态($G\sim 300\,G_0$),因此电导的分布几乎没有改变,只是因为温度的增加而稍有降低[36,38,51-53]。当外加电压 V 达到 0.5~0.7V 甚至 0.8V 时,部分循环依然保持在高电导态。从 $V=0.5\text{V}$ 开始,一些循环已表现出 $G<G_0$ 的电导分布,因此这些循环发生了完全突变型 RESET 转变(RESET1 = RESET2)。从 $V=0.4\text{V}$ 开始,许多循环经受了 RESET1 转变,中间电导态($G<50\,G_0$)特征峰出现在分布中。经过 RESET1 后,RESET 变得缓变,电导峰向低电导值偏移,中间态的平均电导值随着 V 的增大

而降低，在 $V \approx 1.1\text{V}$ 时，所有剩余循环的电导值都大约在 G_0 附近，表明此时细丝处于熔解的最后阶段，表现得像一根单通道量子线。图 6-20 清楚地表明器件在 RESET 过程中表现出三个电导状态的演化：高电导态，也就是通常所说的低阻态，$G \sim 300\,G_0$，对应于 RESET1 之前粗而且连续的导电细丝状态；中间电导态，$\sim 1\,G_0 < G < 50\,G_0$，对应于 RESET1 和 RESET2 之间细而且连续的导电细

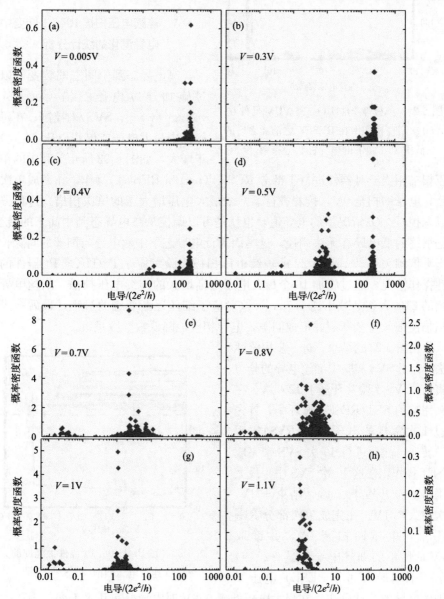

图 6-20 单极性 Pt/HfO$_2$/Pt VCM 器件在 RESET 过程中的归一化电导 ($n = I/(G_0 V)$) 的概率密度函数随外加电压 V 的演化[55]

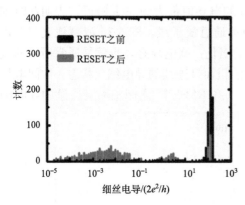

图 6-21 单极性 Pt/HfO$_2$/Pt VCM 器件在 1250 次阻变操作中在 RESET 之前和之后的低压(0.1V)下的电导柱状分布图[59]

丝状态；低电导态，也就是通常所说的高阻态，$G \ll 1\ G_0$，对应于 RESET2 之后断裂而不连续的细丝状态。通过读取低电压下的电导值也可以获得这三个电导态的分布[59]，如图 6-21 所示。

6.3.3 连续电压扫描 RESET 转变中的电导演化的统计分析

高电导态到中间态的转变可以通过施加连续电压扫描(successive-voltage sweep，SVS)来控制，在每次扫描中最大电压或停止电压(V_{MAX})逐步增大，如图 6-22 所示。其中的单次电压扫描相当于对器件进行了部分 RESET(partial RESET)操作，在完成单次扫描后，电压回扫至 0V，接着进行下一个最大电压增大了的单次扫描。这种方法可以调控 $G > G_0$ 情况下的电导值，也就是可以调控从高电导态到中间态的转变。但是最终的低电导态无法调控，这是因为低电导态下细丝电导与细丝的间隙长度成指数依赖关系[37]。图 6-22 的连续电压扫描实验对应于 Pt/HfO$_2$/Pt 器件的单极性操作情况，通过施加 10 个最大电压逐渐增大的连续电压扫描，细丝电导从初始的 210 G_0 逐渐减小到 1.5 G_0，这对应于细丝逐渐变细的过程。最后一个电压扫描使细丝完全断裂并形成间隙，电导相应地降低数个数量级。

根据图 6-22 的结果，进一步用统计方法研究了 SVS 实验中细丝电导的分布和演化。SVS 实验共开展了 1250 次。在一次完整的 SET/RESET 循环中，首先通过 1 次常规的电压扫描(RVS)实现 SET 转变，然后进行 10 次 SVS 来完成 RESET 操作，在这 10 次 SVS 中，最大电压(V_{MAX})开始于 0.1V，结束于 1V，每次增大 0.1V。在完成单次部分 RESET 后，电压回扫至 0V，并读取 0.1V 低压下的细丝电导。图 6-23(a) 显示了不同最大部分 RESET 电压下

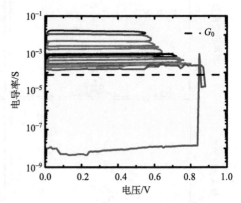

图 6-22 在 Pt/HfO$_2$/Pt 器件上施加的单极性连续电压扫描(SVS)循环[59]

的细丝电导的统计分布。在最大电压低于 0.6V 时电导分布几乎不变。当 $V_{MAX} = 0.7V$ 时，电导分布已表现出显著的变化，特别是已经显现出三个电导区域：高

电导态($G/G_0 \sim 100$),即低阻态(LRS);中间量子线(quantum wire,QW)态($0.1 < G/G_0 < 10$);低电导态($G/G_0 < 0.1$),即高阻态(HRS)。当$V_{MAX} \geqslant 0.8V$时,高电导态的峰不再出现,并且电导分布是双模的,这表明RESET1过程已在所有循环中都完成了,其中少部分循环完成了RESET2过程并达到了低电导态,而大部分循环中器件仍停留在中间态,即细的细丝连通于两个电极之间。

图6-23(b)显示了RESET前后细丝电导柱状分布。RESET之前,器件处于低阻态,电导在$100\,G_0$附近有一个特征峰。在完成RESET操作后(即完成10次SVS操作后),出现两个明显的峰,大的峰位于G_0之上,相应于中间态,而小的峰位于$0.1\,G_0$之下,对应于高阻态。这些结论证明在低阻态和高阻态之间存在中间量子线状态,进一步证实了电压扫描(RVS)RESET实验的结论。而且在更柔和的SVS操作模式下,从低阻态向中间态的转变相比于从低阻态向高阻态的转变更易实现,因而RESET后的终态的电导强烈依赖于具体的RESET操作方法。

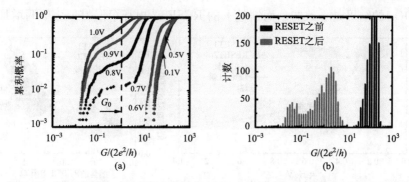

图6-23 (a)Pt/HfO$_2$/Pt VCM器件在1250次连续电压扫描(SVS)RESET循环中细丝电导$G(2e^2/h)$的分布(SVS的最大电压从0.1V增大至1V,在每次RESET扫描后在0.1V低压下读取电导值);(b)每次SVS RESET循环后测量得到的细丝电导$G(2e^2/h)$的柱状分布图,在高电导态特征电导峰在$100\,G_0$附近;经过RESET之后,出现两个清晰的电导峰,大的电导峰位于G_0之上,而小的位于$0.1\,G_0$之下[59]

6.3.4 RESET转变参数的分布规律

进一步采用统计方法研究了1250次直流电压扫描RESET过程中的细丝导电性的演化过程。图6-24(a)显示了随机选取的10%的RESET循环的实验G-V曲线以及相应的RESET1和RESET2点,在RESET1之前,由于细丝中局域温度的升高,电导缓慢下降[36,38,51-53],随后的过程与前面的描述一致,在RESET2

点的电导值(G_{R2})处于量子电导G_0附近,表明此时细丝具有量子线的性质。6.3.5节将对导电细丝的量子化效应进行详细的分析。图6-24(c)显示了电导的统计分布随外加电压V的演化,结果与图6-20的类似。

为了深入理解RESET转变,详细研究了RESET1和RESET2过程的统计分布特征。图6-24(b)和(d)显示了单极性Pt/HfO$_2$/Pt VCM器件的在电压扫描RESET过程中的RESET1和RESET2点的参数统计结果。图6-24(b)是细丝上的RESET电压(V'_R)和细丝上的RESET电阻(R'_R)之间的散点图。图6-24(d)是细丝上的RESET功耗(P'_R)和细丝上的开态电阻(R'_{ON})之间的散点图。这四个参数都是用串联电阻$R_s=28\Omega$进行数据校正[55]之后得到的参数。R'_{ON}表示RESET实验开始时的细丝电阻,而R'_R则是RESET点处的细丝电阻。对于RESET1点,两个电阻值是相近的,但在RESET2点处,两个电阻的值则有显著的差别,因为在RESET点之前细丝已经部分熔解了。图6-24(b)表明细丝上的RESET1电压(V'_{R1})大致保持恒定,与RESET电阻(R'_R)无关,这与6.1.4节中图6-7(a)和图6-10(a)的结果是一致的;而细丝上的RESET2电压(V'_{R2})随R'_R单调增加。图

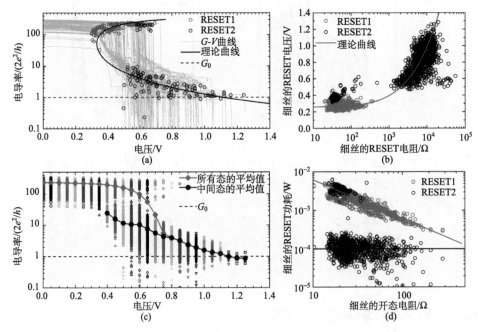

图6-24 单极性Pt/HfO$_2$/Pt VCM器件的电压扫描RESET实验统计分布特性[55]
(a)1250次RESET循环中随机选取的10%的G-V曲线;(b)RESET1和RESET2点的RESET电压(V'_R)-RESET电阻(R'_R)散点图,数据用串联电阻$R_s=28\Omega$进行了校正;(c)1250次RESET循环中电导分布随外加电压V的演化,中间态为电导值低于$50G_0$的态;(d)RESET1和RESET2点的RESET功耗(P'_R)-开态电阻(R'_{ON})散点图,数据用串联电阻$R_s=28\Omega$进行了校正

6-24(d)中，假定$V'_{R1}=0.25\text{V}$，则细丝上的 RESET1 功耗$P'_{R1}=V'_{R1}{}^2/R'_{ON}$；而细丝上的 RESET2 功耗$P'_{R2}$则保持恒定，与$R'_{ON}$无关。图 6-24(b)和(d)表明 RESET1 过程受到施加给细丝的电压控制，而 RESET2 则受到细丝上的功耗控制。因此，RESET 转变可以分为两个区：电压控制的 RESET1 区和功耗控制的 RESET2 区。

开态电阻是一个很重要的参数，对 RESET 过程的统计波动具有明显的影响，这与 6.1 节中的分析是一致的，因此，控制开态电阻的波动对于获得高度集中分布的 RESET 参数是十分重要的。一些文献也报道了[26,61]在单极性 Pt/NiO/Pt 器件中 RESET1 电压和电流具有类似的微缩特性，并建立了相应的模型，根据导电细丝渗流理论来解释器件的 RESET 参数的微缩特性。在这里，图 6-24(a)和(b)所显示的单极性 Pt/HfO$_2$/Pt VCM 器件的 RESET 参数的分布规律可以用 RESET 的热熔解模型来解释[36,38,51-53]。

热熔解模型假设缺氧的细丝由于温度激励导致氧化而发生 RESET 转变。细丝温度取决于细丝的产热和散热之间的平衡，可以通过热阻(R_{th})进行表征和模拟。根据 Ielmini 教授等[51]的研究结果，细丝上的 RESET 电压可表述为

$$V'_R = \sqrt{\frac{R_{CF}}{R_{th}}(T_R - T_0)} \tag{6-26}$$

其中，R_{CF}是细丝的电阻；T_0是室温；T_R是 RESET 临界温度。取$T_R=750\text{K}$可以对图 6-24(b)的V'_R-R'_R散点图进行很好的拟合。式(6-26)也表明解释实验结果的一个关键因素是对R_{th}的准确模拟，R_{th}包括两部分热扩散通道的贡献：平行热阻($R_\parallel$)，描述沿着细丝方向的热传导；垂直热阻($R_\perp$)，描述从细丝向周围氧化物的热扩散。总的热阻R_{th}可表述为

$$R_{th} = \frac{R_\parallel R_\perp}{R_\parallel + R_\perp} \tag{6-27}$$

根据 Wiedemann-Franz 定律[52]，$R_\parallel$正比于细丝电阻R_{CF}：

$$R_\parallel = R_{CF}/(8L T_R) \tag{6-28}$$

其中，$L=2.45\times 10^{-8}\text{W}\cdot\Omega/\text{K}^2$为洛伦兹常数。另一方面，$R_\perp$可假定为恒定不变。在 RESET1 之前，当$R_{CF}$很小时，细丝较粗，沿着细丝方向的热传导是很高效的，R_{th}主要取决于$R_\parallel$，因此R_{CF}/R_{th}保持恒定，从而导致V'_R与R_{CF}无关，如图 6-24(b)中灰色点所示；而细丝上的 RESET1 功耗P'_{R1}随R_{CF}的增大而减小，如 6-24(d)中灰色点所示。而一旦由于部分熔解，细丝电阻R_{CF}达到足够高的值时，$R_\perp$开始占据主导，并且R_{CF}/R_{th}随着R_{CF}的增加而增加，因此根据式(6-26)可知V'_{R2}随着R_{CF}的增大而增大，如图 6-24(b)中黑色点所示；而同样根据式(6-26)，细丝上的 RESET2 功耗P'_{R2}与R_{CF}无关，如图 6-24(d)中黑色点所示。这些结论清

楚地说明 RESET 参数与细丝电阻 R_{CF} 的依赖关系,同时也为细丝热熔解模型提供了更深入的实验支持。

串联电阻 R_s 在突变或缓变型 RESET 以及细丝形貌的变化过程中起到了重要作用。串联电阻 R_s 包括两部分:测试中与线缆及与接触相关的寄生电阻,约为 18Ω,另一部分是扩展电阻(spreading resistance),即麦克斯韦电阻,描述电力线从大面积的 Pt 电极向纳米尺度的细丝汇聚(funneling)产生的接触电阻,经估算后约为 10Ω[55]。考虑细丝和串联电阻 R_s 的串联关系,RESET 时刻的外加电压可表述为

$$V_R = V'_R \cdot (1 + R_s/R_{CF}) \quad (6-29)$$

总的归一化电导为

$$n = 1/[(R_{CF} + R_s)G_0] \quad (6-30)$$

结合式(6-26)~式(6-30),可得到如下 V_R-n 关系式:

$$V_R = \sqrt{\left[\frac{1}{R_\perp}\left(\frac{1}{nG_0} - R_S\right) + 8L\,T_R\right](T_R - T_0)} \, \frac{1}{1 - nG_0R_s} \quad (6-31)$$

式(6-31)的 V_R-n 理论关系式也画在了图 6-24(a)中。根据式(6-26)~式(6-28)可计算得到 V'_R-R'_R 理论关系,相应的曲线也画在了图 6-24(b)中。这些理论曲线很好地拟合和解释了实验规律,在这些拟合中,垂直热阻假定为 $R_\perp = 5 \times 10^6$ K/W。

非零串联电阻 R_s 解释了图 6-24(a)中 n-V_R 存在两支的原因。在上分支,外加电压很大一部分降落在 R_s 上,因此 $V_{R1} \gg V'_{R1}$。由于 V'_{R1} 恒定(根据式(6-26)),V_{R1} 随着 G_{CF} 的增大而增大(根据式(6-29))。在下分支,V_R-G_{CF} 的趋势刚好相反,因为 $R_s \ll R_{CF}$ 并且 $R_{th} \approx R_\perp$。上分支可解释 RESET1 过程及细丝尺寸从图 6-19 插图(a)到插图(b)的变化过程。下分支可解释 RESET2 之前的缓变 RESET 阶段以及细丝尺寸从图 6-19 插图(b)到插图(c)的变化过程。到达 RESET1 点时,具有高电导或低电导的细丝会表现出完全不同的行为,如果初始电导较低,位于下分支,对于外加电压 V 的每一个小增量,电导都会表现出微小的下降,因为电导下降才能导致电压增加以维持温度 T_R,换句话说,存在一个负反馈来限制常压下的电导降低,从而导致台阶状渐变 RESET 行为。相反,如果细丝电导开始时较高,位于上分支,任何小的电导降低都会引起 V_{CF} 的增大,因为一部分电压会降落在串联电阻上。V_{CF} 的增大导致细丝温度(T_{CF})随之增大,并维持在 T_R 之上,直至细丝电导下降到下分支上。因此串联电阻效应解释了在具有高的初始电导的循环中观察到的在 RESET1 处的高 RESET 电流和电导突降现象。电导突降的幅度需要足够大,以便从上分支到达下分支。一旦电导降落至下分支,缓变型 RESET 就在下分支上接着进行。当然,在 RESET1 处直接一次性熔断而不经过下

分支的缓变 RESET 也是完全可能的，尤其是在细丝初始电导很高的情况下。

6.3.5　RESET 统计的蒙特卡罗模拟

根据热熔解模型对 RESET 统计结果进行了蒙特卡罗模拟。由于 RESET 过程与纳米尺度的单原子随机事件（即氧原子扩散并与细丝的单个氧空位复合）紧密相关，RESET 过程的模拟需要采用随机性方法，也就是蒙特卡罗方法。图 6-25 显示了开发的蒙特卡罗模拟器的流程图。

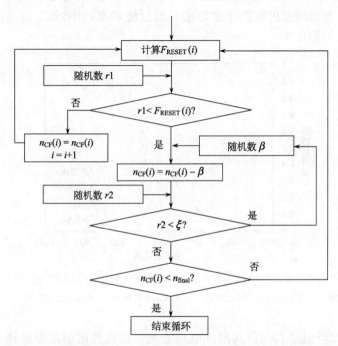

图 6-25　用于模拟 RESET 转变循环的蒙特卡罗模拟器的流程图[55]

RESET 概率 F_R 根据热熔解模型进行计算，细丝电导的演化随机性地取决于 F_R 和随机数 $r1$ 之间的比较，引入参数 ξ 用来描述连续 RESET 时间之间的关联性，并可以产生大的电导衰减，在实际的模拟中选取 $\xi=0.85$，单次电导衰减量（β）约为 0.5 并服从平均值为 0.5、标准偏差为 0.1 的高斯分布，n_{final} 约为 1 并服从平均值为 1、标准偏差为 0.3 的高斯分布

模拟中在每一时间间隔内，外加电压恒定为 $V(i)=i\times\Delta V$，细丝电导（n_{CF}）的演化随机性地取决于 RESET 概率 $F_R(i)$ 和随机数 $r1$ 之间的比较。热熔解模型中，RESET 发生的条件为细丝局域温度 $T_{\text{CF}}(i)$ 足够接近临界温度，也就是 RESET 温度 T_R 时点缺陷即氧空位从细丝中扩散出去，在这种情况下，在一个固定时间间隔内（即第 i 个模拟间隔内）发生的热激励 RESET 事件的平均数可表述为

$$n_{\text{events}}(i) = \exp\left\{\frac{E_a}{k_B}\left[\frac{1}{T_R} - \frac{1}{T_{CF}(i)}\right]\right\} \quad (6\text{-}32)$$

其中，E_a 为与氧扩散相关的激活能；k_B 为玻尔兹曼常量；$T_{CF}(i)$ 为第 i 个时间间隔内的细丝温度。在第 i 个模拟间隔内至少发生一次 RESET 事件的概率 $F_R(i)$ 可用泊松分布来计算：

$$F_R(i) = 1 - \exp[-n_{\text{events}}(i)] \quad (6\text{-}33)$$

根据这一概率分布，当细丝温度达到 T_R 时，约 63% 的样本已经发生了 RESET，RESET 温度分布的宽度取决于激活能，激活能越高，RESET 温度的分布就越窄，如图 6-26 所示。

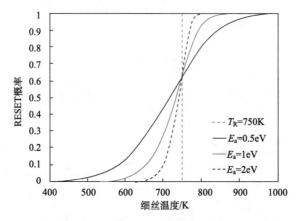

图 6-26 RESET 温度 $T_R = 750K$ 时不同激活能对应的 RESET 概率 $F_R(i)$

RESET 温度 T_R 决定尺度因子（即 63% 的 RESET 概率），而激活能决定概率分布

模拟中细丝温度 $T_{CF}(i)$ 与细丝电压有关，根据热熔解模型具体可用下面的表达式来表述：

$$T_{CF}(i) = T_0 + \frac{R_{th}(i)}{R_{CF}(i)} V_{CF}^2(i) \quad (6\text{-}34)$$

$$V_{CF}(i) = V(i)\frac{R_{CF}(i)}{R_{CF}(i) + R_s} \quad (6\text{-}35)$$

在 RESET1 点之前，R_{CF} 随温度的变化规律符合金属或重掺杂半导体中的规律[51]：

$$R_{CF}(i) = R_0[1 + \gamma\alpha(T_{CF}(i) - T_0)] \quad (6\text{-}36)$$

其中，γ 为对应于细丝形状的几何系数；α 为电阻-温度系数。对实验数据拟合可得出 $\gamma\alpha \sim 6 \times 10^{-4} K^{-1}$。

在每一个时间间隔内，通过比较一个随机数和转变概率 $F_R(i)$ 的大小来决定 RESET 事件发生与否，每发生一次 RESET 事件，细丝电导 G_{CF} 平均降低 $0.5\,G_0$。

(也就是 n_{CF} 平均降低 0.5)[49,62,63]。这种分立的电导降低的根源在于可以将细丝理解为由具有原子尺度的氧空位链构成的渗流网络组成,这些原子尺度氧空位链的电导在 G_0 量级[60]。一旦 G_{CF} 改变,则重新计算 T_{CF} 和 F_R,随机数 $r1$ 和变化了的 $F_R(i)$ 的比较多次重复,直至 G_{CF} 下降至 G_0 以下,此时认为细丝完成熔断。

模拟结果对参数 $R_\perp$ 和 E_a 的值最敏感。图 6-27 显示了所有参数均固定时的模拟结果,即 $T_R=750\text{K}$, $R_\perp=5\times10^6\text{K/W}$, $E_a=1\text{eV}$。对比图 6-27 的模拟结果与图 6-24 的实验结果,可以发现随机模拟准确地重演了 RESET 过程的所有实验现象和规律,表明热熔解模型解释了器件的 RESET 转变的全部过程和特征。

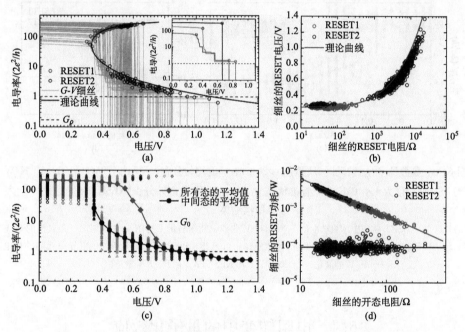

图 6-27 参数 E_a 和 $R_\perp$ 取固定值时($E_a=1\text{eV}$, $R_\perp=5\times10^6\text{K/W}$)RESET 转变的蒙特卡罗模拟结果[55]

(a)1250 次 RESET 循环中随机选取的 10% 的 G-V 曲线,插图显示了与图 6-19 相似的三条典型的 G-V 曲线;(b)RESET1 和 RESET2 点的 RESET 电压(V_R')-RESET 电阻(R_R')散点图;(c)1250 次连续 RESET 循环中电导分布随外加电压 V 的演化;(d)RESET1 和 RESET2 点的 RESET 功耗(P_R')-开态电阻(R_{ON}')散点图

图 6-27 模拟的 RESET 参数的统计波动明显低于实验结果,因此将 $R_\perp$ 和 E_a 的随机波动也引入蒙特卡罗模拟器中,这是合理的,因为细丝形状在每次循环中是变化的,细丝结构的局域原子规模的波动会导致局域输运和化学性质的显著变化。相应的模拟结果如图 6-28 所示,模拟结果更接近于实验结果。

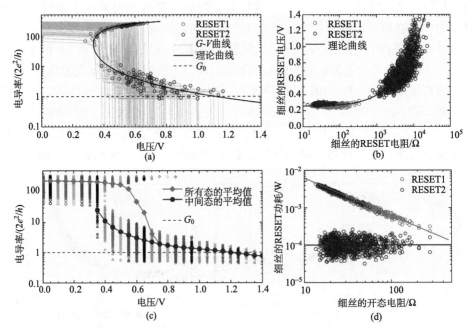

图 6-28 参数 E_a 和 $R_\perp$ 波动时(E_a 服从 0.8～1.4eV 的均匀分布，$R_\perp$ 处于 2×10^6～1×10^7 K/W 且服从平均值为 4×10^6 K/W、标准偏差为 3×10^6 K/W 的高斯分布)RESET 转变的蒙特卡罗模拟结果[55]

(a)1250 次 RESET 循环中随机选取的 10% 的 G-V 曲线，插图显示了与图 6-19 相似的三条典型的 G-V 曲线；(b)RESET1 和 RESET2 点的 V'_R-R'_R 散点图；(c)1250 次连续 RESET 循环中电导分布随外加电压 V 的演化；(d)RESET1 和 RESET2 点的 P'_R-R'_{ON} 散点图

6.4 电阻转变中的量子化效应

当导体的粗细与电子在介质中的费米波长(通常为纳米量级)相当时，这种纳米甚至原子尺度的导体会表现出量子尺寸效应[64-66]。由于电子的平均自由程大于纳米或原子尺度导体的直径，电子经过这种导体时没有散射，电子输运为弹道输运，而且是量子化的，电导是量子电导 $G_0 (=2e^2/h)$ 的倍数，这就是电导量子化效应。这种电导量子化效应已被广泛研究，很多材料和体系中都存在这种现象[67-70]。从 6.3 节的内容可以知道，阻变存储器中的导电细丝本质上是一个一维导电沟道，在特定情况下，如在 RESET 操作的后期，纳米细丝的最细部分会达到原子尺度，因此 RRAM 导电细丝会具有量子尺寸效应。研究人员首先在固态电解液中从实验上证实了原子尺度的数据存储是可行的，其电导变化是分立的，并以量子电导 G_0 为单位[71]。随后陆续在 ECM 和 VCM 器件中都发现了电导量子

化效应[49,60,62,63,71-78]，表 6-1 列举了具有电导量子化效应的 RRAM 器件或阻变体系及其相应的阻变机制、细丝类型和电导量子化的最小单位。RRAM 中的电导量子化效应是很有趣的现象，可以通过研究这种效应来进一步深入研究 RRAM 中的电子输运和电阻转变的物理本质，而且 RRAM 的量子化效应在高密度多值存储、量子信息处理和神经系统中还具有潜在的应用价值。本节将依次介绍 VCM 和 ECM 器件细丝的量子化效应。

表 6-1 阻变存储器或阻变体系中电导量子化的文献报道

RRAM 器件或阻变体系结构	阻变机制	细丝类型	电导量子化单位
Pt/HfO$_2$/Pt[49,60]	VCM	氧空位	0.5 G_0
W/GeO$_x$/SiO$_2$/NiSi$_2$[62]	VCM	氧空位	0.5 G_0
ITO/ZnO$_x$/ITO[63]	VCM	氧空位	0.5 G_0
p-Si/SiO$_x$/n-Si[72]	VCM	Si	0.5 G_0
Ti/HfO$_2$/TiN[78]	VCM	氧空位	—
Nb/ZnO$_x$/Pt[63]	ECM	Nb 或氧空位	G_0 或 0.5 G_0
Ag$_2$S 或 Cu$_2$S(间隙型原子开关)[71]	ECM	Ag	G_0
Ag/GeS$_2$/W[73]	ECM	Ag	G_0
Pt/AgI/Pt[74]	ECM	Ag	G_0
Ag/Ta$_2$O$_5$/Pt[75]	ECM	Ag	G_0
Ag/Ag$_2$S/Pt(STM 针尖)[76]	ECM	Ag	G_0
Ag 表面/W 针尖[77]	ECM	Ag	G_0
金属/a-Si:H/金属[79]	—	—	0.5 G_0
V/a-V$_2$O$_5$/V[80]	—	—	0.5 G_0

6.4.1 VCM 器件电阻转变中的量子化效应

在 6.3 节中讲到，单极性 Pt/HfO$_2$/Pt VCM 器件在电压扫描 RESET 过程中，在 RESET2 点附近，细丝的电导为量子电导量级，表面细丝结构在原子尺度波动。由于此时单个氧原子的扩散会对细丝电导值产生显著的影响，因此细丝电导表现出强烈的波动性和随机性，对于电导量子化效应的研究必须采用统计方法。图 6-29 显示了 Pt/HfO$_2$/Pt 器件在 100 次 RESET 转变操作的后期的电导-电压曲线，可以看出电导在一些分立值之间跳变，这些分立电导值大致为量子电导 G_0 $=2e^2/h$ 的倍数。这些结果与采用机械可控断裂结(mechanically controllable break junction)或扫描隧道显微镜(scanning tunneling microswpe, STM)等不同技术在原子尺度导体中观察到的量子尺寸效应相似[70,81]。图 6-30 是与图 6-29 对应的电导分布结果,电导在量子电导G_0的大致整数倍位置表现出明显的分布峰。直接观察到的电导-电压台阶和电导柱状分布都清楚地揭示了细丝具有明确的原子尺度结构。电导在量子电导G_0的整数倍位置的分布峰证明要么细丝表现为量子线(QW),要么纳米细丝的最细部分对应为几个原子大小的导电缺陷。

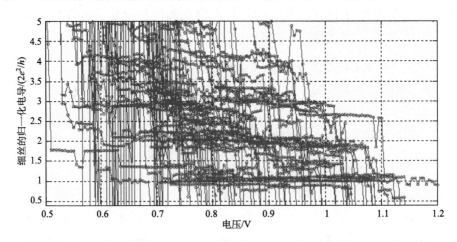

图 6-29 单极性 Pt/HfO$_2$/Pt VCM 器件在 100 次连续电压扫描 RESET 过程的后期(即 RESET2 点附近)的电导演化

电导在很有规律的平台之间变化

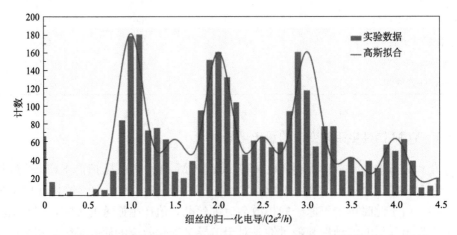

图 6-30 Pt/HfO$_2$/Pt 器件在 100 次连续电压扫描 RESET 过程的 RESET2 点的细丝电导柱状分布图,并用高斯分布进行了拟合

运用第一性原理计算方法对氧空位通道的输运性质进行了计算[49,60]。结果表明细丝处于连续状态时即在断裂之前,氧空位通道中的电子输运方式为带输运

(band transport)而不是跳跃输运(hopping transport)，并且可以支持多输运通道，细丝直径越大，通道数越多，电导就越高。另一方面，增大氧空位链中氧空位间距可以使 hopping 参数呈指数降低，这意味着在氧空位通道中开启一个断裂间隙会使电导呈指数降低，这与实验观察到的向高阻态的转变过程中所表现出的规律一致。量子电导 $G_0 = 2e^2/h$ 代表细丝的连续态($G > G_0$)和非连续态($G < G_0$)之间的自然边界。

从图 6-30 还可以知道，电导也在 G_0 整数倍附近波动。实际上，在 RESET2 点，细丝电导可表述为 $G_{R2} = m\beta G_0$。其中，m 为整数，代表一维量子力学导电模的数量；β 为耦合参数($0 < \beta < 1$)，可以描述限制导电模电导的几种效应。例如，在高偏压下也就是在非线性电导区，每一个导电的一维子带对细丝电导的贡献为 βG_0[62]。在原子尺度导电细丝或量子线中，电压主要降落在细丝与外围电极的界面上，β 的值为降落在阴极界面的电压所占的比例，其会随细丝的实际几何机构及其与外围电极的耦合情况的不同而变化。量子线中杂质的存在也会降低透射系数(transmission coefficient)使之低于 1，即使在线性区，电导也会低于 G_0。其他 RRAM 研究小组[63,73-75,77,78]也报道了类似的实验结果，包括观察到量子电导的整数倍和半整数倍。$\beta \approx 0.5$ 相应于两个细丝/电极界面的电压降非常对称的情况，几个小组的工作[49,62,63,72]都证实中间态的电导大多都集中在 $0.5 G_0$ 的整数倍附近。

Mehonic 等[72]也在由富硅的氧化硅材料制备的 p-Si/SiO$_x$/n-Si 器件中观察到电导量子化效应，其电导台阶和电导分布如图 6-31 所示。他们分析了电子在细丝的量子缩颈(quantum constriction)中的弹道传输，如图 6-32 所示，从而解释了观察到的量子化效应，认为量子化效应与 SiO$_x$ 材料中的单根硅细丝相关。

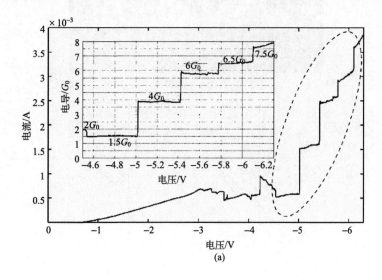

(a)

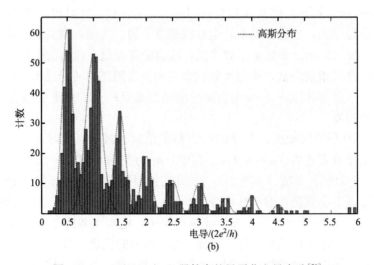

图 6-31 p-Si/SiO$_x$/n-Si 器件中的量子化电导台阶[72]

(a) I-V 曲线和 G-V 曲线(插图),可以发现几个电导值为 G_0 的半整数倍的电导台阶;(b)约 1000 个电导台阶的电导分布柱状图,在 G_0 的半整数倍位置存在明显的分布峰,并用高斯分布进行了拟合

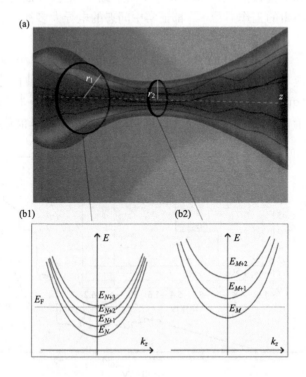

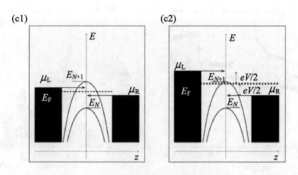

图 6-32 量子缩颈对电导的影响[72]

(a)细丝中心位置量子缩颈的结构示意图;(b1)缩颈附近位置的前四个电子子带,子带之间比较连续;(b2)局域效应最强的缩颈中心位置的前三个子带,子带之间分立明显;(c1)左右电极化学势差别较小,导致从左和从右进入的电子都落在同一子带上;(c2)左右电极化学势差别较大(即偏压较高),导致从左和从右进入的电子落在不同的子带上

6.4.2 ECM 器件电阻转变中的量子化效应

李润伟研究组对 ZnO 基阻变存储器开展了大量的有关电导量子化现象的实验研究,他们首先在 Nb/ZnO/Pt 器件中在室温下通过常规的电学测试发现 SET 过程中电导具有量子化现象,如图 6-33 所示。随后他们又精心设计了操作方法,SET 操作采用不同的限流来进行,每次 SET 后都用低压读取电导态,结果发现不同的限流可以得到不同的电导态,且限流越低,得到的电导越低;RESET 操作采用不同的停止电压来进行,每次 RESET 之后都用低压读取电导态,结果发现停止电压越大,电导越低,如图 6-34 所示。他们认为纳米尺度的导电细丝的形成和断裂是室温下分立量子电导现象的根源,并会导致电导振荡。

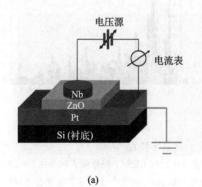

(a)

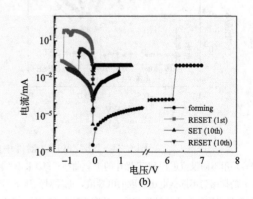

(b)

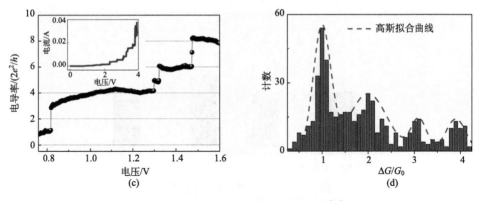

图 6-33 Nb/ZnO/Pt 器件的电阻转变[63]

(a)器件结构示意图；(b)双极性电阻转变特性；(c)SET 过程中测量的电导与偏压的关系，插图为 0~4V 的 I-V 曲线；(d)forming 和 SET 过程得到的电导变化量的柱状分布图及其高斯拟合曲线

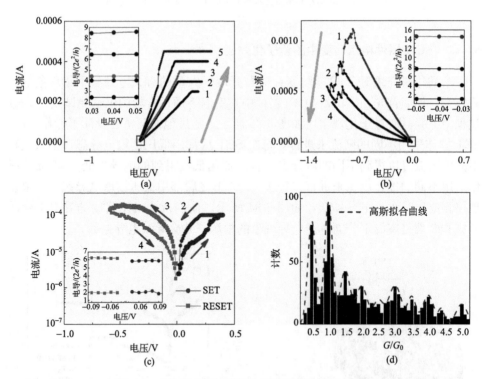

图 6-34 Nb/ZnO/Pt 器件中的量子化电导特性[63]

(a)采用不同限流进行 SET 操作的 I-V 曲线；(b)采用不同停止电压进行 RESET 操作的 I-V 曲线；(a)和(b)的插图为不同低电压读取的电导值，电导对低压下的读电压不敏感；(c)两个分立量子电导态之间的双极性电阻转变 I-V 特性曲线，插图为相应在低压下读取的电导值；(d)在大量 SET 和 RESET 操作中采用 0.03V 电压读取的电导值的柱状分布图及其高斯拟合曲线，在 G_0 的半整数倍位置存在明显的分布峰

Aono 小组 2005 年在 Nature 杂志上报道了一种量子电导原子开关 (quantized conductance atomic switch，QCAS)，通过控制两个电极之间的交叉点的原子桥(即原子尺度的金属导电细丝)的通和断来工作，器件的基本结构为硫化银下电极与铂上电极，器件的尺寸在原子尺度，而且可以在室温和空气中工作。QCAS 具体的器件结构及操作过程、工作原理在 3.1.4 节有详细的介绍，这里重点介绍其电导量子化效应。

图 6-35 显示了量子电导原子开关(QCAS)的实验转变结果，QCAS 具有可快速操作的特点。转变时间随偏压的增加呈指数降低，表明固态电化学反应决定转变速度，因此采用更细的交叉电极可以大大提升转变速度，有望在 0.4V 偏压下实现频率为 1GHz 的高速转变。

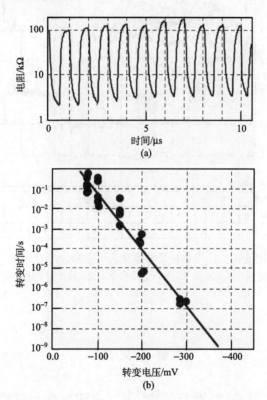

图 6-35　量子电导原子开关(QCAS)的实验转变结果[71]
(a)1MHz 下的转变结果，使用±600mV 的交替转变偏压；(b)QCAS 的电阻从一个关态(100kΩ)到一个开态(12.9kΩ，对应于量子电导G_0)所消耗的时间

采用交叉的固态电解液纳米线和金属电极纳米线，利用原子开关的电导量子化效应，可以制作基本的逻辑电路，如 AND、OR、NOT 逻辑门。QCAS 量子

化电导态之间的转变可以通过施加脉冲偏压来实现,只要脉冲电压高于电化学反应的阈值电压而低于阈值电压的偏压,则可以测量电导。QCAS 中的量子化电导相较于其他纳米线更容易控制,因此阵列中的多个 QCAS 的量子化电导态也可以独立控制。图 6-36 显示了一个大小为 1×2 的 QCAS 阵列,具有加法器的功能,也可以用做多态存储器,仅使用两个开关就可以存储 16 个态。当然这种原子开关及阵列还存在很多具体的问题,如高电导值的量子化电导态的可控性较差、各种电导态的可重复性也不够好等,这些问题需要通过进一步的深入研究来解决。

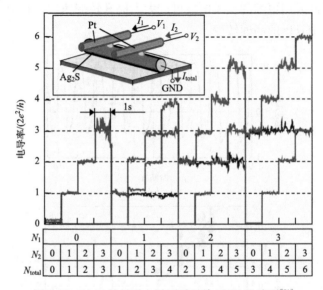

图 6-36 1×2 的量子电导原子开关(QCAS)阵列[71]

每一个通道的电导可在 0、G_0、$2G_0$、$3G_0$ 四个态中独立变化,操作中使用脉宽为 50ms 的脉冲电压,幅度分别为 200mV(从 0 到 1)、100mV(从 1 到 2)、80mV(从 2 到 3)、-260mV(从 3 到 0)

参 考 文 献

[1] Waser R, Dittmann R, Staikov G, et al. Redox-based resistive switching memories-nanoionic mechanisms, prospects, and challenges. Advanced Materials, 2009, 21: 2632-2663.

[2] Waser R, Aono M. Nanoionics-based resistive switching memories. Nature Materials, 2007, 6: 833-840.

[3] Sawa A. Resistive switching in transition metal oxides. Materials Today, 2008, 11: 28-36.

[4] Yang J J, Strukov D B, Stewart D R. Memristive devices for computing. Nature Nanotechnology, 2013, 8: 13-24.

[5] Lin W P, Liu S J, Gong T, et al. Polymer-based resistive memory materials and devices. Advanced Materials, 2014, 26: 570-606.

[6] Lanza M. A review on resistive switching in high-k dielectrics: a nanoscale point of view using conductive atomic force microscope. Materials, 2014, 7: 2155-2182.

[7] Pan F, Chen C, Wang Z S, et al. Nonvolatile resistive switching memories-characteristics, mechanisms and challenges. Progress in Natural Science: Materials International, 2010, 20: 1-15.

[8] Bao D. Tansition metal oxide thin films for nonvolatile resistive random access memory applications. Journal of the Ceramic Society of Japan, 2009, 117: 929-934.

[9] Zhu X J, Shang J, Li R W. Resistive switching effects in oxide sandwiched structures. Frontiers of Materials Science, 2012, 6: 1-24.

[10] Prakash A, Jana D, Maikap S. TaO_x-based resistive switching memories: prospective and challenges. Nanoscale Research Letters, 2013, 8: 418.

[11] Tian X Z, Wang L F, Li X M, et al. Recent development of studies on the mechanism of resistive memories in several metal oxides. Science China Physics, Mechanics & Astronomy, 2013, 56: 2361-2369.

[12] Zhang K, Long S, Liu Q, et al. Progress in rectifying-based RRAM passive crossbar array. Science China Technological Sciences, 2011, 54: 811-818.

[13] Shang D S, Sun J R, Shen B G, et al. Resistance switching in oxides with inhomogeneous conductivity. Chinese Physics B, 2013, 22: 067202.

[14] Li Y, Long S, Liu Q, et al. An overview of resistive random access memory devices. Chinese Science Bulletin, 2011, 56: 3072-3078.

[15] Lee M J, Lee C B, Lee D, et al. A fast, high-endurance and scalable non-volatile memory device made from asymmetric Ta_2O_{5-x}/TaO_{2-x} bilayer structures. Nature Materials, 2011, 10: 625-630.

[16] Lee H Y, Chen P S, Wu T Y, et al. HfO_x bipolar resistive memory with robust endurance using Al-Cu as buffer electrode. IEEE Electron Device Letters, 2009, 30: 703-705.

[17] Zhao J W, Liu F J, Sun J, et al. Low power consumption bipolar resistive switching characteristics of ZnO-based memory devices. Chinese Optics Letters, 2012, 10: 013102.

[18] Bai Y, Wu H Q, Zhang Y, et al. Low power W: AlO_x/WO_x bilayer resistive switching structure based on conductive filament formation and rupture mechanism. Applied Physics Letters, 2013, 102: 173503.

[19] Zhang L J, Huang R, Gao D J, et al. Unipolar resistive switch based on silicon monoxide realized by CMOS technology. IEEE Electron Device Letters, 2009, 30: 870-872.

[20] Huang R, Zhang L J, Gao D J, et al. Resistive switching of silicon-rich-oxide featuring high compatibility with CMOS technology for 3D stackable and embedded applications. Applied Physics A, 2011, 102: 927-931.

[21] Guan X M, Yu S M, Wong H S P. On the switching parameter variation of metal-oxide RRAM—Part I: physical modeling and simulation methodology. IEEE Transactions on Electron Devices, 2012, 59: 1172-1182.

[22] Long S, Cagli C, Ielmini D, et al. Analysis and modeling of resistive switching statistics. Journal of Applied Physics, 2012, 111: 074508.

[23] Long S, Lian X, Cagli C, et al. Compact analytical models for the SET and RESET switching statistics of RRAM inspired in the cell-based percolation model of gate dielectric breakdown. IEEE International Reliability Physics Symposium(IRPS), 2013: 5A. 6. 1-5A. 6. 8.

[24] Yang Y, Gao P, Gaba S, et al. Observation of conducting filament growth in nanoscale resistive memories. Nature Communications, 2012, 3: 732.

[25] Rozenberg M J, Inoue I H, Sànchez M J. Nonvolatile memory with multilevel switching: a basic model. Physical Review Letters, 2004, 92: 178302.

[26] Lee J S, Lee S B, Chang S H, et al. Scaling theory for unipolar resistance switching. Physical Review Letters, 2010, 105: 205701.

[27] Lee H D, Magyari-Köpe B, Nishi Y. Model of metallic filament formation and rupture in NiO for unipolar switching. Physical Review B, 2010, 81: 193202.

[28] Chen B, Lu Y, Gao B, et al. Physical mechanisms of endurance degradation in TMO-RRAM. IEEE International Electron Devices Meeting Technical Digest, 2011: 12.3.1-12.3.4.

[29] Lu Y, Gao B, Fu Y, et al. A simplified model for resistive switching of oxide-based resistive random access memory devices. IEEE Electron Device Letters, 2012, 33: 306-308.

[30] Miranda E A, Walczyk C, Wenger C, et al. Model for the resistive switching effect in HfO_2 MIM structures based on the transmission properties of narrow constrictions. IEEE Electron Device Letters, 2010, 31: 609-611.

[31] Miao F, Strachan J P, Yang J J, et al. Anatomy of a nanoscale conduction channel reveals the mechanism of a high-performance memristor. Advanced Materials, 2011, 23: 5633-5640.

[32] Syu Y E, Chang T C, Tsai T M, et al. Redox reaction switching mechanism in RRAM device with Pt/$CoSiO_x$/TiN structure. IEEE Electron Device Letters, 2011, 32: 545-547.

[33] Syu Y E, Chang T C, Lou J H, et al. Atomic-level quantized reaction of HfO_x memristor. Applied Physics Letters, 2013, 102: 172903.

[34] Chu T J, Chang T C, Tsai T M, et al. Charge quantity influence on resistance switching characteristic during forming process. IEEE Electron Device Letters, 2013, 34: 502-504.

[35] Zhang L, Huang R, Hsu Y Y, et al. Statistical analysis of retention behavior and lifetime prediction of HfO_x-based RRAM. IEEE International Reliability Physics Symposium(IRPS), 2011: MY.8.1-MY.8.5.

[36] Long S, Cagli C, Ielmini D, et al. Reset statistics of NiO-based resistive switching memories. IEEE Electron Device Letters, 2011, 32: 1750-1752.

[37] Long S, Lian X, Cagli C, et al. A model for the set statistics of RRAM inspired in the percolation model of oxide breakdown. IEEE Electron Device Letters, 2013, 34: 999-1001.

[38] Long S, Lian X, Ye T, et al. Cycle-to-cycle intrinsic RESET statistics in HfO_2-based unipolar RRAM devices. IEEE Electron Device Letters, 2013, 34: 623-625.

[39] Yang X, Long S, Zhang K, et al. Investigation on the RESET switching mechanism of bipolar Cu/HfO_2/Pt RRAM devices with a statistical methodology. Journal of Physics D: Applied Physics, 2013, 46: 245107.

[40] Suñé J. New physics-based analytic approach to the thin-oxide breakdown statistics. IEEE Electron Device Letters, 2001, 22: 296-298.

[41] Kozicki M N, Park M, Mitkova M. Nanoscale memory elements based on solid-state electrolytes. IEEE Transactions on Nanotechnology, 2005, 4: 331-338.

[42] Guan W, Liu M, Long S, et al. On the resistive switching mechanisms of Cu/ZrO_2:Cu/Pt. Applied Physics Letters, 2008, 93: 223506.

[43] Seo S, Lee M J, Seo D H, et al. Reproducible resistance switching in polycrystalline NiO films. Applied Physics Letters, 2004, 85: 5655-5657.

[44] Shang D S, Shi L, Sun J R, et al. Local resistance switching at grain and grain boundary surfaces of polycrystalline tungsten oxide films. Nanotechnology, 2011, 22: 254008.

[45] Lanza M, Bersuker G, Porti M, et al. Resistive switching in hafnium dioxide layers: local phenomenon at grain boundaries. Applied Physics Letters, 2012, 101: 193502.

[46] Lanza M, Zhang K, Porti M, et al. Grain boundaries as preferential sites for resistive switching in the HfO_2 resistive random access memory structures. Applied Physics Letters, 2012, 100: 123508.

[47] Iglesias V, Lanza M, Porti M, et al. Nanoscale observations of resistive switching high and low conductivity states on $TiN/HfO_2/Pt$ structures. Microelectronics Reliability, 2012, 52: 2110-2114.

[48] Szot K, Speier W, Bihlmayer G, et al. Switching the electrical resistance of individual dislocations in single-crystalline $SrTiO_3$. Nature Materials, 2006, 5: 312-320.

[49] Long S, Lian X, Cagli C, et al. Quantum-size effects in hafnium-oxide resistive switching. Applied Physics Letters, 2013, 102: 183505.

[50] Conde A, Martínez C, Jiménez D, et al. Modeling the breakdown statistics of Al_2O_3/HfO_2 nanolaminates grown by atomic layer-deposition. Solid-State Electronics, 2012, 71: 48-52.

[51] Ielmini D, Nardi F, Cagli C. Physical models of size-dependent nanofilament formation and rupture in NiO resistive switching memories. Nanotechnology, 2011, 22: 254022.

[52] Russo U, Ielmini D, Cagli C, et al. Filament conduction and reset mechanism in NiO-based resistive-switching memory (RRAM) devices. IEEE Transactions on Electron Devices, 2009, 56: 186-192.

[53] Russo U, Ielmini D, Cagli C, et al. Self-accelerated thermal dissolution model for reset programming in unipolar resistive-switching memory (RRAM) devices. IEEE Transactions on Electron Devices, 2009, 56: 193-200.

[54] Tsuji Y, Sakamoto T, Banno N, et al. Off-state and turn-on characteristics of solid electrolyte switch. Applied Physics Letters, 2010, 96: 023504.

[55] Long S, Perniola L, Cagli C, et al. Voltage and power-controlled regimes in the progressive unipolar RESET transition of HfO_2-Based RRAM. Scientific Reports, 2013, 3: 2929.

[56] Luo W C, Lin K L, Hou T H, et al. Rapid prediction of RRAM RESET-state disturb by ramped voltage stress. IEEE Electron Device Letters, 2012, 33: 597-599.

[57] Luo W C, Liu J C, Hou T H, et al. Statistical model and rapid prediction of RRAM SET speed-disturb dilemma. IEEE Transactions on Electron Devices, 2013, 60: 3760-3766.

[58] Luo W C, Liu J C, Hou T H, et al. RRAM SET speed-disturb dilemma and rapid statistical prediction methodology. IEEE International Electron Devices Meeting Technical Digest, 2011: 9.5.1-9.5.4.

[59] Lian X, Miranda E, Long S B, et al. Three-state resistive switching in HfO_2-based RRAM. Solid-State Electronics, 2014, 98: 38-44.

[60] Cartoixà X, Rurali R, Suñé J. Transport properties of oxygen vacancy filaments in metal/crystalline or amorphous HfO_2/metal structures. Physical Review B, 2012, 86: 165445.

[61] Lee S B, Chao S C, Chang S H, et al. Scaling behaviors of reset voltages and currents in unipolar resistance switching. Applied Physics Letters, 2008, 93: 212105.

[62] Miranda E, Kano S, Dou C, et al. Nonlinear conductance quantization effects in CeO_x/SiO_2-based resistive switching devices. Applied Physics Letters, 2012, 101: 012910.

[63] Zhu X, Su W, Liu Y, et al. Observation of conductance quantization in oxide-based resistive switching memory. Advanced Materials, 2012, 24: 3941-3946.

[64] Takayanagi K. Suspended gold nanowires: ballistic transport of electrons. JSAP International, 2001, 3: 3-8.

[65] Muller C J, Reed M A. There is plenty of room between two atom contacts. Science, 1996, 272: 1901-1902.

[66] Ohnishi H, Kondo Y, Takayanagi K. Quantized conductance throughindividual rows of suspended gold atoms. Nature, 1998, 395: 780-783.

[67] Patel N K, Martinmoreno L, Pepper M, et al. Ballistic transport in one dimension-additional quantization produced by an electric-field. Journal of Physics-Condensed Matter, 1990, 2: 7247.

[68] Patel N K, Nicholls J T, Martinmoreno L, et al. Evolution of half plateaus as a function of electric field in a ballistic quasi-one dimensional constriction. Physical Review B, 1991, 44: 13549.

[69] Martin-Moreno L, Nicholls J T, Patel N K, et al. Nonlinear conductance of a saddle-point constriction. Journal of Physics-Condensed Matter, 1992, 4: 1323.

[70] Agraita N, Levy Y A, van Ruitenbeek J M. Quantum properties of atomic-sized conductors. Physics Reports, 2003, 377: 81-279.

[71] Terabe K, Hasegawa T, NakayamaT, et al. Quantized conductance atomic switch. Nature, 2005, 433: 47-50.

[72] Mehonic A, Vrajitoarea A, Cueff S, et al. Quantum conductance in silicon oxide resistive memory devices. Scientific Reports, 2013, 3: 2708.

[73] Jameson J R, Gilbert N, Koushan F, et al. Quantized conductance in $Ag/GeS_2/W$ conductive-bridge memory cells. IEEE Electron Device Letters, 2012, 33: 257-259.

[74] Tappertzhofen S, Valov I, Waser R. Quantum conductance and switching kinetics of AgI-based microcrossbar cells. Nanotechnology, 2012, 23: 145703.

[75] Tsuruoka T, Hasegawa T, Terabe K, et al. Conductance quantization and synaptic behavior in a Ta_2O_5-based atomic switch. Nanotechnology, 2012, 23: 435705.

[76] Wagenaar J J T, Morales-Masis M, van Ruitenbeek J M. Observing "quantized" conductance steps in silver sulfide: two parallel resistive switching mechanisms. Journal of Applied Physics, 2012, 111: 014302.

[77] Geresdi A, Halbritter A, Gyenis A, et al. From stochastic single atomic switch to nanoscale resistive memory device. Nanoscale, 2011, 3: 1504-1507.

[78] Syu Y E, Chang T C, Lou J H, et al. Atomic-level quantized reaction of HfO_x memristor. Applied Physics Letters, 2013, 102: 172903.

[79] Hajto J, McAuley B, Snell A J, et al. Theory of room temperature quantized resistance effects in metal-a-Si: H-metal thin film structures. Journal of Non-Crystalline Solids, 1996, 198-200: 825-828.

[80] Yun E J, Becker M F, Walser R M. Room temperature conductance quantization in $V_{\|}$ amorphous-$V_2O_{5\|}$ V thin film structures. Applied Physics Letters, 1993, 63: 2493.

[81] Schmidt T, Martel R, Sandstrom R L, et al. Current-induced local oxidation of metal films: mechanism and quantum-size effects. Applied Physics Letters, 1998, 73: 2173.

第7章 阻变存储器性能改善

本章主要介绍 RRAM 器件性能改善的方法。相比于其他材料体系的 RRAM 器件，以二元金属氧化物作为阻变功能层的 RRAM 器件具有更多的优势，因而受到更广泛的关注。目前，大多数性能改善的方法集中在基于这类材料的 RRAM 体系结构中[1-14]。针对 RRAM 器件性能存在的问题（操作电压过高、转变参数离散性过大、耐受力不好等），广大科研工作者提出了各种优化 RRAM 器件性能的方法，主要包括材料的优化、结构的优化、操作方法的优化三个方面[8,15-29]。这些方法也同样适用于其他材料体系的 RRAM 器件。

7.1 材料优化

RRAM 器件组成简单，多为金属电极-阻变功能层-金属电极（MIM）和金属电极-阻变功能层-硅（MIS）结构，电阻转变现象与电极材料和阻变功能层材料均有较大的关系。

7.1.1 电极材料优化

构成 RRAM 器件的电极材料主要分为两类：一类是采用 Cu、Ag、Ni 等活性（易扩散的）金属作为上电极（阳极）材料，另一类是采用非活性（不易扩散的）金属或惰性金属，如 Al、Cr、Ti、W、Au、Pt 等上电极材料；下电极（阴极）一般采用非活性金属或惰性金属。当采用 Cu（Ag、Ni）作为上电极材料时，Cu（Ag、Ni）会在电场作用下发生电化学反应并扩散到阻变功能层中，形成由 Cu（Ag、Ni）粒子构成的金属细丝通道，因此这类器件通常被称为导电桥存储器或可编程金属化单元，也被称为固态电解液器件。采用非活性金属或惰性金属作为上电极材料时，通常会在体内形成由氧空位细丝构成的导电通道。当采用不同金属作为上电极材料时，由于金属性质各不相同，因此由此制备的 RRAM 器件性能也相差很大。例如，Lin 等[30]报道在 TE/HfO_2/Pt（TE=TiN/Ti、Ta、Pt、Cu、Ni）器件结构中，所有的电极材料都可以实现双极性转变，这时 HfO_2 体内形成的主要是氧空位导电细丝；只有上电极为 Cu 或 Ni 时，器件才能表现出无极性操作的特性，此时 HfO_2 体内形成的主要是 Cu 或 Ni 粒子构成的导电细丝。

在由 Cu（Ag、Ni）材料等构成的固态电解液类型的器件中，离子在固态电解液中的迁移率对器件的电阻转变过程有直接影响。离子在固态电解液中的迁移率大时,在较低的电压下导电细丝就可以形成,电阻转变也容易实现。因此,选取迁移率大的材料做电极可以降低固态电解液基 RRAM 器件的转变电压。由于 Ag^+ 比 Cu^+ 具有更高的离子迁移率[31],Li 等[32]报道当采用 Ag 金属作为活性材料在 $Au/ZrO_2/Ag$ 结构中实现了较低的操作电压,SET 过程和 RESET 过程的平均操作电压分别为$-0.5V$ 和 $0.6V$(测试过程中 Ag 电极接地)。与 Cu/ZrO_2:Cu/Pt 结构器件[33]相比,操作电压有较大幅度的下降。

在氧空位型的 RRAM 器件中,活泼的电极材料可以从氧化物阻变功能层中夺取氧原子,增大阻变功能层里面氧空位的浓度,从而降低 forming 电压。Tsai 小组[34]研究了金属电极(AlCu、Ti)对 HfO_x 基 RRAM 的 forming 电压的影响。如图 7-1 所示,他们发现在同样条件下,$TiN/Ti/HfO_x/TiN$ 器件结构中的 forming 电场比 $TiN/AlCu/HfO_x/TiN$ 器件结构中的要低,并且 forming 电场与后退火的温度有关。通过进一步的实验和分析,他们认为 Ti 比 AlCu 能从 HfO_x 中吸收更多的氧原子,在阻变功能层 HfO_x 中造成更多的缺陷,因而造成更低的 forming 电压。另外,后退火的温度越高,越有利于 Ti 从 HfO_x 中夺氧,因此 forming 电压也越低。

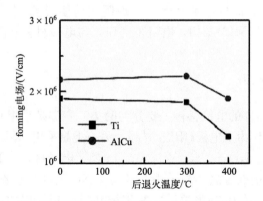

图 7-1 $TiN/Ti/HfO_x/TiN$ 和 $TiN/AlCu/HfO_x/TiN$ 两种器件
结构中后退火温度对 forming 电场的影响[34]

另外,Tsai 小组[34,35]还系统地研究了 HfO_x 体系下不同活性的金属电极(AlCu、Ti、Ta)对阻变器件性能的影响。相比于 AlCu 电极的 RRAM 器件,当采用吉布斯自由能较低的金属材料(Ti、Ta 等)做电极时,$TiN/Ti/HfO_x/TiN$ 的器件的开关比增大了 20 倍(图 7-2),抗疲劳特性提高了 10 倍,速度提高了 5 倍,而且器件的良率也提高了很多。他们认为当用 Ti(Ta)做电极时,Ti(Ta)很容易与阻变功能层中的氧原子反应而生成相应的氧化物界面层[36]。在 SET 的过程中,这层界面层可以贮存氧原子,防止氧原子的流失;而在 RESET 过程中,它可以提供氧原子去还原氧空位。它们所具有的这种和氧结合的能力,常被称为

"氧气贮存池"(oxygen reservoir),有利于提高 RRAM 的器件性能。相比 Ti(Ta) 等低吉布斯自由能较低的金属电极,AlCu 的夺氧能力要弱于它们。因此,用 AlCu 做电极时的器件性能比用 Ti(Ta) 做电极时的器件性能差。

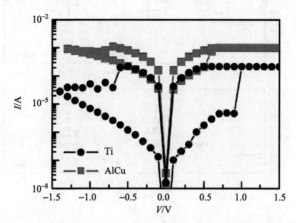

图 7-2 TiN/Ti/HfO$_x$/TiN 和 TiN/AlCu/HfO$_x$/TiN 两种器件中典型的 I-V 曲线[34]

Lin 等[23]在研究不同电极对 ZrO$_2$ 器件性能的影响时发现,在连续的电阻转变过程中,Al 和 Pt 作为上电极材料的 ZrO$_2$ 器件阻变参数离散性很大,而用 Ti 做上电极材料时,器件表现出优异的性能,如图 7-3 所示。这是因为在氧化物薄膜中存在的氧离子、氧空位等与氧相关的缺陷会极大地影响到器件的电阻转变特性,而 Ti 具有吸附氧离子的能力,可使 Ti 电极和 ZrO$_2$ 薄膜的界面产生较多的氧空位并因此而改变 ZrO$_2$ 薄膜中的氧空位分布。另外,在 RRAM 器件的电阻转变过程中,Ti 电极可起到氧离子贮存池的作用,在 SET 过程中吸附氧离子,在 RESET 过程中释放氧离子,从而使 RRAM 器件实现了较好的电阻转变特性。

与此类似,Chang 等[37]在研究 TE/ZnO$_x$/Pt(TE = Pt、Al、Cr)结构的 RRAM 器件中也发现,采用 Cr 做上电极时,器件性能比使用 Al 或 Pt 做上电极有较大的改善,如转变电压更低而且集中,高低阻态的电阻离散性更小。TEM 分析发现(图 7-4(a)和(c)),在 Cr 电极和 ZnO 中间出现了一层较为平整分布的 CrO$_x$ 层,即 Cr 从 ZnO 中夺取了部分氧。这层 CrO$_x$ 界面层在电阻转变的过程中起到氧离子贮存池的作用,在 RESET 过程中可提供足够的氧离子,使之与氧空位导电细丝充分复合。尽管在 Al/ZnO$_x$/Pt 结构中也出现了一层 AlO$_x$ 的界面层(图 7-4(b)和(d)),但 AlO$_x$ 与 ZnO$_x$ 的界面层粗糙度较大,对器件的电阻转变过程有一定的影响;另外,Al—O 的结合能较 Cr—O 大,在一定程度上不利于氧离子的吸附与释放,从而也对器件的性能造成了不利的影响。

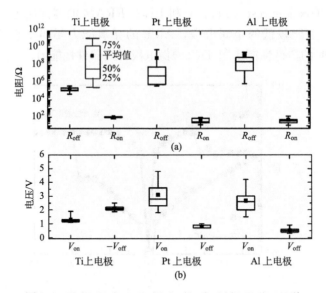

图 7-3　Ti/ZrO$_2$/Pt、Pt/ZrO$_2$/Pt 和 Al/ZrO$_2$/Pt 三种上电极器件阻变参数的分布统计比较[23]

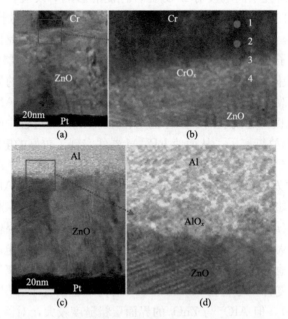

图 7-4　(a)Cr/ZnO$_x$/Pt 器件的 TEM 截面图；(b)图(a)中区域的放大；(c)Al/ZnO$_x$/Pt 器件的 TEM 截面图；(d)图(c)中区域的放大[37]

在以氧空位导电细丝为主导的 RRAM 器件中，器件的工作环境也是影响器件性能的一个因素。另外，电极的致密性和电极的厚度也会影响到器件的性能。Goux 等[19]在研究 Pt/HfO$_2$/TiN 结构的 RRAM 器件时发现，环境气氛和 Pt 上电极的厚度对 RRAM 器件的性能有着重大的影响：由于 Pt 电极结构不够致密，如果在氧缺乏的环境中（如真空或氮气环境）进行 forming 或 SET 操作，当氧化物薄膜中的氧离子迁移到 Pt 电极处时会被还原成氧气从 Pt 电极逸出，同时氧离子也会经由与环境接触的部分散失，这将造成氧化物薄膜中氧离子缺失，使得在后续的 RESET 过程中氧空位细丝无法得到足够的氧离子被还原，从而导致 RESET 过程进行得不完全，因而致使器件的特性恶化，甚至器件失效。这种情况在 Pt 电极厚度较薄表现得尤为严重（Yang 等[38]在器件中观察到经多次重复操作后，Pt 上电极形成气泡，研究表明是操作过程中产生氧气从上电极逸出，造成上电极破损，这从另外一个方面证明了这一点）。不过，如果将这种失效的器件放在纯氧气环境中进行高温退火处理，这些失效的器件又会不同程度地恢复到高阻态，Pt 电极较薄的器件甚至恢复到 forming 操作以前的状态，表明由于欠氧而无法被还原的导电细丝此时被完全还原，并且这些器件中的一部分还可以进行正常的操作。实验中还发现，如果把 TiN 作为阳极使用，器件的特性较 Pt 作为阳极有了较大改善，这是因为一方面将底电极 TiN 作为阳极时，氧离子会聚集在底电极附近，无法透过底电极扩散到周围环境中；另一方面 TiN 具有吸附氧离子的能力，可将氧离子储存在 TiN 电极附近，并在 RESET 过程中释放到阻变功能层中，使得氧空位导电细丝得到充分还原，从而提高了器件的性能。

因此，通过选择合适的电极材料，可以改善和优化器件的电阻转变特性。

7.1.2 阻变功能层材料优化

阻变功能层是 RRAM 器件中电阻转变现象发生的重要区域，在适当的激励条件下，原本呈高阻态的阻变层中形成由金属粒子组成的导电细丝或由氧空位等缺陷形成的导电通道而变成低阻状态；而在另一种激励条件下，这些导电细丝（通道）发生断裂，从而使器件由低阻态转变为高阻态。目前的研究发现，阻变材料中的缺陷或杂质是诱导 RRAM 器件发生电阻转变的主要因素。有意或者无意地控制阻变功能层中的缺陷或杂质的分布，可以有效地改善器件的阻变特性。一般来说，对阻变功能层材料可以从以下几个方面进行优化：

（1）调节阻变功能层的结晶状态。一般来说，由于导电通道大多沿薄膜材料中的晶界生长，薄膜的结晶状态将会对器件的电阻转变参数造成一定的影响，例如，Schindler[39]发现，当把 SiO$_2$ 薄膜在 100~600℃ 的高温下进行退火，SiO$_2$ 薄膜的密度从室温时的约 2.1g/cm^3 增加到 2.6g/cm^3，由此造成 forming 电压从未退火的 4V 增加到 7.5V 左右。这是因为金属离子在氧化物薄膜中的迁移大多通过一些空位等薄膜中的缺陷实现，致密的薄膜会造成迁移的困难，故需要更高的电场在氧化物薄膜中产生导电通道。Lin 等[30]也报道了在高温下生长的 HfO_2 薄膜具有更好的结晶度，然而器件的电阻转变电压较大。另外，薄膜的化学配比也会影响器件的良率，例如，Lee 等[20]报道了在非化学配比的 ZrO_2 器件中实现了电阻转变功能，然而器件的良率较低。通过调整 ZrO_2 薄膜的化学成分，采用完全化学配比的 ZrO_2 薄膜，Wu 等[40]提高了器件的良率。

(2) 掺杂离子。离子掺杂是改变阻变功能层内部缺陷或杂质分布一种有效的方法。Guan 等[33]在 $Cu/ZrO_2/Pt$ 结构的 ZrO_2 功能层中掺入 Cu，制备了 $Cu/ZrO_2:Cu/Pt$ 结构的 RRAM 器件。结果发现，尽管初始电阻仍为高阻态，但 Cu 的加入使得通常所必需的电激励(forming)过程消失，即制备的 RRAM 器件不再需要一个高电压来激活器件，并且器件展现出良好的电阻转变特性(图 7-5(a))和数据保持特性(图 7-5(b))。对器件温度特性的分析发现，低阻态电阻值随温度的升高而增大，表现出金属性的特点，而高阻态电阻则与温度成指数关系，如图 7-6(a)所示。因此 Guan 等认为，SET 过程中，在电场的作用下 Cu 原子发生了电化学反应，在 ZrO_2 薄膜中形成了由 Cu 原子构成的金属细丝导电通道，使得器件从高阻态转变到低阻态，如图 7-7(a)所示；而在 RESET 过程中，在热作用的辅助下，Cu 原子被氧化，使得 Cu 导电细丝断裂而最终使器件从低阻态转变回高阻态，如图 7-7(b)所示。

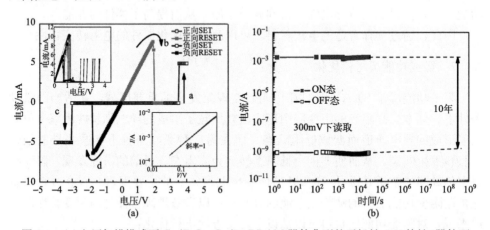

图 7-5 (a)电压扫描模式下 $Cu/ZrO_2:Cu/Pt$ RRAM 器件典型的无极性 I-V 特性(器件面积：$3\mu m \times 3\mu m$，上插图为 10 个扫描周期的电阻转变曲线，下插图为双对数坐标下器件 I-V 特性的拟合图，表明 I-V 呈线性关系)；(b)室温下 $Cu/ZrO_2:Cu/Pt$ 器件的数据保持特性[33]

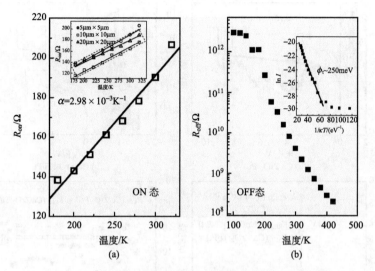

图 7-6　Cu/ZrO$_2$:Cu/Pt RRAM 器件低阻态电阻(a)和
高阻态电阻(b)的温度特性[33]

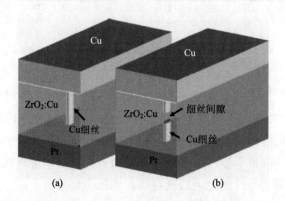

图 7-7　Cu/ZrO$_2$:Cu/Pt RRAM 阻变器件中低阻态(a)和
高阻态(b)中导电细丝的示意图[33]

离子注入是现代半导体工艺中常用的掺杂手段[41,42]，因此用离子注入的方法对氧化物薄膜进行掺杂具有工艺简单、易于控制的优点。Liu 等[17,43,44]采用离子注入的方法向 ZrO$_2$ 薄膜中注入 Zr、Au、Ti 等金属杂质，制备了性能良好的掺杂 ZrO$_2$ RRAM 器件。如图 7-8 所示，经离子注入掺杂后，ZrO$_2$ RRAM 器件的电阻转变参数得到了较大的改善，例如，器件的转变电压变小[44]、器件的forming 过程消失、转变参数的均一性有了较大的提高、存储窗口变大[17]，并且器件表现出较好的耐受力特性等。

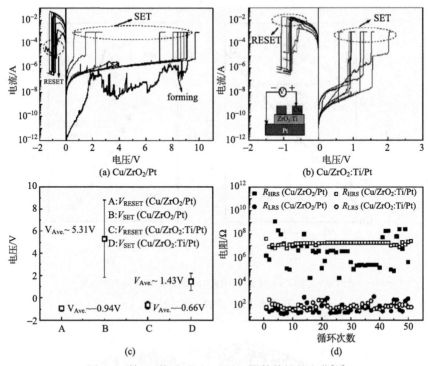

图 7-8 掺 Ti 前后 Cu/ZrO$_2$/Pt 器件特性的变化[44]

Zhang 等[45,46]用实验证实了在基于薄膜器件的 RRAM 器件中，三价金属元素 Al^{3+}、Gd^{3+}的加入有效地改善了 RRAM 器件的电阻转变特性。三价元素的加入不仅可有效地降低 ZrO$_2$ 器件中氧空位的形成能，使得氧空位在较小的电压激励下即可形成，降低了器件的操作电压，而且能使导电细丝在掺杂元素附近优先生长，因而改善了器件的电阻转变特性，如图 7-9 所示。

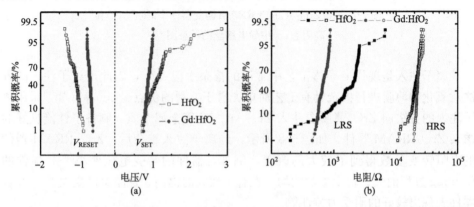

图 7-9 Gd 掺杂 HfO$_2$ 器件在 100 个直流扫描循环中转变电压(a)和高低态电阻(b)分布[45]

Syu 等[47]研究了 Si 掺杂的 WO_x 器件。如图 7-10 所示，在 Si 掺入 WO_x 薄膜后，器件的电阻转变参数有了较大的改善和提高，存储窗口更大，转变参数更加集中，而且在高达 250℃的高温下数据可保持 10^5 s 以上而不发生改变。

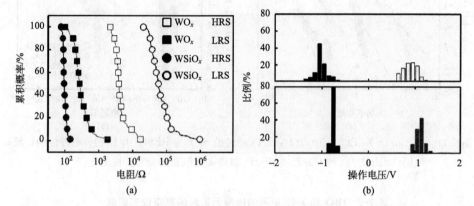

图 7-10 未掺 Si 和掺 Si 的 WO_x 薄膜 RRAM 器件的电阻转变特性比较[47]

材料分析表明，由于 Si 具有较低的氧化自由能[48]，Si 原子的加入会从 WO_x 薄膜夺取氧生成 $WSiO_x$ 混合层，并会生成金属性的 W 成分。在 forming 过程中，金属性的 W 离子会转变成金属性的 W 原子并形成被 SiO_x 包裹的导电通道，相比原来随机形成的导电通道，这些生成的 W 导电通道被限制在 Si 原子附近。在后续的电阻转变过程中导电通道的形成和断裂都会在这些初始形成的导电通道附近发生，因此较好地改善了器件的电阻转变特性。这与 Liu 等提出的杂质原子在 forming 过程中可起到类似种子的作用的说法相吻合，也与 Gao 等提出的（下文会讲到）导电通道在杂质原子附近优先生长相一致。

统计分布研究也证实了离子掺杂这种方法的可行性。图 7-11 为未掺杂的 $Cu/ZrO_2/Pt$ 器件与掺杂的 Cu/ZrO_2：Ti/Pt 器件的转变电压与高低阻态的 Weibull 分布图[44]。可以看出，掺入 Ti 杂质后，转变参数的韦伯斜率（即 β 值）明显提高，说明掺杂 Ti 离子后，Cu/ZrO_2：Ti/Pt 器件比 $Cu/ZrO_2/Pt$ 器件的转变参数分布更集中。图 7-11(a)中，掺杂了 Ti 杂质的 V_{SET} 的韦伯斜率从 2.9 增大到 5.1。图 7-11(b)中高低阻态的韦伯斜率在掺杂之后都明显增大，表明阻态分布的均匀性得以明显改善。

Gao 等[49]用第一性原理的方法研究了不同价态和离子半径的杂质对具有较高氧空位形成能的材料（如 HfO_2、ZrO_2）的影响。结果表明，三价金属元素如 Al、La、Gd 等掺入 HfO_2、ZrO_2 后，氧空位的形成能有较大幅度的降低，意味着氧空位更容易在杂质离子附近形成，结果如表 7-1 所示。同时，蒙特卡罗仿真结果表明，掺杂后 forming 过程所需要的氧空位数量也会显著减小。

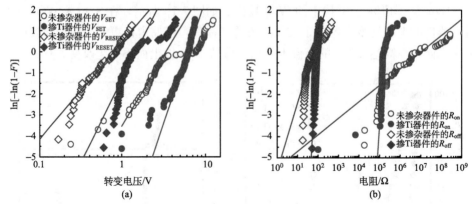

图 7-11　(a)Cu/ZrO$_2$/Pt 与 Cu/ZrO$_2$:Ti/Pt 器件的 SET 与 RESET 电压的分布特性的比较；
(b)Cu/ZrO$_2$/Pt 与 Cu/ZrO$_2$:Ti/Pt 器件高低阻态的分布特性的比较[44]

表 7-1　HfO$_2$ 和 ZrO$_2$ 中不同掺杂元素时的氧空位形成能[49]

	未掺杂/eV	Ti/eV	Al/eV	La/eV	Ga/eV
HfO$_2$	6.53/6.40	6.48	4.09	3.42	
ZrO$_2$	6.37/5.09	6.11	3.66	3.74	3.77

(3) 引入纳米晶。同样，在阻变功能层内引入纳米晶结构也可以改善器件的电阻转变特性。Guan 等[15]通过在 ZrO$_2$ 薄膜中有意引入 Au 纳米晶，较大幅度地提高了基于 ZrO$_2$ 薄膜的 RRAM 器件的良率。从图 7-12 可以看出，引入 Au 纳米晶后，器件的良率由原来的不足 10% 提高到 70% 以上。Guan 等[15]认为薄膜中有意引入的 Au 纳米晶成为 ZrO$_2$ 薄膜的电子俘获中心，当电子被俘获时，在 ZrO$_2$ 薄膜中形成了一个内建电场，使得 ZrO$_2$ 薄膜的导电性下降，RRAM 器件变为高阻态；当电子从俘获中心释放时，薄膜的电导率增加，RRAM 器件转变为低阻态。

Chen 等[50]在 Al$_2$O$_3$ 薄膜中加入 Ru 纳米晶之后，器件的电阻转变参数有了大幅度的提高，例如，存储窗口由原来的 10^2 左右提高到 10^5 以上，并且器件的良率以及保持特性也有较大的改善(图 7-13)。他们把器件性能提高的原因归结为掺入金属纳米晶改善了局部电场的分布，使得 Al$_2$O$_3$ 薄膜中形成的导电通道更容易在金属纳米晶附近形成，从而改善了器件的电阻转变特性。

Chang 等[51]系统地研究了 TiO$_2$ 阻变层中掺杂 Pt 纳米晶对阻变器件性能的影响。他们发现 Pt/TiO$_2$/Pt 器件的转变参数与纳米晶的尺寸和均匀性有关，如图 7-14 所示。PtNC-30s 的样品中 Pt 纳米晶的尺寸最小，并且分布更为均匀，这种器件具有更优的阻变特性。

总之，通过控制薄膜的结晶程度、掺杂离子以及掺杂纳米晶来主动控制薄膜材料中的缺陷和杂质分布是目前改善 RRAM 器件性能的一个重要方法。表 7-2

总结了一些常见的未掺杂和掺杂器件的电阻转变特性的对比结果。从表中可以看出，用掺杂离子或纳米晶等手段对阻变功能层处理后，RRAM 器件的电阻转变参数均有了不同程度的提高，主要表现在提高器件的良率、消除或减小电激励过程、减小转变电压、提高器件电阻转变参数的均一性以及提高存储窗口和改善器件的可靠性等。

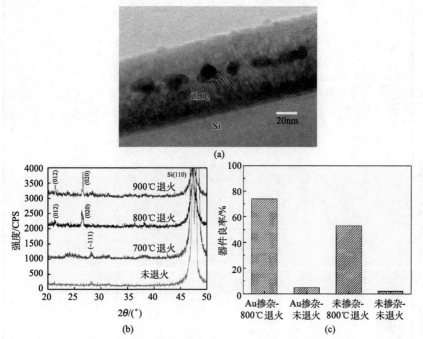

图 7-12 掺 Au 纳米晶的 ZrO_2 薄膜截面图(a)、XRD 谱(b)以及不同样品良率比较(c)[15]

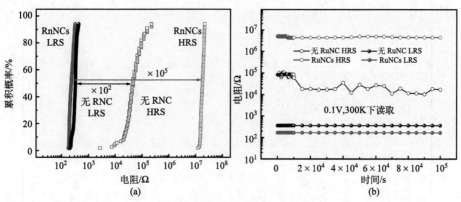

图 7-13 (a)1000 个脉冲循环中两种器件的高低阻态电阻分布；
(b)300K 下两种器件的数据保持特性[50]

表 7-2　未掺杂和掺杂器件的电阻转变特性[52]

器件结构 TE/MO/BE*	良率/%	电激励过程	V_{SET}/V	V_{RESET}/V	存储窗口	保持特性	极性
Cu/ZrO₂/Pt	<40	有	0.5~1.0	−0.5~−1.5	>10⁴	—	双极
Cu/ZrO₂:Cu/Pt	~100	无	2.1~3.6	0.8~1.5	~10⁶	>10⁴	无极
Cu/ZrO₂:Au/Pt	~100	无	2~5	0.5~1.2	>10⁴	>10⁶	无极
Cu/ZrO₂:Ti/Pt	~100	无	1~4	−0.5~−1.5	>10⁴	>10⁷	双极
Au/ZrO₂:Au/Pt	~5	—	—	—	—	—	—
Au/ZrO₂:Au NC/Pt	~75	—	—	—	51	~10³	双极
TiN/ZrO₂/Pt	—	有	0.5~1.5	−0.6~−0.8	100	—	双极
TiN/ZrO₂:Al/Pt	—	无	0.7~2.7	−0.9~−1.5	100	—	双极
TiN/HfO₂/Pt	—	—	0.8~1.0	−0.6~−0.9	~3	10⁴	双极
TiN/HfO₂:Gd/Pt	—	—	0.25~1.75	−0.25~−0.5	~30	—	双极
Pt/TiO₂/Pt	—	—	0.5~1.0	−0.5~−0.75	5	1000	双极
Pt/TiO₂:Pt NC/Pt	—	有	−2.6~−8.6	−1~−1.8	2	10⁴	双极
Cu/NiO$_x$/Pt	—	无	−2.1~−3	−0.6~−1	1000	—	单极
Cu/NiO$_x$:Cu/Pt	—	—	—	—	>10	—	单极
W/ZrO₂/Pt	25	—	—	—	10	—	单极
W/ZrO₂:Ag/Pt	85	有	0.5~1.4	−0.6~−1.4	<5	—	双极
Pt/WO$_x$/TiN	—	有	—	—	~100	>10⁵	双极
Pt/WSiO$_x$/TiN	—	有	0.9~1.4	−0.6~−0.9	~100	—	双极

* TE 表示上电极，MO 表示阻变功能层，BE 表示下电极。

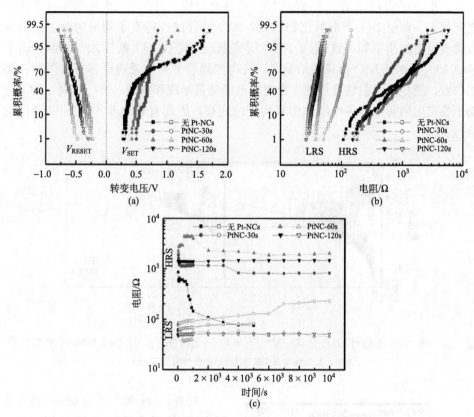

图 7-14 不同的 Pt 纳米晶掺杂对 Pt/TiO$_2$/Pt 器件阻变性能的影响[51]
(a)转变电压的分布；(b)HRS/LRS 电阻值的分布；(c)保持特性

7.2 RRAM 器件的结构优化

在目前的研究中，普遍认为导电细丝在阻变功能层中的生成和断裂是随机的，这种随机生成和断裂的过程是导致 RRAM 器件电阻转变参数（高低阻态电阻和转变电压等）离散性的根源。通过器件结构的优化来抑制导电细丝的随机产生也是改善器件电学转变参数的重要方法之一。

7.2.1 插层结构

采用双层或多层的插层结构来固定导电细丝在其中一层中的位置，可以有效地减小 RRAM 的阻变参数的离散性，并提高阻变的稳定性。另外，采用这种结构大多数情况下可以有效地降低器件的操作电流，从而降低功耗[53,54]。

三星公司的Kim等[26]在研究NiO器件时发现，当在金属电极和绝缘介质层之间插入一薄层IrO_2导电氧化物之后，NiO器件的性能有了明显的改善，阻变参数变得更加集中和一致(图7-15)。研究发现，薄层IrO_2的插入一方面提高了NiO-IrO_2界面处NiO薄膜的结晶度，使得细丝型的导电通道更容易被限制在局部位置，避免了电阻转变过程中导电通道的随机形成和断裂；另一方面，IrO_2有助于稳定电阻转变时导电细丝中氧离子的迁移，因而有效地改善了NiO器件的特性。

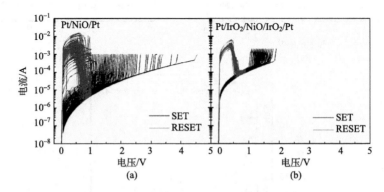

图7-15 Pt/NiO/Pt器件(a)和Pt/IrO2/NiO/IrO_2/Pt器件(b)在200个循环中的I-V特性[26]
图中，灰色线为RESET过程，黑色线为SET过程

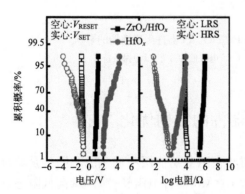

图7-16 ZrO_x/HfO_x双层结构和HfO_x单层结构中的V_{SET}/V_{RESET}电压分布和R_{LRS}/R_{HRS}阻态分布[53]

另外，Lee等[53,55]在研究HfO_x体系的器件时发现，采用双层ZrO_x/HfO_x结构，可以有效地改善器件转变电压和阻态分布的离散型(图7-16)，同时降低器件的RESET电流和转变电压。他们认为这种双层结构通过控制局部导电细丝尖端的氧化还原反应，可以有效地控制阻变发生的位置，从而改善阻变参数的性能。同样，Wang等[54]采用CuO_x/HfO_x结构，可以显著降低器件的操作电流，降低功耗。

Lv等[56]在Al/CuO_x/Cu器件的Al电极和CuO_x介质层中插入一薄层的GeSbTe(GST)相变材料后发现，CuO_x器件的转变电压分布有了显著改善(图7-17)。RRAM器件阻变参数分布较大的主要原因是电阻转变过程中导电通道的形成和断裂的随机性(图7-18(a))。在Al/GST/CuO_x/Cu器件的SET过程中，相变材料GST由初始的高阻态(无定形态)转变为低阻态(结晶态),并在 GST 中形成局部的导电细丝;而在 Al/GST/CuO_x/Cu 器件的 RESET 过程中,由于相变材料的特殊性,需要特殊的脉冲条件才能从低阻的结晶态转变为高阻的无定形态,因此在 RESET 过程中,GST 层中的局部导电细丝仍然存在,使得在随后的电阻转变过程被限制在 GST 形成的导电细丝附近,从而减小了 Al/GST/CuO_x/Cu 器件电阻转变过程中导电通道的形成和断裂的随机性(图 7-18(b)),改善了器件的特性。

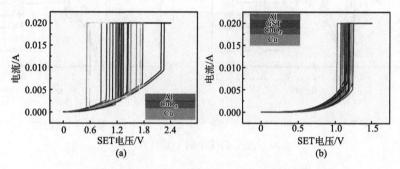

图 7-17 Al/CuO_x/Cu 器件(a)和 Al/GST/CuO_x/Cu 器件(b)在 50 个 SET 过程中的 I-V 曲线[56]

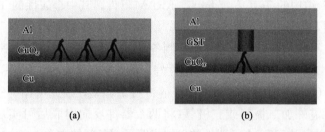

图 7-18 Al/CuO_x/Cu 器件(a)和 Al/GST/CuO_x/Cu 器件(b)中导电通道形成示意图[56]
阻变功能层 CuO_x 中的导电通道在 Al/GST/CuO_x/Cu 器件中被限制在 GST 中形成的导电细丝附近

Li 等[25]在 Cu/ZrO_2/Pt 器件的 Cu 电极和 ZrO_2 薄膜之间加入一薄层 TiO_x,不仅器件电阻转变参数的均一性有了很大的改善,转变电压也大幅下降,如 SET 电压的平均值从原来的 4.43V 下降到 2.07V(图 7-19)。研究表明,界面层 TiO_x 的加入降低了 Cu/ZrO_x 界面的肖特基势垒,减小了 SET 操作界面处的电压降,使更多的电压施加到 ZrO_x 薄膜上,从而使器件在更低的电压下发生电阻的转变。如前所述,TiO_x 在电阻转变过程中可充当氧气贮存池,因此在 Cu 电极和 ZrO_2 薄膜之间加入 TiO_x 界面层可有效地改善器件的特性。研究还发现,如果在的 Pt 电极和 ZrO_2 薄膜之间加入相同厚度的薄层 TiO_x,器件性能并无明显改善,表明界面层的位置对器件性能的改善也起着关键作用。

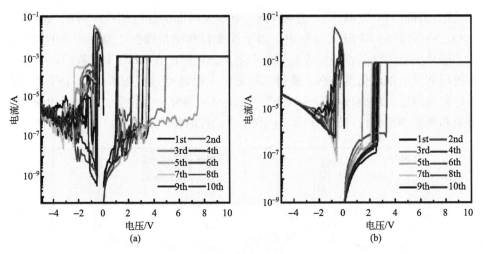

图 7-19 Cu/ZrO$_2$/Pt 器件(a)和 Cu/TiO$_x$-ZrO$_2$/Pt 器件(b)在连续
10 个循环扫描中的 I-V 特性[25]

2011 年,三星公司[6]采用传统的溅射工艺,通过调整 TaO$_x$ 薄膜中氧成分的含量以调节薄膜电阻的方法制备了金属-绝缘体-基础层-金属(metal-iusulator-base-metal,MIBM)结构的 Ta$_2$O$_{5-x}$/TaO$_{2-x}$ RRAM 器件,其中金属性的 TaO$_{2-x}$ 层作为底电极接触层,近乎化学配比的 Ta$_2$O$_{5-x}$ 层作为阻变功能层,如图 7-20 所示。采用这种结构,不仅制备工艺简单,而且制备的 RRAM 器件具有操作速度快(10ns)、耐受力好(10^{12} 次)等优点,并且可缩小性好,适合高密度集成。另外,由于器件的 Pt 电极和 Ta$_2$O$_{5-x}$ 绝缘层之间存在本征的肖特基势垒,因此可作为三维集成时的选择器件而无需外加二极管或三极管(将两个器件反向串联后可实现器件选择功能)。这种方法为以后 RRAM 器件的发展指明了一条新的方向。

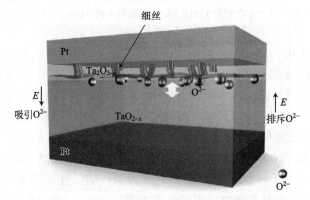

图 7-20 Ta$_2$O$_{5-x}$/TaO$_{2-x}$ RRAM 器件的原理图[6]
由一薄层绝缘层和基层组成,其电阻转变主要由薄膜中氧离子或空位的移动所导致

Fang 等[29]研究的基于 $HfO_x/TiO_x/HfO_x/TiO_x$ 多层结构的 RRAM 器件表现出优良的电阻转变特性。在这种结构中，TiO_x 可以从 HfO_x 中吸取氧，使 HfO_x 中产生许多氧空位相关的缺陷，降低了 HfO_x 薄膜的介电强度，从而使电阻转变过程更容易发生，并无需单层器件中通常需要的 forming 过程；同时，Ti 原子也有可能扩散到 HfO_x 内部成为杂质，在 HfO_x 薄膜内部产生更多的氧空位；另外，TiO_x 层在器件的电阻转变过程中起到氧离子贮存池的作用，从而从整体上提高了器件的性能。

7.2.2 增强电极的局部电场

由于导电细丝的形成/断裂是一个电化学的反应与扩散过程，它与局部电场的强度有关。局部电场强的区域，导电细丝的形成概率高；反之亦然。因此，通过增强上（下）电极的局部电场可以有效地控制导电细丝生长的位置，进而改善器件的性能。其中一种可行的方法即在下电极上生长一层离散的纳米晶用来调控导电细丝生长的位置[57,58]。

Liu 等[57]首先提出在 $Ag/ZrO_2/Pt$ 阻变器件的下电极上引入一层 Cu 纳米晶可以有效地控制导电细丝的生长。具体的做法是：首先在下电极 Pt 上生长一层很薄的 Cu 层，然后退火形成离散的纳米晶，然后再淀积功能层和上电极。其器件的结构和相应的 TEM 图像如图 7-21 所示。

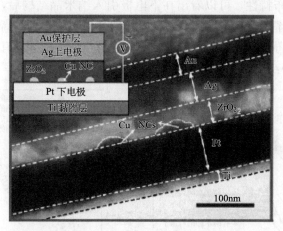

图 7-21 $Ag/ZrO_2/Cu\ NC/Pt$ 器件的示意图和相应的 TEM 图像[57]

Liu 等[58]进一步研究了这种纳米晶插层法对 RRAM 器件电阻转变特性的影响，在 $Cu/ZrO_2:Cu/Pt$ 器件的阻变功能层薄膜和下电极插入一层 Cu 纳米晶，构成 $Cu/ZrO_2:Cu/Cu\ NC/Pt$ 结构的器件，其阻变参数（V_{SET}、V_{RESET}、R_{HRS} 和 R_{LRS}）的分布如图 7-22 所示。与未在下电极上引入纳米晶的器件对比[33]，采用 Cu 纳米晶的结构增强下电极的局部电场后，器件的电阻转变特性得到显著的改善。

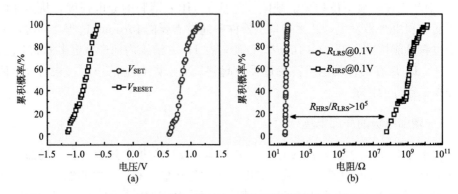

图 7-22　Cu/ZrO$_2$:Cu/Cu NC/Pt 器件中，不同器件的转变电压（V_{SET} 和 V_{RESET}）(a)
及高低阻态电阻（R_{HRS} 和 R_{LRS}）(b)统计分布图[58]
测试结果由 5 个面积为 3μm×3μm 的器件，在 5mA 的限流值下，
分别进行连续 50 个循环扫描后统计得出

对 Ag/ZrO$_2$/Cu NC/Pt 器件与 Ag/ZrO$_2$/Cu/Pt 器件的电阻转变特性的统计分布研究也验证了这种方法的有效性[57]。图 7-23 显示了这两种器件的转变电压和高低阻态的分布特性，可以看出在下电极引入纳米晶结构后，器件的 SET 电压分布的韦伯斜率更高，说明其分布较对比器件更集中，且其高低阻态分布均匀性都有明显的改善。通过对电学参数的统计分析，与下电极没有引入纳米晶结构的器件相比，新结构器件的 SET 电压和低阻值分布的韦伯斜率分别从 2.3 提高

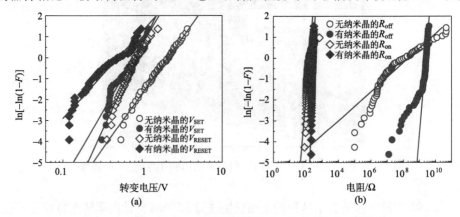

图 7-23　Ag/ZrO$_2$/Cu NC/Pt 器件与 Ag/ZrO$_2$/Cu/Pt 器件的
SET 与 RESET 比较(a)和高阻态
与低阻态的比较(b)[57]

到 2.8 和从 4.0 提高到 9.0。与其他固态电解液类型的 RRAM 器件的电压离散性相比，Ag/ZrO$_2$/Cu NC/Pt 器件具有非常集中的 SET 电压分布。另外，在之前的工作中[57]，从 Ag/ZrO$_2$/Cu NC/Pt 器件导电细丝的高分辨率透射电子显微镜图像可以看出，掺杂了纳米晶的器件也确实可以控制导电细丝的生长位置，使得导电细丝更容易从纳米晶的位置开始生长，而且在循环中细丝更容易沿着相同的路径生长、断裂与再生成。因此，在下电极上引入纳米晶可以很好地改善器件的均匀性。

7.2.3 器件尺寸微缩

导电细丝通常在器件的局部生成，假设器件尺寸不断缩小，导电细丝在 RRAM 器件内随机生成的区域也将随之变小，因此器件的阻变特性有望得到改善。

Baek 等[59]利用半导体工艺中的栓塞(图 7-24)作为 RRAM 器件的底电极取代了传统 RRAM 器件中通常采用的平面工艺生长底电极。通常情况下，电极的大小决定了器件的有效面积(图 7-25)，采用栓塞技术可以有效地减小器件底电极的面积，因此由此制备的 RRAM 器件尺寸可以缩小到 100nm 以下。实验表明，采用 50nm 栓塞工艺不仅降低了器件的工作电流，更有效地改善了器件在高低阻态下的电阻分布，提高了器件的性能。2009 年，Chen 等[60]报道了性能优良的 HfO$_2$ 器件，采用凹面(concave)结构(图 7-26)，器件尺寸为 30nm×30nm。目前，最小尺寸在 10nm 以下的 RRAM 器件已被证实。

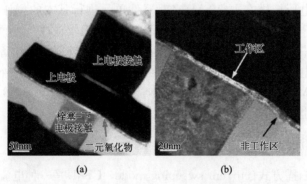

图 7-24 栓塞型(plug-type)底电极 RRAM 器件在脉冲编程后的 TEM 截面图[59]
(a)在栓塞型底电极形成之后立即淀积氧化物薄膜，然后在器件图形化工艺之前沉积上电极；
(b)高分辨率图像表明导电通道只在栓塞型底电极区域内形成，而在栓塞电极外部，
氧化物薄膜并未发生改变

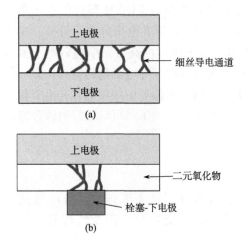 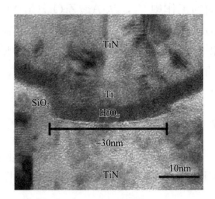

图 7-25 平面底电极器件(a)和栓塞底电极器件(b)中导电通道形成示意图[59]

图 7-26 concave 结构的 TiN/TiO$_x$/HfO$_x$/TiN 器件的剖面透射电子显微镜(XTEM)图[60]

7.3 RRAM 器件操作方法优化

RRAM 的器件性能与电学操作方法有关,即与器件的 forming、SET、RESET 过程中具体外加电压/电流信号的方式有关。在 RRAM 器件的研究工作中,通常使用直流电压扫描方式(VSM)来对器件单元进行基本的操作,获取器件的电阻转变参数。这种方法的优点是操作简单,而且比较直观。然而在采用直流电压扫描的方法中,经常由于器件结构自身存在的或者外部测量设备引入的寄生电容造成较大的电流过冲,从而对器件的性能产生不利的影响。另外,在器件转变过程中,RRAM 器件单元与限流器(晶体管、电阻、测试设备等)之间的压降分配的先后次序也会对 RRAM 器件的性能产生影响。

7.3.1 直流电流扫描的优化方式

直流电流扫描方式(current sweeping mode,CSM)是一种电流逐步增加的激励方式,与直流电压扫描方式的操作不同在于:在 forming 和 SET 的过程中,电流扫描没有限流设置,而是增加了限压设置。图 7-27 是直流电流扫描方式与直流电压扫描方式进行 forming、SET 和 RESET 操作的 I-V 曲线图[61]。

Nauenheim 等[62]首先提出用直流电流扫描方式对 TiO$_2$ 基的 RRAM 器件进行 forming 操作,与用直流电压扫描方式进行同样操作的器件对比,直流电流扫描方式操作后的器件呈现出更加可靠的阻变特性;随后,Lian 等[63]和 Gao 等[64]

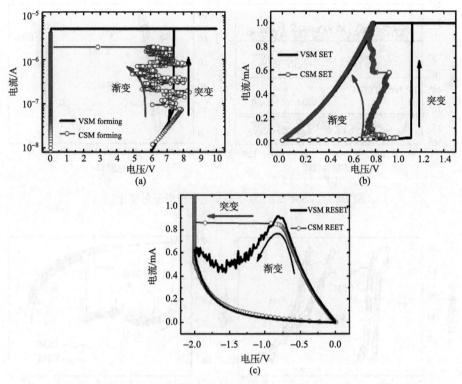

图 7-27 典型的直流电压扫描方式和直流电流扫描方式的 I-V 曲线[61]
(a)forming 过程；(b)SET 过程；(c)RESET 过程

系统地研究了在 RRAM 的操作过程(forming、SET、RESET)中用直流电流扫描方式对 RRAM 器件性能的影响，发现这种方法可以改善器件的均一性、增大器件的开关比并且降低器件的操作电流。

Lian 等[63]进一步解释了用直流电流扫描方式对 Cu/HfO$_2$/Pt 结构的 RRAM 器件性能改善的原因。在导电细丝为主导的 RRAM 器件中，用直流电压扫描方式对器件进行 RESET 的操作过程中，导电细丝有可能并未完全断裂，使下一次的 SET 过程只需要较小的电压就能完成。在连续的 RESET 过程中，由于导电细丝断裂程度不一，形成许多中间态，不仅使高阻态电阻分布较广，也使高阻态到低阻态的转变电压 V_{SET} 变化较大，如图 7-28 和图 7-29 所示。要使导电细丝完全断裂，需要进一步增加扫描电压。而直流电流扫描方法是一个正反馈的过程，扫描电流与电压同步增加，因此可有效地消除 RESET 过程中的中间态，提高器件转变参数的均一性。

另外，在 SET 过程中，直流电流扫描方式可有效地控制导电细丝的生长。这是因为一旦导电细丝开始生长，器件的电阻逐渐减小，加在器件上的电压也逐

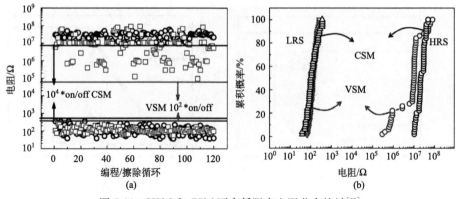

图 7-28 VSM 和 CSM 下高低阻态电阻分布统计[63]

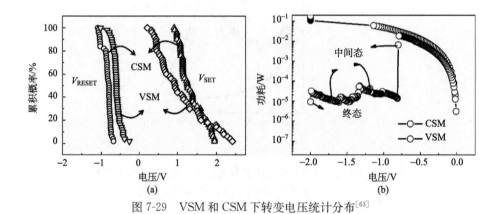

图 7-29 VSM 和 CSM 下转变电压统计分布[63]

渐变小，从而抑制了导电细丝在其他位置处的生长，从而有效地提高了器件在低阻态时的阻变参数分布。Lian 等[63]用三个存储单元并联测试的方法证实了在直流电流扫描方式下，只有一个单元被编程到 LRS，而直流电压扫描方式下，几乎所有的单元都被编程为 LRS，表明直流电流扫描方式更有效地控制了电阻转变过程中导电细丝的生长，如图 7-30 所示。

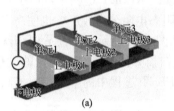

编程方式	单元1	单元2	单元3
CSM	16/20	3/20	2/20
VSM	19/20	20/20	17/20

(a)　　　　　　　　　　　　(b)

图 7-30 (a)三个单元并联测试示意图；(b)直流电流扫描方式和直流电压扫描方式下对三个单元进行编程后检查单元的电阻[63]

7.3.2 恒定应力预处理的优化方式

恒定应力(constant stress)的方法广泛应用于 MOS 器件领域，包括恒流应力(constant current stree，CCS)和恒压应力(constant voltage stress，CVS)。在恒定应力条件下(如 CCS)能有效地控制应力施加过程中介质层中产生的电荷或陷阱等缺陷，常用来研究薄栅极氧化物的击穿特性[65,66]。因此，用 CCS 的方法在阻变材料中引入合适的缺陷密度，RRAM 器件的阻变特性也有可能得到改善。Xie 等[67]研究了 CCS 处理对 $Cu/ZrO_2/Pt$ 器件电阻转变特性的影响，即在正常的电激励操作之前，对 $Cu/ZrO_2/Pt$ 器件先施加一段时间的小电流恒流应力，然后再进行正常的电压扫描方式对器件进行电学性能的测试。

经 CCS 处理和未经 CCS 处理的 $Cu/ZrO_2/Pt$ 器件的电激励过程如图 7-31 所示。图 7-31(a)为未经 CCS 处理的 $Cu/ZrO_2/Pt$ 器件的电激励过程，插图为器件结构。图 7-31(b)为器件上施加 100s 的 100nA 的恒定电流(5V 电压限压)时器件上电压的变化过程。可以看出，施加于器件之上的电压刚开始时迅速跌落，然后逐渐减小，最后保持基本不变。图 7-31(b)中插图为经 CCS 处理后采用电压扫描方式对器件进行正常的 forming 过程，可以看到，经 CCS 处理的器件的 forming 电压大幅降低，并且第一次的擦除电流大幅减小到几乎与电流限流值相同。

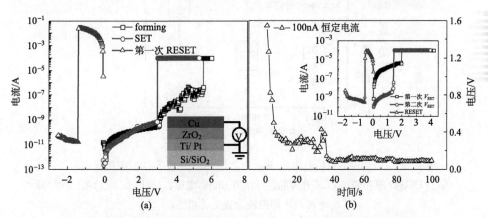

图 7-31　经 CCS 处理和未经 CCS 处理的 $Cu/ZrO_2/Pt$ 器件的电激励过程[67]
(a)未经 CCS 处理的器件的电激励过程，插图显示器件的结构示意图；(b)100nA 的小电流恒流应力处理过程，插图为 CCS 处理后的电压扫描电激励过程

从图 7-32(a)中可以看出，经 CCS 处理后，器件电阻值比初始电阻减小了约两个数量级，这表明在小电流 CCS 处理后，一些缺陷如离子或空位引入到 ZrO_2 薄膜中[66,68]。当施加的电流应力去除之后，这些缺陷仍保留在 ZrO_2 薄膜当中。因此，CCS 处理过程类似于电场力引起的掺杂过程，由 CCS 处理所引入的缺陷可为后续

的电阻转变提供局部的传输点[66]，使得器件的 forming 过程更容易发生，从而降低器件的 forming 电压。对多个器件的测试统计发现(图 7-32(c))，经过 CCS 处理后，器件的擦除电流与限流值相比呈线性减小(限流值为 100μA～1mA)，而未经 CCS 处理的器件，其擦除电流几乎相同而与 forming 过程中的电流限流值无关，这种现象可归结为由测试仪器的寄生电容所引起的瞬态电流造成[69,70]。

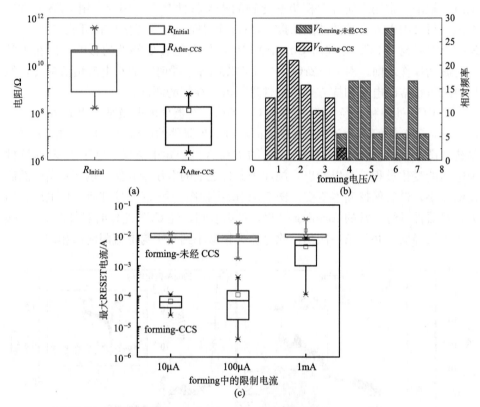

图 7-32 (a)器件的初始电阻值($R_{Initial}$)与经 CCS 处理后的电阻值($R_{After-CCS}$);
(b)经 CCS 处理和未经 CCS 处理的器件的 forming 电压；(c)forming 后第一次擦除电流与不同限流设置的关系图[67]

瞬态电流可以近似由公式来表示：$I_t = C_p dV/dt$[71]，其中，I_t 为瞬态电流；C_p 为寄生电容；V 为转换过程中的电压变化值；t 为转换时间。对未经 CCS 处理的器件，在 forming 过程中，较高的 forming 电压意味着较大的电压变化，由此引起很高的瞬态电流，从而导致高的擦除电流；而经过 CCS 处理后的器件，其 forming 电压大幅降低。由于转换电压和转换时间成近似的指数关系[45]，瞬态电流将会因 forming 电压的减小而大幅下降。因此，经过 CCS 处理后，当限流值下降到 100μA 时，器件的擦除电流也会下降。然而，对更小的限流值，forming 电压并未进一步减小,而是与 100μA 限流时的 forming 电压大致相同,瞬态电流无法因此而减小,因此,擦除电流将取决于瞬态电流值,从而与 100μA 限流时的电流值相同。

对未经 CCS 处理和经过 CCS 处理的器件的电阻转变参数(编程电压、擦除电压以及高低阻态)在不同器件间的测试结果统计发现,经过 CCS 处理后的器件表现出较低的转换电压和较好的电压分布,其低阻态电阻表现出更好的均一性,并且在连续的转换循环中,擦除电流相对更小。另外,经 CCS 处理后,器件的耐受力特性也有较大幅度的改善。

对器件采用低恒流应力的方法对 RRAM 器件进行预处理可以在阻变薄膜中引入适量的缺陷,降低了器件的 forming 电压和擦除电流。受此影响,器件的性能得到了较好的改善和提高,如较低的转变电压、较好的电压分布以及更高的耐受力特性等。

另外,Lin 等[72]报道了在 $Cu/Cu:SiO_2/W$ 器件中采用施加恒压应力(CVS)预处理的方法也使器件的性能得到了有效的改善,如图 7-33 所示。

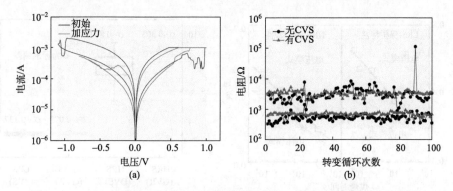

图 7-33　(a)经 CVS 处理和未经 CVS 处理的 $Cu/Cu:SiO_2/W$ 器件的 $I\text{-}V$ 特性;
(b)两种器件在 100 个测试循环中的高低阻态电阻分布[72]

7.3.3　栅端电压扫描的优化方式

这种方式主要适用于 1T1R(one transistor one resistor)结构的 RRAM 器件。常规的 1T1R 的操作方式如图 7-34(a)所示,通过在栅端施加固定偏压开启与 RRAM 相连的晶体管,选择所要操作的器件单元,并在操作过程中提供限流。栅端电压扫描的方式如图 7-34(b)所示,源端接地;与 RRAM 单元相接的漏端置于一个固定的电压;而晶体管的栅端执行扫描模式,逐渐改变栅端电压大小。根据晶体管转移特性,晶体管中形成的沟道宽度随栅端偏压增大而变大,流过沟道及与之串联的存储单元的电流也随之增大。当流经 RRAM 的电流达到阈值时,RRAM 由高阻态转换为低阻态。

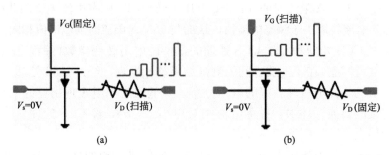

图 7-34 电压编程模式(a)和电流编程模式(b)下 SET 过程的等效电路[73]

Liu 等[73]系统地研究了栅端电压扫描方式对 RRAM 器件性能的改善。如图 7-35(a)所示,采用栅端电压扫描方式可有效提高高、低阻态的数据保持特性;栅端扫描模式下容易在阻变材料层形成单根细丝,单根细丝的比表面积更小,离子扩散速率小。数据保持特性明显提高。

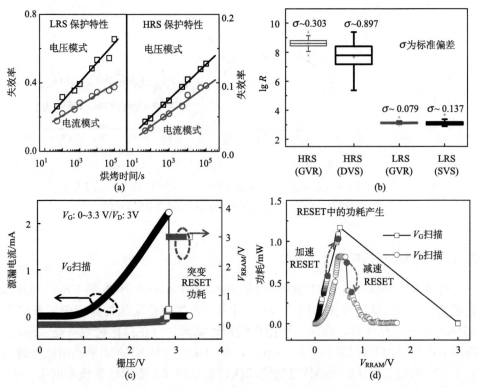

图 7-35 (a)在 180℃下,采用两种编程模式得到的高低阻态的保持特性;(b)利用两种编程模式经过不同次循环后得到的高低阻态电阻值的分布;(c)栅端电压扫描模式下的 RESET I-V 曲线;(d)采用两种编程模式进行 RESET 过程时产生的功率[73]

如图 7-35(b)所示，RRAM 高阻态电阻值的分布在栅端电压扫描方式下得到明显改善，栅端电压扫描方式得到的 HRS 的平均电阻值比源端电压扫描方式得到的高 10 倍，可大大提高 RRAM 的开关比。如图 7-35(c)和(d)所示，在源端扫描模式下，产生的功率随着电阻的增加而变小，当功率不足以保证细丝切断过程时，电阻会保持在中间态。在栅端扫描模式下，V_G 逐渐增大，可加速 RESET 过程，类似正反馈过程，细丝容易断裂并消除中间态。

7.3.4 脉冲测试的优化

实际的应用中，RRAM 的激励源是脉冲信号。因此，脉冲测试的优化对 RRAM 器件来说更为重要。一个典型的 RRAM 器件的脉冲循环测试如图 7-36 所示，执行完一次 SET 脉冲操作，进行一次读脉冲验证；再执行一次 RESET 脉冲操作，再进行一次读脉冲验证。常规的 SET 脉冲和 RESET 脉冲信号都是简单的矩形波，但是往往得不到很好的测试结果。为了进一步提高 RRAM 器件的性能，许多研究小组对脉冲测试方面做了系统的研究。

Lee 等[74]研究了 Ti/HfO$_2$/TiO$_x$/Pt 器件中矩形和三角形两种形状的脉冲对器件阻变特性的影响。在 SET 操作中，使用矩形脉冲时，在器件由低阻态跳变到高阻态的瞬间产生了一个很大的过冲电流（约 100μA），如图 7-37(a)所示；而在使用三角形脉冲时，在器件由低阻态跳变到高阻态的瞬间则不会产生很大的过冲，如图 7-37(b)所示。在 RESET 的操作过程中，也观察到同样的现象，如图 7-37(c)和(d)

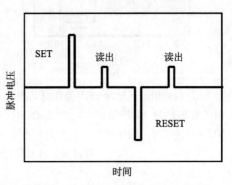

图 7-36 典型的 RRAM 器件的一次脉冲循环测试图

所示。由于有效地抑制了电流过冲，三角形脉冲的编程方式大大提高了这种器件阻变特性的稳定性，并且将器件的抗疲劳特性提升了两个量级左右。

Lu 等[75]也系统地研究了用不同形状的脉冲编程对氧空位性器件特性的影响。如图 7-38 所示，三种不同的脉冲（模式Ⅰ、模式Ⅱ、模式Ⅲ）用于编程同样结构的器件单元，但是得到的器件的抗疲劳特性的性能却相差甚远。他们也得到了类似的结论，在 SET 和 RESET 过程都用三角形的脉冲（模式Ⅲ）编程的器件的抗疲劳特性要远好于在 SET 或 RESET 过程单独用三角形脉冲（模式Ⅰ、模式Ⅱ）进行编程的器件的抗疲劳特性。

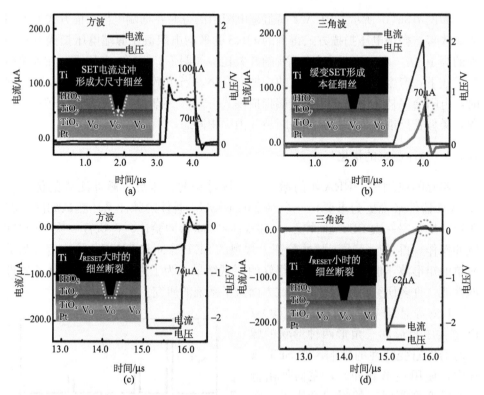

图 7-37 (a)用矩形脉冲 SET 操作时,产生一个很大的过冲,导致形成较粗的细丝;(b)用三角形脉冲 SET 操作时,缓变的 SET 过程,产生较细的细丝;(c)用矩形脉冲 RESET 操作时,同样产生一个很大的过冲;(d)用三角形脉冲 RESET 操作时,几乎没有过冲,并且降低了 RESET 电流[74]

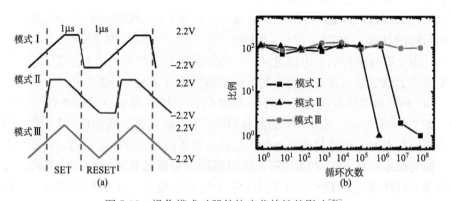

图 7-38 操作模式对器件抗疲劳特性的影响[75]
(a)三种不同操作模式下的外加脉冲的信号图;(b)对应的三种不同操作模式下的抗疲劳特性数据,模式Ⅲ下,器件的性能最稳定

第 7 章 阻变存储器性能改善

这些通过改变脉冲波形的方式能够改善 RRAM 器件特性的主要原因在于抑制了器件的阻值突然改变时的瞬态过冲现象。瞬态过冲对 RRAM 器件是非常不利的，使仪器或其他的限流器件的限流功能部分失效，因此器件的阻值得不到很好的控制，造成器件的离散性较大，严重时这种大电流会击穿阻变层材料层，引起器件的永久性失效。三角波脉冲在编程时的瞬态过冲与矩形脉冲相比较小，因此能提高 RRAM 的阻变稳定性和抗疲劳特性。要抑制 RRAM 器件中瞬态过冲，归根结底是要减少测试电路及器件结构本身引入的寄生电容。

另外，Higuchi 等[76]验证了不同的编程-验证方法可以用来优化 RRAM 的器件特性。初始的脉冲宽度和高度的选取、步进式脉冲高度和宽度的选取等参数对 RRAM 的特性有很大的影响。如图 7-39 所示，RRAM 器件的编程成功率、抗疲劳特性和编程时间这些参数都可以通过优化脉冲的详细设定参数来调节。因此，寻找一种有效地编程-验证方法对提高器件的阻变特性是非常有意义的。

	SET	RESET	良率①(>10^5)	最高耐受次数	时间/ns
情况1	$V3$	$W2$	10/15	2.84×10^7	92.2
情况2	$V2$	$W2$	7/15	2.11×10^6	107
情况3	$V3$	$W3$	3/15	2.20×10^7	177
情况4	$V3$	$V1$	4/15	3.43×10^7	92.4

①即成功的器件数/测试的器件数。

图 7-39　不同模式下，测试特性的对比图[76]

抗疲劳特性的数据为每种模式下最大的测试数据，编程时间是前 10^6 次循环下的平均值

参 考 文 献

[1] Meijer G I. Who wins the nonvolatile memory race? Science, 2008, 319: 1625-1626.
[2] Waser R, Aono M. Nanoionics-based resistive switching memories. Nature Materials, 2007, 6: 833-840.
[3] Akihito S. Resistive switching in transition metal oxides. Materials Today, 2008, 11: 28-36.
[4] Baek I G, Lee M S, Seo S, et al. Highly scalable nonvolatile resistive memory using simple binary oxide driven by asymmetric unipolar voltage pulses. IEEE International Electron Devices Meeting Technical Digest, 2004: 587-590.
[5] Seo S, Lee M J, Seo D H, et al. Reproducible resistance switching in polycrystalline NiO films. Applied Physics Letters, 2004, 85: 5655-5657.
[6] Lee M J, Lee C B, Lee D, et al. A fast, high-endurance and scalable non-volatile memory device made

from asymmetric Ta_2O_{5-x}/TaO_{2-x} bilayer structures. Nature Materials, 2011, 10: 625-630.
[7] Chen A, Haddad S, Wu Y C, et al. Non-volatile resistive switching for advanced memory applications. IEEE International Electron Devices Meeting Technical Digest, 2005: 746-749.
[8] Lin C Y, Wu C Y, Wu C Y, et al. Modified resistive switching behavior of ZrO_2 memory films based on the interface layer formed by using Ti top electrode. Journal of Applied Physics, 2007, 102: 094101.
[9] Lv H B, Yin M, Fu X F, et al. Resistive memory switching of Cu_xO films for a nonvolatile memory application. IEEE Electron Device Letters, 2008, 29: 309-311.
[10] Zhou P, Yin M, Wan H J, et al. Role of TaON interface for Cu_xO resistive switching memory based on a combined model. Applied Physics Letters, 2009, 94: 053510.
[11] Strukov D B, Snider G S, Stewart D R, et al. The missing memristor found. Nature, 2008, 453: 80-83.
[12] Yang J J, Pickett M D, Li X, et al. Memristive switching mechanism for metal/oxide/metal nanodevices. Nature Nanotechnology, 2008, 3: 429-433.
[13] Kang L, Jeon Y, Onishi K, et al. Single-layer thin HfO_2 gate dielectric with n+-polysilicon gate. Symposia on VLSI Technology and Circuits, 2000: 44-45.
[14] Qi W J, Renee N, Lee B H, et al. MOSCAP and MOSFET characteristics using ZrO_2 gate dielectric deposited directly on Si. IEEE International Electron Devices Meeting Technical Digest, 1999: 145-148.
[15] Guan W H, Long S B, Jia R, et al. Nonvolatile resistive switching memory utilizing gold nanocrystals embedded in zirconium oxide. Applied Physics Letters, 2007, 91: 062111.
[16] Schindler C, Thermadam S C P, Waser R, et al. Bipolar and unipolar resistive switching in Cu-doped SiO_2. IEEE Transactions on Electron Devices, 2007, 54: 2762-2768.
[17] Liu Q, Guan W H, Long S B, et al. Resistive switching memory effect of ZrO_2 films with Zr^+ implanted. Applied Physics Letters, 2008, 92: 012117.
[18] Yang Y C, Pan F, Zeng F. Bipolar resistance switching in high-performance Cu/ZnO:Mn/Pt nonvolatile memories: active region and influence of Joule heating. New Journal of Physics, 2010, 12: 023008.
[19] Goux L, Czarnecki P, Chen Y Y, et al. Evidences of oxygen-mediated resistive-switching mechanism in TiN \ HfO_2 \ Pt cells. Applied Physics Letters, 2010, 97: 243509.
[20] Lee D, Choi H, Sim H, et al. Resistance switching of the nonstoichiometric zirconium oxide for nonvolatile memory applications. IEEE Electron Device Letters, 2005, 26: 719-721.
[21] Xiao S, Sun B, Liu L, et al. Resistive switching in CeO_x films for nonvolatile memory application. IEEE Electron Device Letters, 2009, 30: 334-336.
[22] Lee C B, Kang B S, Lee M J, et al. Electromigration effect of Ni electrodes on the resistive switching characteristics of NiO thin films. Applied Physics Letters, 2007, 91: 082104.
[23] Lin C Y, Wu C Y, Wu C Y, et al. Effect of top electrode material on resistive switching properties of ZrO_2 film memory devices. IEEE Electron Device Letters, 2007, 28: 366-368.
[24] Yu S, Gao B, Dai H, et al. Improved uniformity of resistive switching behaviors in HfO_2 thin films with embedded Al layers. Electrochemical and Solid-State Letters, 2010, 13: H36-H38.
[25] Li Y, Long S B, Lv H, et al. Improvement of resistive switching characteristics in ZrO_2 film by embedding a thin TiO_x layer. Nanotechnology, 2011, 22: 254028.

[26] Kim D C, Lee M J, Ahn S E, et al. Improvement of resistive memory switching in NiO using IrO$_2$. Applied Physics Letters, 2006, 88: 232106.

[27] Kim S, Yang-Kyu C. A comprehensive study of the resistive switching mechanism in Al/TiO$_x$/TiO$_2$/Al-structured RRAM. IEEE Transactions on Electron Devices, 2009, 56: 3049-3054.

[28] Jaesik Y, Choi H, Lee D, et al. Excellent switching uniformity of Cu-doped MoO$_x$/GdO$_x$ bilayer for nonvolatile memory application. IEEE Electron Device Letters, 2009, 30: 457-459.

[29] Fang Z, Yu H Y, Li X, et al. HfO$_x$/TiO$_x$/HfO$_x$/TiO$_x$ multilayer-based forming-free RRAM devices with excellent uniformity. IEEE Electron Device Letters, 2011, 32: 566-568.

[30] Lin K L, Hou T H, Shieh J, et al. Electrode dependence of filament formation in HfO$_2$ resistive-switching memory. Journal of Applied Physics, 2011, 109: 084104.

[31] Dunn T, Hetherington G, Jack K H. High-temperature electrolysis of vitreous silica II. Physics Chem. Glasses, 1965, 6: 16-23.

[32] Li Y, Long S B, Zhang M, et al. Resistive switching properties of Au/ZrO$_2$/Ag structure for low-voltage nonvolatile memory applications. IEEE Electron Device Letters, 2010, 31: 117-119.

[33] Guan W H, Long S B, Liu Q, et al. Nonpolar nonvolatile resistive switching in Cu doped ZrO$_2$. IEEE Electron Device Letters, 2008, 29: 434-437.

[34] Chen P S, Lee H Y, Chen Y S, et al. Improved bipolar resistive wwitching of HfO$_x$/TiN stack with a reactive metal layer and post metal annealing. Japanese Journal of Applied Physics, 2010, 49: 04DD18.

[35] Lee H Y, Chen P S, Wu T Y, et al. HfO$_x$ bipolar resistive memory with robust endurance using AlCu as buffer electrode. IEEE Electron Device Letters, 2009, 30: 703-705.

[36] Lee C B, Kang B S, Benayad A, et al. Effects of metal electrodes on the resistive memory switching property of NiO thin films. Applied Physics Letters, 2008, 93: 042115.

[37] Chang W Y, Huang H W, Wang W T, et al. High uniformity of resistive switching characteristics in a Cr/ZnO/Pt device. Journal of the Electrochemical Society, 2012, 159: G29-G32.

[38] Yang J J, Feng M, Matthew D P, et al. The mechanism of electroforming of metal oxide memristive switches. Nanotechnology, 2009, 20: 215201.

[39] Schindler C. Resistive switching in electrochemical metallization memory cells. RWTH Aachen University, 2009.

[40] Wu X, Zhou P, Li J, et al. Reproducible unipolar resistance switching in stoichiometric ZrO$_2$ films. Applied Physics Letters, 2007, 90: 183507.

[41] Quirk M, Serda J. 半导体制造技术. 韩郑生, 等译. 北京: 电子工业出版社, 2009.

[42] Rimini E. Ion Implantation: Basics to Device Fabrication. Boston: Springer, 1995.

[43] Liu Q, Guan W H, Long S B, et al. Resistance switching of Au-implanted-ZrO$_2$ film for nonvolatile memory application. Journal of Applied Physics, 2008, 104: 114514.

[44] Liu Q, Long S B, Wang W, et al. Improvement of resistive switching properties in ZrO$_2$-based ReRAM with implanted Ti ions. IEEE Electron Device Letters, 2009, 30: 1335-1337.

[45] Zhang H, Liu L, Gao B, et al. Gd-doping effect on performance of HfO$_2$ based resistive switching memory devices using implantation approach. Applied Physics Letters, 2011, 98: 042105.

[46] Zhang H, Gao B, Sun B, et al. Ionic doping effect in ZrO$_2$ resistive switching memory. Applied Physics Letters, 2010, 96: 123502.

[47] Syu Y E, Chang T C, Tsai T M, et al. Silicon introduced effect on resistive switching characteristics of WO_x thin films. Applied Physics Letters, 2012, 100: 022904.

[48] Beyers R. Thermodynamic considerations in refractory metal-silicon-oxygen systems. Journal of Applied Physics, 1984, 56: 147-152.

[49] Gao B, Zhang H W, Yu S, et al. Oxide-based RRAM: uniformity improvement using a new material-oriented methodology. Symposia on VLSI Technology and Circuits, 2009: 30-31.

[50] Chen L, Gou H Y, Sun Q Q, et al. Enhancement of resistive switching characteristics in Al_2O_3-based RRAM with embedded ruthenium nanocrystals. IEEE Electron Device Letters, 2011, 32: 794-796.

[51] Chang W Y, Cheng K J, Tsai J M, et al. Improvement of resistive switching characteristics in TiO_2 thin films with embedded Pt nanocrystals. Applied Physics Letters, 2009, 95: 042104.

[52] Wang Y, Liu Q, Lv H, et al. Improving the electrical performance of resistive switching memory using doping technology. Chinese Science Bulletin, 2012, 57: 1235-1240.

[53] Lee J, Bourim E M, Lee W, et al. Effect of ZrO_x/HfO_x bilayer structure on switching uniformity and reliability in nonvolatile memory applications. Applied Physics Letters, 2010, 97: 172105.

[54] Wang M, Lv H, Liu Q, et al. Investigation of one-dimensional thickness scaling on $Cu/HfO_x/Pt$ resistive switching device performance. IEEE Electron Device Letters, 2012, 33: 1556-1558.

[55] Lee J, Shin J, Lee D, et al. Diode-less nano-scale ZrO_x/HfO_x RRAM device with excellent switching uniformity and reliability for high-density cross-point memory applications. IEEE International Electron Devices Meeting Technical Digest, 2010: 19.15.11-19.15.14.

[56] Lv H, Wan H, Tang T. Improvement of resistive switching uniformity by introducing a thin GST interface layer. IEEE Electron Device Letters, 2010, 31: 978-980.

[57] Liu Q, Long S, Lv H, et al. Controllable growth of nanoscale conductive filaments in solid-electrolyte-based ReRAM by using a metal nanocrystal covered bottom electrode. ACS Nano, 2010, 4: 6162-6168.

[58] Liu Q, Long S, Wei W, et al. Low-power and highly uniform switching in ZrO_2-based ReRAM with a Cu nanocrystal insertion layer. IEEE Electron Device Letters, 2010, 31: 1299-1301.

[59] Baek I G, Kim D C, Lee M J, et al. Multi-layer cross-point binary oxide resistive memory(OxRRAM) for post-NAND storage application. IEEE International Electron Devices Meeting Technical Digest, 2005: 750-753.

[60] Chen Y S, Lee H Y, Chen P S, et al. Highly scalable hafnium oxide memory with improvements of resistive distribution and read disturb immunity. IEEE International Electron Devices Meeting Technical Digest, 2009: 105-108.

[61] Chen B, Gao B, Sheng S W, et al. A novel operation scheme for oxide-based resistive-switching memory devices to achieve controlled switching behaviors. IEEE Electron Device Letters, 2011, 32: 282-284.

[62] Nauenheim C, Kuegeler C, Ruediger A, et al. Investigation of the electroforming process in resistively switching TiO_2 nanocrosspoint junctions. Applied Physics Letters, 2010, 96: 122902.

[63] Lian W, Lv H, Liu Q, et al. Improved resistive switching uniformity in $Cu/HfO_2/Pt$ devices by using current sweeping mode. IEEE Electron Device Letters, 2011, 32: 1053-1055.

[64] Gao B, Chang W Y, Sun B, et al. Identification and application of current compliance failure phenomenon in RRAM device. International Symposium on VLSI Technology Systems and

Applications, 2010: 144-145.

[65] Chen I C, Holland S E, Hu C. Electrical breakdown in thin gate and tunneling oxides. IEEE Transactions on Electron Devices, 1985, 32: 413-422.

[66] Paskaleva A, Atanassova E, Novkovski N. Constant current stress of Ti-doped Ta_2O_5 on nitrided Si. Journal of Physics D: Applied Physics, 2009, 42: 025105.

[67] Xie H, Liu Q, Li Y, et al. Effect of low constant current stress treatment on the performance of the $Cu/ZrO_2/Pt$ resistive switching device. Semiconductor Science and Technology, 2012, 27: 105007.

[68] Tsuruoka T, Terabe K, Hasegawa T, et al. Forming and switching mechanisms of a cation-migration-based oxide resistive memory. Nanotechnology, 2010, 21: 425205.

[69] Kinoshita K, Tsunoda K, Sato Y, et al. Reduction in the reset current in a resistive random access memory consisting of NiO_x brought about by reducing a parasitic capacitance. Applied Physics Letters, 2008, 93: 033506.

[70] Wan H J, Zhou P, Ye L, et al. In Situ observation of compliance-current overshoot and its effect on resistive switching. IEEE Electron Device Letters, 2010, 31: 246-248.

[71] Ielmini D, Cagli C, Nardi F. Resistance transition in metal oxides induced by electronic threshold switching. Applied Physics Letters, 2009, 94: 063511.

[72] Lin J Y, Wang B X. Room-temperature voltage stressing effects on resistive switching of conductive-bridging RAM cells with Cu-coped SiO_2 films. Advances in Materials Science and Engineering, 2014, 2014: 594516.

[73] Liu H, Lv H, Xu X, et al. Gate induced resistive switching in 1T1R structure with improved uniformity and better data retention. International Memory Workshop, 2014.

[74] Lee S, Lee D, Woo J, et al. Selector-less ReRAM with an excellent non-linearity and reliability by the band-gap engineered multi-layer titanium oxide and triangular shaped AC pulse. IEEE International Electron Devices Meeting Technical Digest, 2013: 10. 16. 11-10. 16. 14.

[75] Lu Y, Chen B, Gao B, et al. Improvement of endurance degradation for oxide based resistive switching memory devices correlated with oxygen vacancy accumulation effect. IEEE International Reliability Physics Symposium(IRPS), 2012: MY. 4. 1-MY. 4. 4.

[76] Higuchi K, Iwasaki T O, Takeuchi K. Investigation of verify-programming methods to achieve 10 million cycles for 50 nm HfO_2 ReRAM. IEEE International Memory Workshop, 2012: 1-4.

第8章 阻变存储器集成

作为新型非挥发性存储器中的一员,RRAM 要能够与现在主流的浮栅 flash 竞争,除了要将存储性能做到和 flash 相当之外,RRAM 必须利用高集成密度的优势来降低成本,从而获取市场份额。

一般认为,RRAM 的集成可以分为有源阵列(active)和无源阵列(passive)两种。在有源阵列中,使用场效应晶体管(MOSFET)作为选通管,与每个阻变存储单元串联构成 1T1R[1-3] 结构来控制对存储单元的读写,并在集成阵列中利用字线和位线来达到选通存储单元的目的。使用这种有源结构时,通常是先将选择晶体管单元制备好后,再在其源端或者是漏端继续制备 RRAM 存储单元。从理论上分析,在这种有源阵列中,每个存储单元所占据的面积大小主要由选择晶体管的大小决定,每个存储单元的面积为 $6F^2$(F 为特征尺寸)[1]。在无源阵列中,每个存储单元由相互交叉的字线和位线构成的上下电极所确定[4],在平面结构中可以实现最小的存储单元面积为 $4F^2$。无源阵列由于不依赖于 CMOS 工艺的前段制程,可以进行多层堆叠,实现三维存储结构,每个存储单元的有效单元面积仅为 $4F^2/N$(N 为堆叠的层数)[5]。因此,从存储阵列集成密度的角度考虑,无源交叉阵列是 RRAM 集成的首选方式,这也是最能体现 RRAM 相比于 flash 存储器的优势之一。

8.1 有源阵列结构

对单管 RRAM 存储器件,RRAM 阻变存储器从高阻态向低阻态转换时,通常要在器件两端施加限制电流。主要是因为在 RRAM 存储器件从高阻态转变到低阻态后,流经器件的电流会突然增大,如果不在器件两端设置一定的限制电流,会造成器件的永久击穿。为了实现 RRAM 存储器件在从高阻态向低阻态转变过程中的限流,可以通过外接晶体管或外接电阻等方式来对限制电流的大小进行控制。采用外接电阻时,由于不能对外接电阻大小进行变化,不利于调节限流值的大小;而采用外接晶体管的方式,通常会引入电流过冲现象,即所谓的限流实效问题。在我们常用的半导体测试仪器吉时利 4200(Keithley 4200-SCS)中就内置了晶体管用于限流,但通过这种方式进行限流,同样存在限流失效的现象,即在限流较小时(<1mA),器件由低阻态向高阻态转变所需要的复位电流(RESET 电流)一般维持在 1mA 左右,而不会随着限制电流的减小而减小。这

种限流失效对于阻变存储器低功耗的需求是极为不利的,而且复位电流过大会降低器件反复擦写的能力,影响器件寿命。通常情况下,复位电流的大小由低阻态电阻值的大小决定,低阻态的电阻值越大,将其转变回高阻态所需的复位电流就越小。根据欧姆定律,限制电流越小,低阻态的电阻值就应该越大。限流失效的本质就是在所施加的限制电流减小时,低阻态的电阻值并未随着限制电流的减小而增大。因此,无论是采用测试仪器内置的晶体管还是外接晶体管都无法避免寄生电容对电流的影响,在小限流情况下,寄生电容对电流的影响更大,导致了限流实效。为了避免限流实效,将一个场效应晶体管和阻变存储器串联集成形成1T1R结构,即所谓的有源结构,如图 8-1 所示[6]。采用 1T1R 有源集成结构,可以有效减小寄生电容,进而能够避免由于寄生电容导致的电流过冲现象。

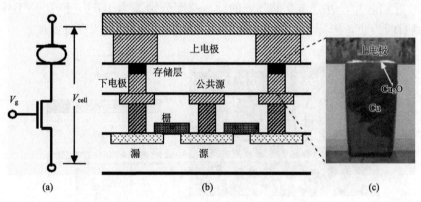

图 8-1　1T1R 结构阻变存储器单元示意图[6]

由于 1T1R 结构用于集成时是将晶体管在前段工艺上完成,而 RRAM 存储器件则是通过后段工艺完成,由于 RRAM 存储器在后段工艺完成,所以必须考虑热预算,工艺温度不可过高。

在 1T1R 有源结构中,场效应晶体管起到选通和隔离的作用。当对阻变存储器单元操作时,晶体管导通,这样就选择了所需操作的单元;而其他阻变存储器单元的晶体管关闭,这样能够避免对周围单元产生串扰(crosstalk)和误操作,起到隔离的作用。1T1R 结构中器件的最小面积取决于选择晶体管的大小,最小单元面积为 $6F^2$[1]。2002 年 Zhuang 等[1]首次采用 $0.5\mu m$ CMOS 工艺制备了基于 1T1R 结构的 64bit 的 RRAM 阵列。由于这种结构在集成中可以通过控制晶体管的导通状态来实现对存储单元的选择,基于 RRAM 存储单元的 1T1R 结构成为集成时的优先选择。日本的富士通实验室(Fujitsu Laboratories)、索尼(Sony)公司、夏普公司、美国的飞索公司、中国的清华大学、北京大学、复旦大学、中国科学院微电子研究所等针对标准工艺线不同特征尺寸下的 1T1R 集成开展了大量工作，并且已经取得了不错的成果。

2008年，Wei等[7]在IEDM上报道了存储面积为8kb的1T1R存储阵列，图8-2所示为制备的1T1R单元与Pt/TaO$_x$/Pt阻变存储单元的示意图。其中，阵列中的选择晶体管是基于0.18μm标准逻辑工艺完成，阻变存储单元是由性能优越的Pt/TaO$_x$/Pt RRAM器件构成。图8-3展示了基于1T1R结构所制备的8kb存储阵列的芯片图和示意图。自此以后，更高密度的1T1R存储阵列成为各大公司和科研机构研究的重点。2010年，日本夏普公司的Kawabata等[8]基于CoO$_x$-RRAM存储单元制备了128kb的1T1R存储阵列，图8-4所示为夏普公司制备的1T1R存储阵列结构和128kb RRAM芯片图。Fackenthal等[9]在2014年的ISSCC上报道了采用27nm技术节点的基于1T1R结构存储密度高达16Gb的RRAM存储芯片，并且该存储阵列的读写速度分别高达1GB/s和200MB/s。这也是到目前为止，国际上报道的基于RRAM存储阵列的最大存储密度。

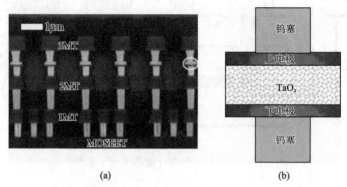

图8-2　1T1R单元(a)与Pt/TaO$_x$/Pt存储单元(b)示意图[7]

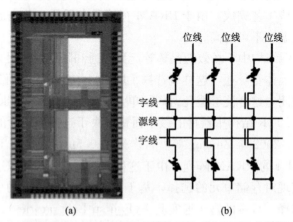

图8-3　基于Pt/TaO$_x$/Pt阻变存储单元的8kb 1T1R存储阵列的芯片图(a)和示意图(b)[7]

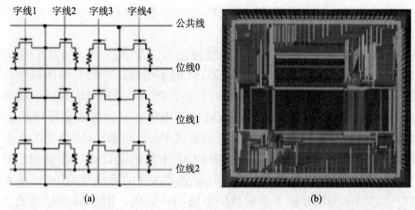

图 8-4 夏普公司制备的 1T1R 存储阵列结构(a)和 128kb RRAM 芯片图(b)[8]

国内最早开展基于 RRAM 1T1R 存储芯片研究的是复旦大学林殷茵课题组[10]和中国科学院微电子研究所刘明课题组。以中国科学院微电子研究所刘明研究员的课题组为例,他们基于中芯国际 $0.13\mu m$ 标准逻辑工艺,采用混合集成的方式制备 1kb RRAM 存储芯片,即在中芯国际生产线上完成前道 CMOS 工艺及后道互连工艺的基础上,在中国科学院微电子研究所实验室里完成阻变单元的制备和集成,成功开发了 RRAM 1kb 的阵列集成。图 8-5 是所开发 1kb 阵列的总体架构图,存储阵列采用的是 1T1R 结构,其中晶体管作为阻变单元的选通

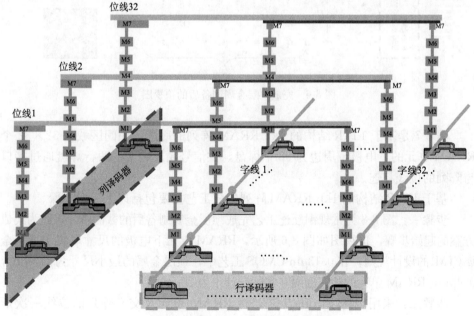

图 8-5 1kb RRAM 阵列的架构图

管，每一列中的晶体管的栅端通过字线相连，与列译码器的 32 个输出端口相接，在实际版图中，字线通过 M2 完成。

在完成顶层金属的制备后，跳过后续钝化工艺及 Al 互连的工艺，将硅片从中芯国际出货，顶层金属的 Cu 作为 RRAM 的下电极，之后在中国科学院微电子研究所的实验室里进行 RRAM 单元的制备，图 8-6 是在完成顶层金属制备后的顶视图，中间区域是 32×32 个 RRAM 的下电极，左边区域是行译码器的 32 个输出端口，右边区域是用于扎针测试的金属 Pad。将 RRAM 单元的上电极相连形成位线，再将 32 根位线与行译码器的 32 个输出端口通过金属相连即完成 1T1R 阵列的制备。在此集成方案中，1kb 交叉阵列的字线及 RRAM 单元的下电极通过中芯国际的铜互连工艺的顶层金属制备完成，RRAM 存储介质、位线及位线与行译码器接口的连线在实验室里完成。

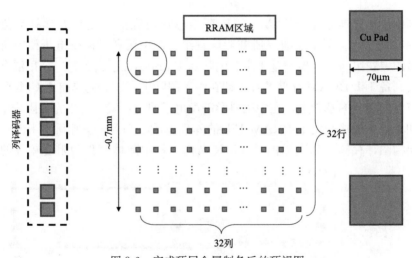

图 8-6　完成顶层金属制备后的顶视图

图 8-7 是基于 1T1R 结构的 1kb RRAM 阵列的版图，中间区域是 32×32 个 RRAM 单元的下电极，周边为 68 个焊盘，供信号输入，上下两行焊盘通过接口与阵列的位线相连。

基于 1T1R 结构的 1kb RRAM 阵列集成工艺主要包括以下三个步骤。

步骤一：图 8-8 为常规铜互连工艺完成顶层金属制备后的截面图，以此为集成方案的起始步骤，顶视图如图 8-6 所示，RRAM 单元下电极的尺寸取决于顶层金属（TM）的设计规则，在 $0.13\mu m$ CMOS 工艺中，顶层金属的最小尺寸为 $0.3\mu m \times 0.4\mu m$，RRAM 单元的相互间隔在实际设计中为 $20\mu m$。

步骤二：采用剥离（liftoff）工艺，将 RRAM 单元及交叉阵列的位线一次形成。在经过光刻形成位线图形后，采用磁控溅射的方法，沉积 HfO_x 薄膜材料作为阻变存储层，之后在 HfO$_x$ 薄膜上采用电子束蒸发工艺沉积 5nm 的 Ti 和 60nm 的 Pt 层作为上电极材料，这里的 5nm Ti 薄层是作为 Pt 的黏附层，以减小 liftoff 工艺时薄膜脱落的可能性。此处，由于实验室光刻条件有限，位线的宽度定为 6μm，位线之间的间距为 20μm。图 8-9 为 liftoff 工艺完成，形成 RRAM 单元和位线后的截面图。

步骤三：采用 liftoff 工艺，将位线与列译码器接口处用金属相连，此处，金属材料亦为 Ti/Pt 双层结构，采用电子束蒸发的方式沉积，图 8-10 为 liftoff 工艺完成后的截面图。至此，基于 1T1R 结构的 1kb RRAM 阵列制备完成。图 8-11 所示为芯片流片实物图。

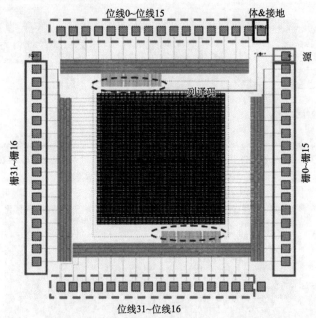

图 8-7 基于 1T1R 结构的 1kb RRAM 阵列版图

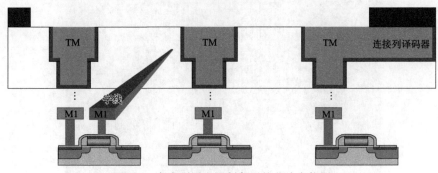

图 8-8 完成顶层金属制备后的芯片实物图

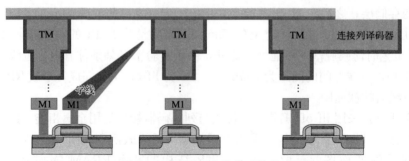

图 8-9　形成 RRAM 单元和位线后的芯片实物图

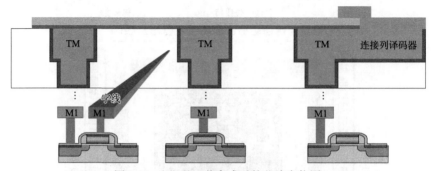

图 8-10　liftoff 工艺完成后的芯片实物图

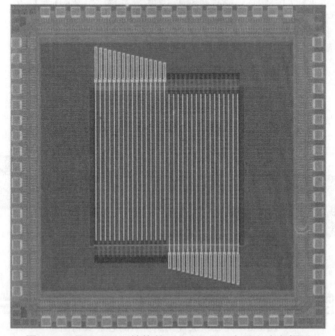

图 8-11　基于 1T1R 结构的 1kb RRAM 阵列流片实物图

为了进一步验证基于 1T1R 结构的 1kb RRAM 阵列的存储特性,首先对 1kb 存储阵列的初始电阻进行读操作,并将读得的值输出,将电阻值大于 1MΩ 定义为高阻值(位图中显示为浅灰色),小于 100kΩ 定义为低阻值(位图中显示为深灰色),图 8-12 所示是所制备 1kb RRAM 阵列单元高阻态的分布位图,可以看出,此时阵列中所有的单元都为高阻态,即"0"状态。对阵列中单元全部进行编程后,其低阻态的位图分布如图 8-13 所示,可以看出此时阵列中所有的单元都为低阻态,即"1"状态。

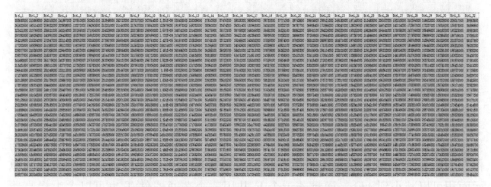

图 8-12 1kb RRAM 阵列单元高阻态位图分布

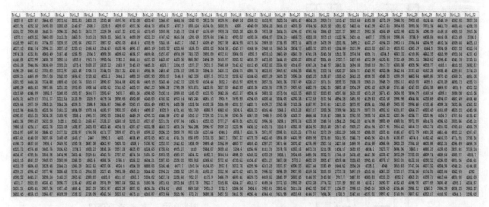

图 8-13 1kb RRAM 阵列单元低阻态位图分布

对阵列进行写操作,以写入"I"、"M"、"E"字符为例,在程序中指定阵列中的某一列,进行数据写入操作,写入完成后阵列的位图如图 8-14 所示,"I"、"M"、"E"字符被正确写入 RRAM 阵列中。

对于 1T1R 结构,其单元面积主要取决于晶体管 T 所占的面积,最小的单元面积也达到 $6F^2$。为了进一步减小器件面积,提高存储密度,三星公司的

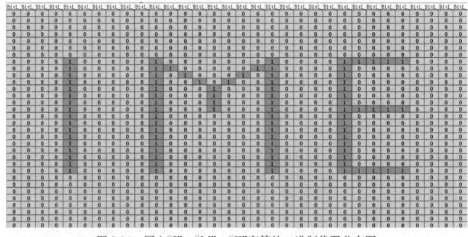

图 8-14 写入"I"、"M"、"E"字符的二进制代码分布图

Yoon 等[11]采用垂直堆叠的方式在一个晶体管 T 上连接了多个 R 组成 1T×R 结构，如图 8-15 所示。从图中可以看出，采用这种方式集成的器件结构所占的单元面积可以减小到 $4F^2$，而且若干个 R 共用一个选通器件 T 也可以大大提高器件的存储密度。

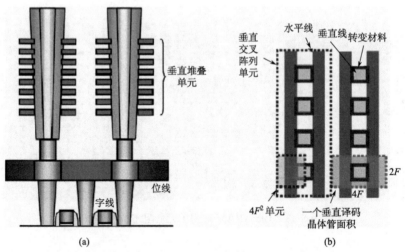

图 8-15 垂直堆叠的 1T×R 结构剖面视图(a)以及顶部视图(b)[11]

有源阵列的结构主要包括 NOR 和 NAND 两种。NOR 的结构如图 8-16 所示，其特点是相邻两个单元的选通晶体管共用一个源端。因为 RRAM 器件制作在晶体管的上面，面积比晶体管要小很多，NOR 结构的密度由晶体管的尺寸决定，最小

为 $6F^2$。NAND 的结构如图 8-17 所示，每个 1T1R 单元中，R 的两端分别连接 T 的源漏端，若干个 1T1R 单元串联起来组成一个链。在对链中某一个单元操作时，未选中单元的晶体管栅极施加足够大的电压，晶体管处于充分导通状态；被选中单元的晶体管栅极电压为零，晶体管不导通，这样就能让操作电压几乎都落在被选中单元的 R 两端，实现编程擦除或者读取操作。因为每个晶体管的源端和漏端都与相邻的晶体管共享，平均一个存储单元的面积可以小到 $4F^2$。

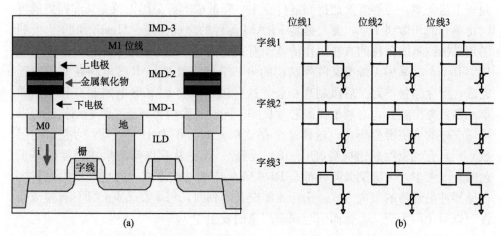

图 8-16 NOR 型阻变存储器截面示意图（a）和各存储单元关系示意图（b）

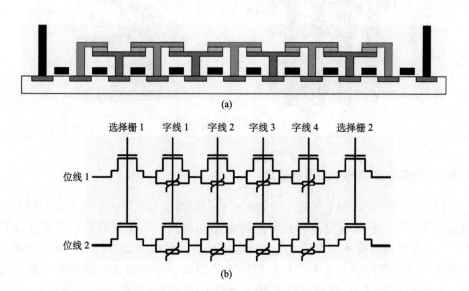

图 8-17 NAND 型阻变存储器截面示意图（a）和各单元关系示意图（b）

8.2 无源阵列结构

相比于有源结构单元，由于具有最小的单元面积 $4F^2$，无源交叉阵列结构被认为是存储器最经济的集成方式[12-16]。在交叉阵列结构中，通过相互交叉的字线和位线构成的上下电极来实现存储单元的选择。无源交叉阵列结构的 RRAM 制备工艺简单，能够有效地提高器件良率，降低成本。采用无源交叉阵列集成可以将单元面积做到 $4F^2$，大大提高 RRAM 器件的集成密度。Heath 课题组[17]利用超晶格纳米线转移的方法制作的基于有机物的 16kb 交叉存储阵列，密度达到 $10^{11}\,\mathrm{bit/cm^2}$。采用无源交叉阵列结构的另一个优点就是 CMOS 电路在前段制程完成，而存储器单元在后段制程制备，这样就可以将 CMOS 电路制造和存储器单元制备完全分开，有利于提高芯片良率。同时，采用无源交叉阵列结构还可以采用三维的多层堆叠集成，这样每个存储单元的面积为 $4F^2/N$（N 为叠层的层数）[5,9]，存储密度成倍提高（图 8-18）。因此，无论从存储阵列集成密度还是工艺的角度考虑，无源交叉阵列都是 RRAM 集成的首选方式，这也被认为是目前存储器件最经济的集成方式。采用无源交叉阵列时，每个交叉点必须具有整流特性，以避免因为交叉串扰而引起误读现象的发生[8-10]。

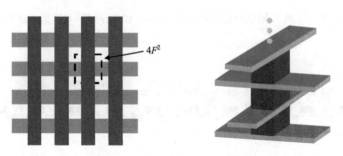

图 8-18 交叉阵列结构示意图

8.2.1 无源交叉阵列中的串扰现象

阻变存储器被认为是很有潜力的下一代存储器的候选者。它具有电阻转变速度快、功耗低、存储密度高和良好的可缩小性特点。由于具有最小的单元面积 $4F^2$，交叉阵列结构被认为是阻变存储器最经济的集成方式。但是，目前所报道过的大部分阻变存储器，无论是单极性还是双极性，当阻变存储器处于低阻态时，其电流电压（I-V）特性曲线几乎是线性且对称的（类似于电阻特性）。在图 8-19(a)所示的交叉阵列中，以其中一个最简单的 2×2 的阵列为例（图 8-19(b)），如果三个相邻交叉节点处存储器件单元处于低阻状态，那么不管第四个交叉节点处存储单元的实际电阻处于高阻态还是低阻态，其读出的电阻都为低阻态，这种现象被称为交叉阵列的串扰现象[18]。图8-19(b)中，坐标为(3，3)的存储器件处于高阻状态，其余三个相邻器件(3，2)、(2，2)和(2，3)都处于低阻状态，这时在(3，3)器件的字线上加读电压，电流可以沿着低阻通道(2，3)→(2，2)→(3，2)(黑色箭头所示)进行传导，使得这时本处于高阻状态的(3，3)器件被误读成低阻状态。此时，串扰并不是只发生在与这三个低阻单元相邻的这个高阻单元上，三个低阻单元形成的这个电流通道对周围其他的高阻态也会有影响。如图8-19(c)所示，不仅处于高阻态的(3，3)器件的电阻值被误读成低阻值，周围其他器件的读出阻值变化也很大，如(4，2)器件由55MΩ读取为7.1MΩ[5]。当存储阵列变大或多层阵列堆叠时，漏电现象将更加严重。

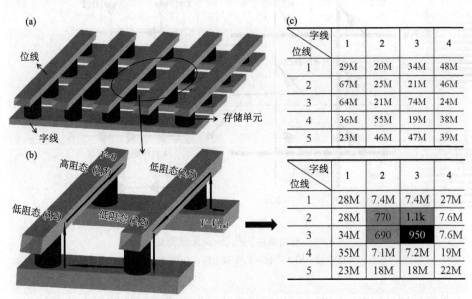

图 8-19　无源交叉阵列及其串扰现象[5]
(a)RRAM无源交叉阵列；(b)2×2交叉阵列中的串扰现象；(c)(2，3)、(2，2)、(3，2)三个存储单元被编程到高阻态前后阵列中的各单元的电阻值(Ω)

能够有效抑制无源交叉阵列中串扰现象的方法主要有两种：采用外围电路[19]和采用基于整流特性的无源交叉阵列。采用外围电路时，需要在存储阵列上添加至少一行读取存储单元的负载器件(load device)。负载器件的一端连接到电源电压，另一端和所读取的存储单元共享一列。在这里所要读取的信号是由被选中的存储器件与负载行中的器件所构成的节点(如IO1或IO2)上的电压。如图8-20(a)所示，在所读取的器件D11上加上一个高电压V_{RW}，节点IO1上读取的电压是 D11 和 L1（读敏感电阻做负载器件）在电压 V_{RW} 和 V_{LD}（读取时接地）间的压降值。这些器件上的电压与 CMOS 电路可识别的电压在同一量级上，因此这种 CMOS 外围电路可以应用在纳米量级的存储阵列中。如果电路中各种参数的变化可以忽略，并且地址行上的所有器件均被编程到相同状态，此时电路中没有串扰现象，电路可等效为图 8-20(b)。事实上，参数不变和器件编程到同一状态是很难实现的，因此阵列中还是存在串扰现象。为了解决阵列中的串扰问题，如图 8-20(c)所示，要将 D21 和 D22 所在的未被选中的行偏置到地(GND)，这样电流就不会从节点 IO2 流入节点 IO1。这种方法能够准确读取 4K 交叉阵列中每个单元的电阻值，并常应用在 SRAM 的行译码器中[19]。

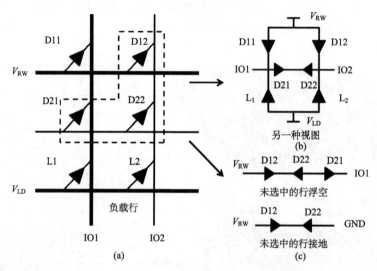

图 8-20 有负载电路的 2×2 无源交叉阵列
(a)电路图；(b)无串扰时的等效电路；(c)串扰通路接地

虽然采用外围电路的方法可以解决串扰问题并准确读取阵列中的存储单元，但这也很大程度上增加了存储芯片的制造成本和复杂度。因此，目前更多的是从器件的角度解决串扰问题，发展出了基于以下几种结构的无源交叉阵列：①串联一个具有整流特性的二极管，构成 1D1R(on diode one resistor)结构；②串联一个非线性电阻构成 1S1R(one selector on resistor)结构；③自整流 RRAM 器件。

8.2.2 1D1R 结构

为了解决串扰问题，可以给每一个存储节点串联一个整流二极管，形成 1D1R 存储单元结构。和 1T1R 结构中的晶体管作用类似，1D1R 结构采用二极管来选择所需操作的存储单元。采用 1D1R 结构，由于二极管具有单向导通性，电流只能从一个方向流过 RRAM 器件,从而有效地抑制了交叉阵列结构集成中的串扰现象。由于采用 1D1R 结构的交叉阵列单元最小面积也是 $4F^2$,并且可以三维集成,因此存储密度可以做得很高。

为了能够应用在三维阻变存储交叉阵列结构中,对串联二极管的性能有一定的要求,如正向电流大、整流比高、制备温度低、可三维集成、与 CMOS 技术兼容等特点[4,20]。其中,二极管的正向电流密度(forward current density)大和整流比(F/R ratio)高是交叉阵列高信号读取余度(signal sensing margin)和高集成密度的关键因素[20]。二极管要有足够大的正向电流密度,以满足给定存储单元电阻值转变时所需的最大电流。由于许多阻变材料的传导电流和交叉节点的截面面积有线性关系,所以二极管的电流密度是影响器件尺寸缩小的重要因素。例如,如果电阻值转变所需的最大电流是 $10\mu A$,二极管提供的最大电流密度是 $10^5 A/cm^2$,那么最小存储单元的大小是 $100nm \times 100nm$。高整流比对存储单元的选择性同样重要,以保证电流应该流经那些被选择的单元,而不流过那些未被选中的单元。对于一个可集成的器件,为了确保低的热预算,要求二极管的制备温度低[21]。根据制备二极管所用材料的不同,目前应用到 1D1R 结构中的二极管的类型主要包括基于硅材料的二极管[22,23]和基于氧化物材料的二极管[24,25]。Cho 等[23]制备的肖特基型 Al/p-Si 二极管,在 2.3V 的读取电压下整流比达到了 10^4(图 8-21(a)),将其与单极性的 Al/PI:PCBM/Au 有机存储器(图 8-21(b)为其电阻转变特性)串联组成交叉阵列(图 8-21(c))后,由于二极管的整流效应,在正向偏压下,有明显的电阻转变现象,在负向偏压下则几乎没有转变现象(图 8-21(d)),能够很好地解决串扰问题。

表 8-1 给出了目前研究报道的部分可用于 1D1R 集成的整流二极管器件的性能参数。目前来说,如何继续提高应用在无源交叉阵列中的二极管的整流比、电流密度和降低制备温度依然是研究的重点,这样才能为 RRAM 器件的读写提供足够大的电流和有效抑制器件之间的串扰。

1D1R 结构中选择整流二极管的主要标准是高的正向电流密度、高的整流比和低的制备温度。基于 Si 材料的二极管的电流密度和整流比都比较高,但是基于 Si 材料的二极管的制备温度都很高,且不容易在金属电极材料上外延得到质量很好的 Si,不适合于 RRAM 在后段制程中的集成。近几年来,基于金属氧化物材料的 1D1R 结构引起了工业界和诸多国内外科研单位的广泛关注,并一度成为 1D1R 研究的重点。主要是因为基于金属氧化物材料的 1D1R 结构可以在低温甚至是室温下制备,与 CMOS 工艺兼容,并且能够实现三维的多层堆叠集成,这样每个存储单元的面积仅为 $4F^2/N$(N 为叠层的层数),存储密度可以实现成倍提高。氧化物二极管分为 pn 结型和肖特基型二极管。基于氧化物的 pn 结二极管一般是 MIIM(金属-p 型绝缘氧化物-n 型绝缘氧化物/金属)结构,它具有高

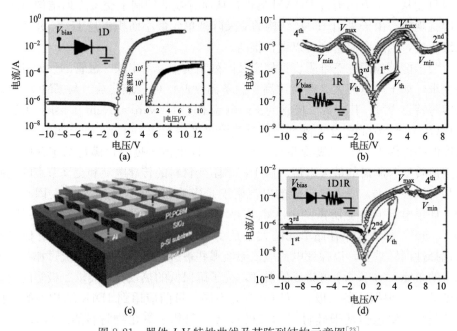

图 8-21 器件 I-V 特性曲线及其阵列结构示意图[23]

(a)Al/p-Si 二极管的 I-V 特性曲线及其整流比随电压变化的曲线(右插图); (b)Al/PI:PCBM/Au 有机存储器的 I-V 特性曲线; (c)Al/p-Si/Al/PI:PCBM/Au 的 1D1R 结构示意图; (d)Al/p-Si/Al/PI: PCBM/Au 整流二极管-存储器的 I-V 特性曲线

的电流密度和大的整流比,但开启电压和理想因子也比较大。基于氧化物的肖特基二极管一般是 MIM 结构,因为其只使用一层氧化物半导体层,并且导电率比 Si 小,所以它的性能较好。此外,还可以通过控制界面间的肖特基势垒高度得到高的整流比[29,30]。

2005 年,三星公司[5]率先在 IEDM 上报道了完全基于金属氧化物材料的 1D1R 存储单元。2007 年,三星公司[13]又在 IEDM 上报道了基于 p-CuO_x/n-In-ZnO_x 的 pn 结型二极管和基于 NiO 材料 RRAM 器件的 1D1R 存储单元,并将其成功应用到双层 8×8 交叉阵列结构中。虽然由于二极管自身的电阻使每个存储单元的编程和擦除电压分别从 0.6V 和 1.6V 增加到 2V 和 3V,但是氧化物二极管并未造成阵列其他特性的显著退化,并且交叉阵列中没有串扰现象的出现,层与层之间也没有明显的干扰。他们还发现氧化物禁带宽度的减小有助于二极管正向电流密度的增加,这对提高 pn 结氧化物二极管的正向电流密度很有帮助。这主要是因为 pn 结氧化物二极管中电流传导的主要机制是漂移-扩散过程,而不是热电子发射过程,因此可以用肖克莱方程表示出理想情况下的电流密度 J,即

表 8-1 部分报道的可用于 1D1R 集成的整流二极管

二极管的类型	二极管结构	电流密度	整流比	制备温度
硅二极管	p-Si/n-Si[22]	>10^5 A/cm^2	>10^5@1V	>1000℃
	Al/p-Si[23]	—	10^4@2.3V	—
氧化物二极管 (pn 结型)	p-NiO$_x$/n-TiO$_x$[4]	5×10^3 A/cm^2@3V	10^5@±3V	<300℃
	p-CuO$_x$/n-InZnO$_x$[21]	3.5×10^4 A/cm^2@2.45V	10^6@±2.45V	室温
	p-NiO$_x$/n-ITO$_x$[26]	>10^4 A/cm^2@1.5V	<10^3	环境温度
	(In, Sn)$_2$O$_3$/TiO$_2$/Pt[20]	400A/cm^2@1V	1.6×10^4@±1V	250℃
氧化物二极管 (肖特基型)	Pt/TiO$_x$/Pt[14]	50A/cm^2@−1V	10^3@±1V	200℃
	Ag/ZnO/Ti/Au[25]	10^4 A/cm^2	>10^7	100℃
	Ti/TiO$_2$/Pt[29]	2×10^3 A/cm^2@3V	10^5@±3V	室温
	Pt/TiO$_2$/Ti[30]	3×10^5 A/cm^2@1V	10^9@±1V	100℃
聚合物二极管	AAl/P3HT:PCBM/PEDOT/ITO[27]	—	10^3@±1V	—
	P3HT/n-ZnO[28]	10^4 A/cm^2@4V	10^5@±4V	60℃
	Au/P3HT/PVP/Al[31]	—	1×10^2~2×10^3	40℃
	Au/OPV5/Ti[31]	0.3~0.8A/cm^2	10^2@4V	

$$J = J_\mathrm{p} + J_\mathrm{n} = J_0\left[\exp\left(\frac{qV}{\eta kT}\right) - 1\right]$$

其中，饱和电流密度为

$$J_0 = \frac{qD_\mathrm{p}N_\mathrm{C}N_\mathrm{V}}{L_\mathrm{p}N_\mathrm{D}}\exp\left(-\frac{E_\mathrm{gp}}{kT}\right) + \frac{qD_\mathrm{n}N_\mathrm{C}N_\mathrm{V}}{L_\mathrm{n}N_\mathrm{A}}\exp\left(-\frac{E_\mathrm{gn}}{kT}\right)$$

J_p 和 J_n 分别是空穴电流密度和电子电流密度；D_p 和 D_n 分别是空穴和电子的扩散系数；L_p 和 L_n 分别是空穴和电子的扩散长度；E_gn 和 E_gp 分别是 n 型氧化物和 p 型氧化物的禁带宽度；N_C 和 N_V 分别是价带和导带的有效态密度；N_D 和 N_A 分别是电离施主和受主的浓度；q 是电子电量；V 是所加的偏压；η 是二极管的理想因子；k 是玻尔兹曼常量；T 是温度。

2008 年，日本产业技术综合研究所与东京大学[14]合作开发了基于 TiO_x 材料的 1D1R 存储单元。2009 年，意大利 CNR-INFM 研究中心[25]将基于 ZnO 的肖特基二极管与基于 NiO 的 RRAM 器件集成构成 1D1R 存储单元。2011 年，韩国科技大学[15]也进入了基于金属氧化物材料 1D1R 的研究领域，将 NiO/ZnO 构成的 pn 结型二极管和 ZnO 构成的 RRAM 器件集成构成 1D1R 存储单元，并成功制备 4×4 的交叉阵列结构。2013 年，韩国首尔大学的 Hwang 等[16]选用 TiO_2 肖特基二极管作为选择单元，制备了基于 1D1R 结构的 32×32 位 RRAM 交叉阵列，制备的 1D1R 结构器件能够实现高低阻态之间的相互转换，器件在低阻态时具有很好的整流特性（整流比达到 10^5），读电阻时相邻电阻之间不会产生相互干扰。

从已经报道的结果来看，基于金属氧化物材料的 1D1R 结构存在的主要问题是器件性能不够稳定，循环次数有限（目前报道的疲劳特性数据少至几次，多至上百次），制约了其在实际中的应用，是亟待解决的问题。综其原因主要是因为目前报道的有关 1D1R 的研究工作集中在具有单极性转变特性的 RRAM 器件上[13-16]。单极性 RRAM 器件实现由 HRS 向 LRS 转变（SET 过程），以及由 LRS 向 HRS 转变（RESET 过程）所需要的电压极性相同，对一般二极管，正向电流密度很高，反向电流密度很小，当单极性 RRAM 与二极管集成时，可以在同一种极性电压下实现 SET 和 RESET 操作。然而大量研究发现，单极性 RRAM 器件在实现多次重复的 SET 和 RESET 操作过程中，SET 和 RESET 容易发生交叠，导致器件性能不够稳定，可重复性较差。相反，双极性 RRAM 器件由于其实现 SET 和 RESET 操作所需要的电压极性相反，在重复操作过程中，SET 和 RESET 不会发生重叠，因而具有更加稳定的阻变特性和更好的可重复性操作[32,33]。例如，2011 年，三星公司的 Lee 等[33]通过控制不同的氧含量，制备了具有 Ta_2O_{5-x}/TaO_{2-x} 双层结构的双极性 RRAM 器件，该双极性 RRAM 器件具有非常稳定的电阻转变特性，并且可重复性操作超过 10^{12} 次。可以预计如果实现将性能更加稳定的双极性 RRAM 器件与二极管集成，可以很好地解决单极性 1D1R 器件性能不够稳定、可重复性差的问题。然而，由于普通二极管的单向导通性，其反向电流很小，使得双极性 RRAM 器件在相反电压极性下的 RESET 操作难以完成，很难实现双极性 RRAM 器件的 1D1R 集成。到目前为止，有关双极性 RRAM 器件与二极管集成研究的非常少，国内外对其的研究还处于初步探索阶段。Puthentheradam 等[34]在 2011 年提出了采用 Si 基齐纳二极管（Zener diode）作为选择单元来实现双极性 RRAM 器件集成的概念，因为齐纳二极管的正向电流-电压特性类似于普通的二极管，而当负向电压达到齐纳二极管的击穿电压（齐纳电压）时齐纳二极管能够提供较大的反向电流，因此能够实现双极性阻变存储器由低阻态向高阻态的转变。作为串联在双极性阻变存储器上的齐纳二极管，需要同时满足三个基本条件：①为了抑制交叉阵列的漏电通道，齐纳二极管需要在读电压下具有高的正反向电流比；②为了获得合适的器件操作电压，齐纳二极管的反向击穿电压要尽量小；③为了保证电阻转变过程所需的操作电流，需要齐纳二极管具有较大的正反向导通电流密度。然而，在同一齐纳二极管中很难同时满足以上三个条件，从而在一定程度上制约了双极性 1D1R 结构的发展。

鉴于此，要想实现基于金属氧化物材料的双极性 1D1R 集成，双极性 RRAM 器件需要串联一个类似于齐纳二极管具有双向导通特性的金属氧化物二极管，其正向电流-电压特性类似于普通二极管，而当反向电压达到一定值时该二极管也应有较大的反向电流。另外，与晶体管不同，二极管正向导通后不存在饱和电流，因此 1D1R 结构没有限流功能，这两方面的因素严重影响了其在高密度集成中的应用。鉴于此，中国科学院微电子研究所刘明课题组[35]于 2013 年首次提出了基于金属氧化物材料的自限流双极型 1D1R 结构，如图 8-22 所示。

图 8-22(a)所示为 Ti/TiO$_x$/Ti 以及 Ni/TiO$_x$/Ti 器件的 I-V 特性曲线。从图中可以发现，Ti/TiO$_x$/Ti 器件在正负电压范围内具有对称的 I-V 特性，并且漏电流较大，意味着金属 Ti 与具有 n 型半导体特性的 TiO$_x$ 界面形成了欧姆接触。当采用高功函数的金属 Ni 作为上电极构成 Ni/TiO$_x$/Ti 器件，其表现出明显的整流特性。从图 8-22(a)中可以发现，Ni/TiO$_x$/Ti 器件的反向电流随着电压的增大逐渐增大，当反向电压达到$-1V$时，反向电流能够达到$100\mu A$，如此大的电流可以与双极性的 RRAM 器件集成构成 1D1R 结构。图 8-22(b)所示为 Pt/HfO$_2$/Cu RRAM 存储单元的 I-V 特性曲线。从图中可以看出，Pt/HfO$_2$/Cu RRAM 存储单元表现出明显的双极性电阻转变特性。当反向电压达到一定值时，器件由高阻态转变为低阻态，器件处于低阻态时，施加正向电压，当电压达到一定值时，器件又由低阻态转变回高阻态。

图 8-22(c)所示为 Pt/HfO$_2$/Cu/Ti/Ni/TiO$_x$/Ti 1D1R 存储器件的 I-V 特性曲线。从图中看出，该 1D1R 结构展现出明显的双极性电阻转变特性。当 0V→

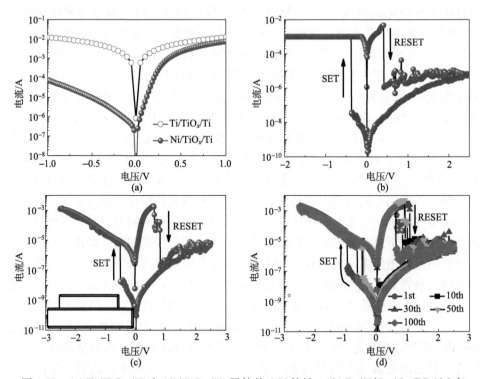

图 8-22 (a) Ti/TiO$_x$/Ti 和 Ni/TiO$_x$/Ti 器件的 I-V 特性；(b) Pt/HfO$_2$/Cu RRAM 存储单元的双极性电阻转变特性；(c) Pt/HfO$_2$/Cu/Ti/Ni/TiO$_x$/Ti 1D1R 存储器件的 I-V 特性；(d) Pt/HfO$_2$/Cu/Ti/Ni/TiO$_x$/Ti 1D1R 存储器件的可重复特性[35]

−2.5V 的电压施加在 Pt 电极上时，1D1R 存储器件的电流在−0.5V 时快速增加，意味着器件实现了由高阻态向低阻态的转变。当我们采用 0V→2.5V 的电压时，当电压值达到 0.8V 时，器件的电阻突然增大，说明器件又转变回了高阻态。图 8-22(d)所示为 Pt/HfO$_2$/Cu/Ti/Ni/TiO$_x$/Ti 1D1R 存储器件可重复性特性。从图 8-22(d)可以发现，该双极性的 1D1R 存储器件具有稳定的可重复性，在 100 次连续的直流扫描周期下，器件依然具有稳定的电阻转变特性。此外，这种双极性的 1D1R 存储器件在 SET 过程中能够实现自限流的特性，意味着该器件结构在实现 SET 的过程中不需要施加额外的限制电流，大大降低了 RRAM 器件外围电路设计的难度。相比于传统的单极性 1D1R，双极性 1D1R 利用肖特基二极管的反向电流来充当限制电流，利用正向电流来完成 RESET 过程，该结构为克服 1D1R 结构固有的缺陷（无限流功能及不适用于双极性 RRAM）提供了新的思路。

8.2.3　1S1R 结构

台湾交通大学[36]在 2011 年的 IEDM 上报道了另外一种概念的选通结构，即 1S1R(S 是非线性电阻，R 是阻变单元)结构，具体是指由一个电学特性对称的非线性电阻与阻变存储器串联构成 1S1R 结构。他们所报道的 1S1R 器件的结构为 Ni/TiO$_2$/Ni/HfO$_2$/Pt 堆叠结构，如图 8-23 所示。此外，从低成本的角度考虑，基于该 1S1R 结构，他们成功制备了基于柔性衬底的 8×8 交叉阵列，图 8-23(b)所示为制备的基于柔性衬底的 8×8 交叉阵列图。

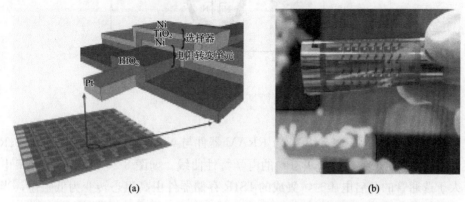

图 8-23　基于 Ni/TiO$_2$/Ni/HfO$_2$/Pt 结构 1S1R 的 8×8 交叉阵列示意图(a)以及基于柔性衬底的 8×8 交叉阵列图(b)[36]

图 8-24 展示了结构为 Ni/HfO$_2$/Pt 双极性 RRAM 器件的电阻转变特性，该器件具有很好的可重复性。图 8-25 展示了 Ni/TiO$_2$/Ni 选通管的电流电压特性曲线，与二极管的单项导通特性不同的是，Ni/TiO$_2$/Ni 选通管在正反电压极性下

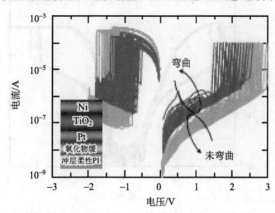

图 8-24　双极性阻变存储单元 Ni/HfO$_2$/Pt 的可重复阻变特性[36]

具有对称的电流特性，并且电阻值展现出非线性的特性，具有这种非线性电阻特性的器件可以作为阻变存储器的选择单元。

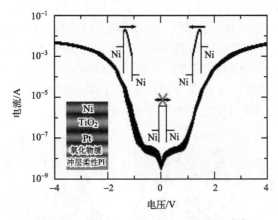

图 8-25　选通管 Ni/TiO$_2$/Ni 电学特性[36]

图 8-26 所示是将 Ni/HfO$_2$/Pt RRAM 器件与 Ni/TiO$_2$/Ni 选通管集成 1S1R 存储器件(Ni/TiO$_2$/Ni/HfO$_2$/Pt)的电学特性曲线。如图 8-26 所示，当 SET 电压大于选通管的开启电压时，集成的 1S1R 存储器件由高阻态转变为低阻态，当电流回扫时，电压小于选通管的开启电压时，直接表现出选通管的电学特性。由图 8-26 可以看出，在 1.2V 的读电压下该器件的非线性系数达到 10^3，如此大的非线性系数使得在 10% 的读阈值下，最大的存储阵列能够达到 10Mb。虽然 10Mb 的存储密度对当今社会高密度的需求来说还远远不够，然而这种概念的提出为 RRAM 器件实现高密度存储提供新的思路，引起了很多研究小组的兴趣。

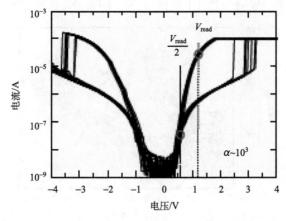

图 8-26　Ni/TiO$_2$/Ni/HfO$_2$/Pt 集成 1S1R 的电学特性曲线[36]

目前，1S1R结构存在的主要问题之一就是非线性系数低，在其集成时，影响了阵列的大小[37-39]。因此寻找非线性系数大的对称性非线性电阻是发展1S1R结构的主要方向。在2012年的VLSI上，Hwang小组[40,41]报道了器件结构为Pt/TaO$_x$/TiO$_2$/TaO$_x$/Pt的非线性电阻作为RRAM器件的选择单元，该选择单元的结构示意图如图8-27所示。图8-28展示了Pt/TaO$_x$/TiO$_2$/TaO$_x$/Pt非线性选择单元的电流-电压特性曲线，从图中可以看出，该选择单元最大的电流密度高于10^7 A/cm^2，并且非线性系数能高达10^4，它可以应用在三维集成的双极性阻变存储器交叉阵列中。此外，在$\frac{1}{2}V_{\text{read}}$下，未被选通的1S1R器件中漏电流是没有串联选通单元1R中漏电流的1/10000，如图8-29所示。

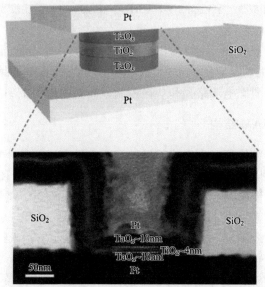

图8-27　Pt/TaO$_x$/TiO$_2$/TaO$_x$/Pt非线性选择单元示意图以及TEM图[41]

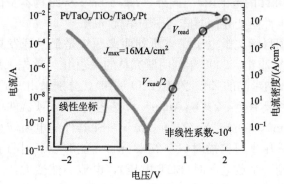

图8-28　Pt/TaO$_x$/TiO$_2$/TaO$_x$/Pt非线性选择单元的电流-电压特性曲线[41]

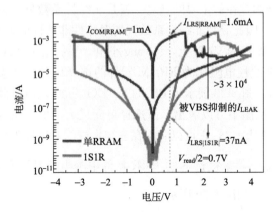

图 8-29 在 $V_{read}/2$ 下，1S1R 与 1R 漏电电流的比较[40]

与上述章节所述的 1D1R 结构相比，1S1R 结构由于选通器件的双极对称性，对 RRAM 器件的极性没有限制，而且这种结构对 RRAM 的编程和读取可以在同向进行，在减少泄漏电流路径和功耗控制方面要明显优于 1D1R 结构。

8.2.4 自整流 RRAM 结构

解决交叉阵列结构集成中串扰的另外一个有效办法就是开发具有自整流特性的 RRAM 器件，所谓具有自整流特性的 RRAM 器件就是指 RRAM 器件在低阻态时具有明显的整流特性，因此不用外接一个选择管就可以避免串扰问题。目前被报道具有这种自整流特性的器件有 $TiW/Ge_2Sb_2Te_5/W$[12]、Au/ZrO_2:Au 纳米晶/n+-Si[42]、$Ag/RbAg_4I_5/n-Si$[43]、Si/a-Si core/Ag 纳米线[44]、Ag/a-Si/p-Si[45]、$Pt/ZrO_2/n+-Si$[46] 和 Ag 纳米线/a-Si/poly-Si[47] 等。Jo 等[48]于 2009 年制备了基于 a-Si 自整流阻变存储器的 1kb 的高密度（$2Gb/cm^2$）交叉阵列（图 8-30），显示了高的器件产率（~98%）、高的开关比（>10^3）和好的均匀性（80%单元的低阻态值在 50~150kΩ 的范围内）。此外，Ag/a-Si/p-Si 结构本身的自整流特性能够很好地解决双极性阻变存储器阵列中的串扰问题。

在国内，中国科学院微电子研究所刘明课题组是最早开发具有自整流效应 RRAM 器件的研究小组。2009 年刘明研究员的课题组[42]首先采用电子束蒸发制备了一种含有 Au 纳米晶的 ZrO_2 薄膜（ZrO_2:Au），分别采用 Au 和 n^+-Si 作为上下电极制备了一种具有 Au/ZrO_2:Au/n^+-Si 结构的 RRAM 器件单元。图 8-31 所示为面积为 $600\mu m \times 600\mu m$ Au/ZrO_2:Au/n^+-Si 器件的电阻转变特性曲线。如图所示，当外加偏压来回扫描时（1→2→3→4），能够观察到明显的电阻转变特性。当偏压扫描到一个负电压时（SET 电压），电流突然变大，这对应着电阻从高阻到低阻的转变过程；当偏压扫描到一个正电压时（RESET 电压），电流突然

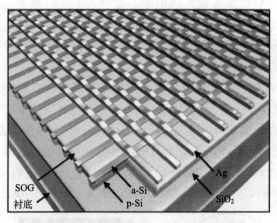

图 8-30　Ag/a-Si/p-Si 交叉阵列示意图[48]

变小，器件电阻又从低阻态转变回高阻态。此外，Au/ZrO$_2$:Au/n$^+$-Si 结构的 RRAM 器件除了能够实现普通的电阻转变存储特性，存储器器件在低阻态时具有明显的整流特性，如图 8-31 中上面插图所示。在 0.5V 的读电压下，器件的正向电流是反向电流的 700 倍。如此大的正反向电流比能够有效抑制交叉阵列结构中的串扰现象。图 8-31 中下面插图所示为 Au/ZrO$_2$:Au/n$^+$-Si 自整流 RRAM 器件处于低阻态时的重复性测试结果，测试过程中先把器件设置到低阻态，然后分

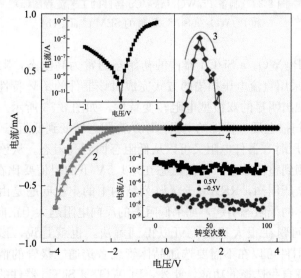

图 8-31　Au/ZrO$_2$:Au/n$^+$Si 阻变存储器典型 I-V 特性曲线[42]

电压扫描方向为：1→2→3→4；上面插图为半对数坐标下的低阻态的非对称 I-V 特性曲线，具有明显的自整流效应；下面插图是低阻态下的重复性测试特性曲线

别用 0.5V 和 -0.5V 电压读取器件电阻。在经过了 100 次连续的直流扫描循环后，低阻态的正反向电流比几乎保持不变。这种可靠的、可重复的整流效应能够有效地降低交叉阵列结构中的误读，使得这种具有自整流效应的阻变存储器有望应用于交叉阵列结构。

此外，2013 年刘明课题组的 Lv 等[49]采用中芯国际标准 Cu 互连工艺中的电渡铜片作为基体，制备了一种 Pt/WO$_3$/a-Si/Cu 结构的自整流 RRAM 器件。图 8-32(a)是整个工艺流程的示意图，这里之所以采用 a-Si 和 WO$_3$ 作为器件功能材料，主要是出于这两种材料与 CMOS 工艺良好的兼容性和可移植性的考虑。图 8-32(b)是所制备的 Pt/WO$_3$/a-Si/Cu 结构器件的 SEM 截面图，从图中可以清晰地看到各层之间的界面，其中 Pt、WO$_3$、a-Si 层的厚度分别为 70nm、60nm、50nm。

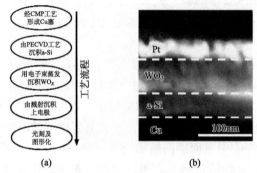

图 8-32 制备 Pt/WO$_3$/a-Si/Cu 器件的工艺流程图(a)
和 Pt/WO$_3$/a-Si/Cu 器件的 SEM 截面图(b)

所制备的 Pt/WO$_3$/a-Si/Cu 器件的初始态通常为高阻态，阻值分布一般在 $10^9 \Omega$ 量级。当采用直流电压扫描的方式完成对该器件的 I-V 特性曲线进行测量时，该器件展现出明显的双极型电阻转变特性，如图 8-33 所示。在器件两端施加 0~2.5V 的扫描电压，器件的电阻可以从高阻态转变到低阻态，而当施加 0~-3V 的扫描电压时，器件电阻又可以从低阻态回到高阻态。从该 I-V 特性曲线中可以明显观测到整流效应，其低阻态在 -1.5V 下的阻值要比在 1.5V 下的阻值高 100 倍。众所周知，RRAM 交叉阵列结构中的串扰问题是由于相邻单元具有正负极相对称的低阻态引起，如果低阻态的反向电阻远大于正向电阻时，由漏电引起的串扰问题在很大程度上可以得到解决，也就是说，该工作中的 Pt/WO$_3$/a-Si/Cu 器件可以在不需要选通晶体管或者选通二极管的情况下，克服读串扰效应，实现自我选择的功能。此外，Pt/WO$_3$/a-Si/Cu 器件的整流特性具有非常优越的重复性和一致性，图 8-34 展示了连续扫描 1000 次的 I-V 曲线，从图中可以看出第 1000 次扫描得到的曲线和第一次的曲线基本重合。由于该器件的

RESET 过程发生在反向区,因此其 RESET 电流很小,可以达到小于微安的量级,因此该器件非常适合于低功耗场合的应用。这里需要值得注意的是,该器件的电阻转变现象是一个缓变的过程而不是突变的过程,跟大部分报道的 RRAM 器件所不一样的是,该器件在 SET 过程中不需要设置限制电流来保护器件被永久击穿,因此在 SET 过程中就不存在电流过冲的现象而对器件造成损害。

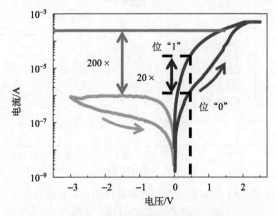

图 8-33 Pt/WO$_3$/a-Si/Cu 器件的 I-V 特性曲线
器件处于低阻态时可以观测到明显的整流效应

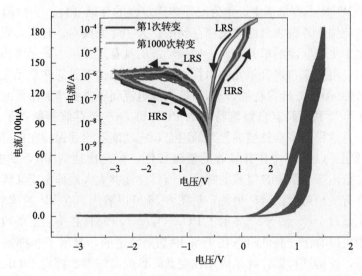

图 8-34 Pt/WO$_3$/a-Si/Cu 器件连续扫描 1000 次的 I-V 曲线图[49]

他们还进一步研究了器件高低阻态和器件面积的关系,如图 8-35 所示,其结果表明,器件的初始态电阻值(R_{ini})和面积基本呈线性关系,而后续的高低阻态电阻值几乎和器件面积无关，也就是说器件的整流特性与器件面积无关，这暗示着 Pt/WO$_3$/a-Si/Cu 自整流器件具有很好的可缩小性。

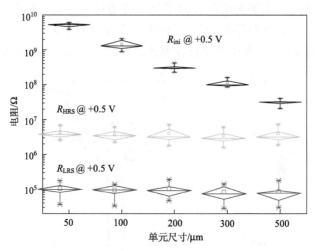

图 8-35　Pt/WO$_3$/a-Si/Cu 器件初始态、高阻态、
低阻态阻值与器件面积关系图[49]

另外，基于自整流的 RRAM 存储单元还可应用到高密度一次编程（write once read many，WORM）存储器中。作为一种非挥发性的存储器件，一次编程存储器件被广泛地应用于各种永久性的文档存储中。为了降低成本，对高集成密度的追求促使产生了更加紧凑的单元结构，如最经济的具有理想最小单元面积 $4F^2$ 的交叉阵列结构。由于来自耦合单元的串扰，交叉阵列结构需要器件单元在低阻态下具有整流特性（类似二极管特性），从而抑制漏电流而不需要增加昂贵的外围电路成本。Zuo 等[46]利用具有自整流特性的 Pt/ZrO$_2$/n$^+$-Si 存储器制备了一次编程存储器，一旦这种新型器件被编程到低阻态，它就能够永远保持在低阻态，而且在编程到低阻态以后器件具有显著的整流特性，整流比达到 10^4，如图 8-36 所示。由于在低阻态下具有自整流的特性，该器件能够大大地抑制交叉阵列结构中的串扰，并有效地避免误读。另外，从图 8-36 可以看出，在 1V 的读取电压下，高低阻态比超过 10^6。图 8-37 显示了 Pt/ZrO$_2$/n$^+$-Si 器件在室温下的数据保持特性。从图中可以看出，高低阻态在 10^5 s 中都是稳定的，显示了非挥发和非损坏的读取性质，使得这种器件有望应用在交叉阵列的高密度非挥发 WORM 存储器件中。

与 1T1R、1D1R、1S1R 相比，具有自整流特性的阻变存储器件与 CMOS 技术完全兼容，结构也比 1T1R、1D1R、1S1R 结构简单，并且克服了来自选择管的限制，没有串联晶体管、二极管、非线性电阻等选择器件引入的干扰，如操作

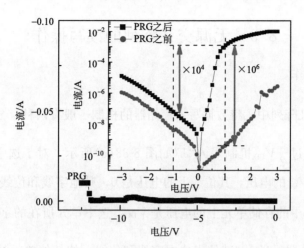

图 8-36 Pt/ZrO$_2$/n$^+$-Si 存储器作为 WORM 器件的编程过程（PRG）[46]
编程中限制电流为 10mA，插图中为该 WORM 存储器典型的电流-电压曲线，
器件在编程后低阻态具有明显的整流特性

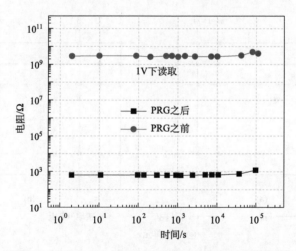

图 8-37 Pt/ZrO$_2$/n$^+$-Si 器件室温下的数据保持特性[46]

电压增大、重复性变差等[48-52]。这些优势使得自整流阻变存储器件在高密度无源交叉阵列结构的应用中具有较强竞争力。对于具有自整流特性的 RRAM 器件，其在性能方面存在的主要问题是整流比不够高。此外，对于自整流产生的物理机制目前依然不十分清楚，进一步深入了解引起自整流特性的主要物理机制是目前急需解决的关键问题。认清了自整流阻变机制，能够为进一步优化和提高自整流阻变特性提供一定的指导意义。

8.3 无源交叉阵列的读写操作

8.3.1 "写"操作

在无源交叉阵列中，将数据写入存储器的机制一般有两种，分别为 $\frac{1}{2}V_{DD}$ 法和 $\frac{1}{3}V_{DD}$ 法。通过 $\frac{1}{2}V_{DD}$ 机制写入"1"如图 8-38(a)所示，对于选中单元的字线，要加上大小为 V_{DD} 的电压，其位线上的电压是 0，其他字线和位线上的电压均为 $\frac{1}{2}V_{DD}$，这样选中的存储单元上的电压是 V_{DD}，选中单元所在的字线和位线上的其他单元的电压是 $\frac{1}{2}V_{DD}$，其他未选中字线和位线上的其他单元的电压为 0。向存储单元中写"0"时，只需将选中单元的字线接地，位线上加电压 V_{DD}，其余字线与位线上的电压与写"1"时相同，如图 8-38(b)所示。

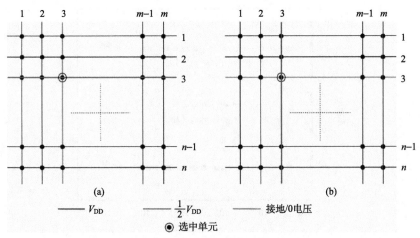

图 8-38　$\frac{1}{2}V_{DD}$ 机制下写"1"(a)和写"0"(b)

通过 $\frac{1}{3}V_{DD}$ 机制写入"1"如图 8-39(a)所示，对于选中单元的字线，要加上大小为 V_{DD} 的电压，其位线上的电压是 0，其余字线上的电压都为 $\frac{1}{3}V_{DD}$，其余位线上的电压都为 $\frac{2}{3}V_{DD}$，这样选中的存储单元上的电压是 V_{DD}，选中单元所在的字线和位线上的其他单元的电压则是为 $\frac{1}{3}V_{DD}$，其他未选中的字线和位线上存储单元的电压是 $-\frac{1}{3}V_{DD}$。向存储单元中写"0"时，所有行列上的电压相互调换，如图 8-39(b)所示。

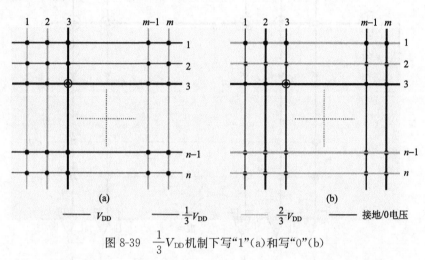

图 8-39　$\frac{1}{3}V_{DD}$ 机制下写"1"(a)和写"0"(b)

8.3.2 "读"操作

传统的读取机制为对于需要读取的存储单元所在的字线加电压 V_{RD}，其他的字线接地。每根字线上接一个灵敏电流放大器(SA)，灵敏电流放大器实际上是运算放大器，它可以将位线上读到的电流转换为电压，如图 8-40 所示。理想情况下，运算放大器的输入相当于接地，因此也称为虚地。

将数据从存储器读出的读取机制同样有两种，分别为 $\frac{1}{2}V_{DD}$ 法和 $-V_{DD}$ 法，如图 8-41 所示。选择哪一种机制主要依赖于阻变存储器的器件结构。如果是基于 1S1R 结构的交叉阵列，则选择 $\frac{1}{2}V_{DD}$ 方法。而 $-V_{DD}$ 方法通常被用来读取器件结构为 1D1R 的交叉阵列。

通过 $-V_{DD}$ 方法读取数据，对于选中单元的字线，要加上大小为 $\frac{1}{2}V_{DD}$ 的电压，其位线上的电压是 $-\frac{1}{2}V_{DD}$，其他字线上的电压均为 $-\frac{1}{2}V_{DD}$，其他位线上的电压均为 $\frac{1}{2}V_{DD}$。如果不考虑导线电阻，则这样选中的存储单元上的电压是 V_{DD}，

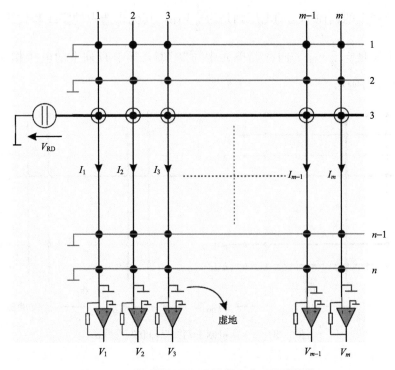

图 8-40 理想情况下,无源交叉阵列的读操作

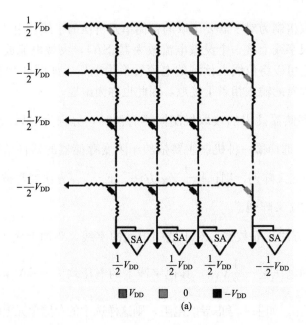

(a)

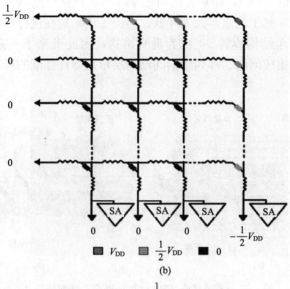

图 8-41 $-V_{DD}$ 和 $\frac{1}{2}V_{DD}$ 读取机制

选中单元所在的字线和位线上的其他单元的电压是 0，其他未选中字线和位线上的其他单元的电压为 $-V_{DD}$。

通过 $\frac{1}{2}V_{DD}$ 方法读取数据，对于选中单元的字线，要加上大小为 $\frac{1}{2}V_{DD}$ 的电压，其位线上的电压为 $-\frac{1}{2}V_{DD}$，其他字线和位线上的电压均为 0。如果不考虑导线电阻，则这样选中的存储单元上的电压是 V_{DD}，选中单元所在的字线和位线上的其他单元的电压为 $\frac{1}{2}V_{DD}$，其他未选中字线和位线上的其他单元的电压为 0。

8.4 三维集成结构

RRAM 的三维集成结构体系主要有两种：一种是多层堆叠交叉阵列结构，即把二维交叉阵列结构重复制备，堆积多层形成[53]，如图 8-42(a)所示；另一种方法是垂直交叉阵列结构，把传统的水平交叉阵列结构转 90°，并在水平方向重复延伸形成垂直结构三维阵列[54,55]，如图 8-42(b)所示。多层堆叠结构是一种可以从二维平面结构转移过来的三维结构技术，多层堆叠结构需要对每层交叉阵列结构分别制备，在提高单位面积存储密度的同时，其生产成本也将显著提升，以堆叠 N 层交叉阵列为例，通常需要经过 $2N+1$ 次光刻完成（光刻步骤约占整个半导体生产成本的 30%),而垂直结构三维阵列,只需经过 $N+1$ 次光刻,相比于多层堆叠结构,其工艺成本大大降低。但由于该结构在进行三维集成时,需要把传统的二维平面结构旋转 90°成为垂直结构,因此带来了一系列新的技术挑战,如选通管的集成问题、阵列中不同结构层单元器件性能的可靠性与均匀性等问题。

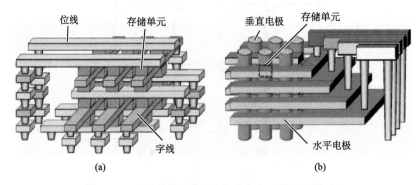

图 8-42　多层堆叠结构(a)和垂直交叉阵列结构(b)

8.4.1　堆叠交叉阵列结构

最早提出并制备三维堆叠交叉阵列的研究机构是韩国三星公司[5],他们于 2005 年在 IEDM 上报道了基于金属氧化物材料 RRAM 存储单元的双层 4×5 交叉测试阵列,如图 8-43 所示。对于三维堆叠交叉阵列,选通管与 RRAM 单元的集成是三维堆叠集成中需要考虑的一个重要因素。如上所述,在交叉阵列结构中,由于泄漏电流的存在,通常需要与 RRAM 单元串联一个选通管(晶体管、二极管、非线性电阻等)来抑制串扰效应。对于多层堆叠结构,选通管与 RRAM 器件的集成可以通过平面工艺比较方便地实现,在经过连续的多层材料堆叠后,

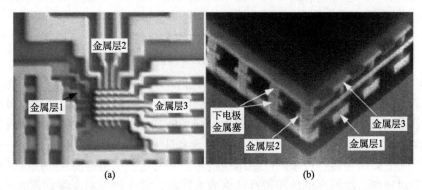

图 8-43　双层 4×5 交叉测试阵列光学图(a)和 SEM 图(b)[5]

1D1R 或 1S1R 结构可以通过刻蚀工艺一次形成。为了抑制交叉串扰，2007 年，三星公司[13]基于金属氧化物材料又在 IEDM 上报道了基于 1D1R 结构的双层 8×8 交叉阵列，图 8-44 所示为制备的基于 1D1R 结构的双层 8×8 交叉阵列图。

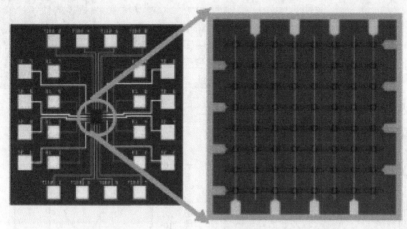

图 8-44　基于 1D1R 结构的双层 8×8 交叉阵列光学图[13]

为了提高存储密度，2012 年，日本松下公司[56]采用电流密度超过 $10^5\,A/cm^2$ 的双向二极管作为选择单元，基于 $0.18\mu m$ 标准逻辑工艺，采用 1D1R 结构的多层堆叠成功制备了阵列存储密度达 8Mb 的存储芯片，图 8-45 展示了所制备的存储阵列的横截面图以及双向二极管选择单元的电流密度-电压曲线。2013 年美国 Sandisk 公司与日本东芝公司[57]合作，运用 24nm 技术，基于 1D1R 结构，采用双层堆叠成功制备了存储密度高达 32Gb 的存储芯片，图 8-46 为所制备芯片的显微照片、横截面视图以及相关特性。

8.4.2　垂直交叉阵列结构

图 8-47 所示为基于垂直结构 RRAM 单元的三维垂直交叉阵列示意图，美国斯坦福大学的 Wong 课题组是国际上开展 RRAM 垂直交叉阵列的主要研究小组，2012 年他们与北京大学合作，成功制备了基于 $Pt/HfO_x/TiON/TiN$ 结构的双层堆叠垂直阻变存储器，图 8-48 所示为单层结构器件与双层堆叠结构的 TEM 图[58]。该垂直结构阻变存储器具有优越的电阻转变特性，例如，Reset 电流小于 $50\mu A$，转换速度接近 50ns，可重复周期超过 10^8，保持特性在 125℃超过 10^5 秒[58]。Hsu 等[59]在 2013 年 IEDM 上报道了基于 $Ta/TaO_x/TiO_2/Ti$ 结构的三维双层垂直 RRAM 结构，并且该垂直结构器件具有自整流效应，因此，该结构器件能够解决垂直交叉阵列中的串扰。通过仿真，在 10%的读阈值下，基于该结构的垂直阵列的最大的存储密度能够达到 10Mb。

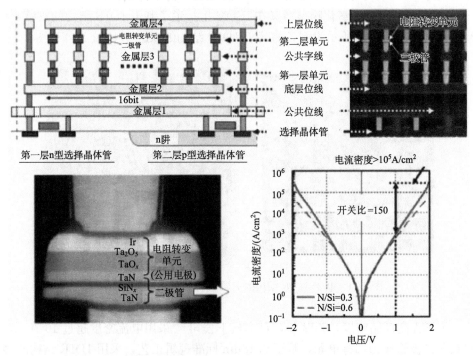

图 8-45　1D1R 多层堆叠存储阵列的横截面图和双向二极管的电流密度-电压曲线[56]

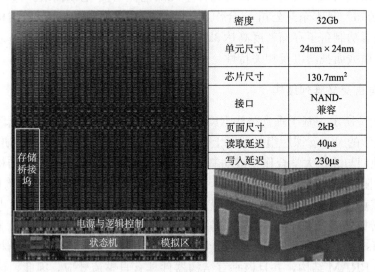

图 8-46　1D1R 双层堆叠存储芯片的显微照片、横截面视图以及相关特性[57]

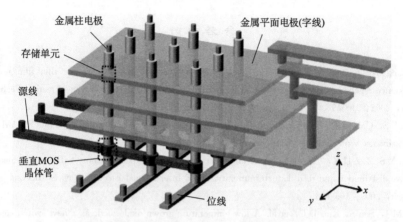

图 8-47　基于垂直结构 RRAM 单元的三维垂直交叉阵列示意图[58]

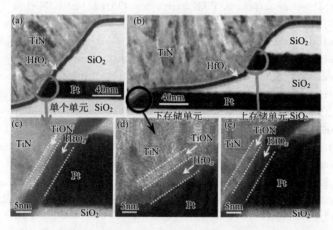

图 8-48　(a)单层结构器件的 TEM 图；(b)双层堆叠结构的 TEM 图；
(c)单层结构器件的 HRTEM 图；(d)双层堆叠结构中底层器件的 HRTEM 图；
(e)双层堆叠结构中顶层器件的 HRTEM 图[58]

对于垂直交叉阵列结构，选通管的集成显得非常困难，因为在垂直阵列中，每一列 RRAM 单元的上电极是通过沟槽填充工艺形成，由于缺少单个器件的图形化工艺，要在每个 RRAM 单元上集成一个选通管难度很大，目前国际上已有的关于垂直交叉阵列三维结构的报道几乎全是基于 1R 结构[58-60]，在缺乏选通管的情况下，这种结构的集成规模和读写操作将会受到很大的限制。此外，除了热预算、界面扩散、表面起伏等固有问题，还需要考虑薄膜填充、电极形貌、均匀性等其他问题。因此，垂直结构三维存储虽然在降低工艺成本方面有优势，但在阵列均匀性、选通管集成等方面依然具有新的挑战。

参 考 文 献

[1] Zhuang W W, Pan W, Ulrich B D, et al. Novel colossal magnetoresistive thin film nonvolatile resistance random access memory(RRAM). IEEE International Electron Devices Meeting Technical Digest, 2002: 193-196.

[2] Sheu S S, Chiang P C, Lin W P, et al. A 5ns fast write multi-level non-volatile 1K bits RRAM memory with advance write scheme. Symposia on VLSI Circuits, 2009: 82-83.

[3] Chen Y S, Lee H Y, Chen P S, et al. Highly scalable hafnium oxide memory with improvements of resistive distribution and read disturb immunity. IEEE International Electron Devices Meeting Technical Digest, 2009: 105-108.

[4] Lee M J, Seo S, Kim D C, et al. A low-temperature-grown oxide diode as a new switch element for high-density, nonvolatile memories. Advanced Materials, 2007, 19: 73-76.

[5] Baek I G, Kim D C, Lee M J, et al. Multi-layer cross-point binary oxide resistive memory(OxRRAM) for post-NAND storage application. IEEE International Electron Devices Meeting Technical Digest, 2005: 750-753.

[6] Chen A, Haddad S, Wu Y C, et al. Non-volatile resistive switching for advanced memory applications. IEEE International Electron Devices Meeting Technical Digest, 2005: 746-749.

[7] Wei Z, Kanzawa Y, Arita1 K, et al. Highly reliable TaO_x ReRAM and direct evidence of redox reaction mechanism. IEEE International Electron Devices Meeting Technical Digest, 2008: 293-296.

[8] Kawabata S, Nakura M, Yamazaki S, et al. CoO_x-RRAM memory cell technology using recess structure for 128Kbits memory array. IEEE International Memory Workshop, 2010.

[9] Fackenthal R, Kitagawa M, Otsuka W, et al. A 16Gb ReRAM with 200MB/s write and 1GB/s read in 27nm technology. IEEE International Solid-State Circuits Conference, 2014: 338-340.

[10] Xue X Y, Jian W X, Yang J G, et al. A 0.13μm 8Mb logic based $Cu_x Si_y O$ resistive memory with self-adaptive yield enhancement and operation power reduction. Symposia on VLSI Technology and Circuits, 2012: 42-43.

[11] Yoon H S, Baek I G, Zhao J, et al. Vertical cross-point resistance change memory for ultra-high density non-volatile memory applications. Symposia on VLSI Technology, 2009: 26-27.

[12] Chen Y C, Chen C F, Chen C T, et al. An access-transistor-free(0T/1R)non-volatile resistance random access memory(RRAM)using a novel threshold switching, self-rectifying chalcogenide device. IEEE International Electron Devices Meeting Technical Digest, 2003: 905-908.

[13] Lee M J, Park Y, Kang B S, et al. 2-stack 1D-1R cross-point structure with oxide diodes as switch elements for high density resistance RAM applications. IEEE International Electron Devices Meeting Technical Digest, 2007: 771-774.

[14] Shima H, Takano F, Muramatsu H, et al. Control of resistance switching voltages in rectifying Pt/TiO_x/Pt trilayer. Applied Physics Letters, 2008, 92: 043510.

[15] Seo J W, Baik S J, Kang S J, et al. A ZnO cross-bar array resistive random access memory stacked with heterostructure diodes for eliminating the sneak current effect. Applied Physics Letters, 2011, 98: 233505.

[16] Kim G H, Lee J H, Ahn Y, et al. 32×32 crossbar array resistive memory composed of a stacked

Schottky diode and unipolar resistive memory. Advanced Functional Materials, 2013, 23: 1440-1449.

[17] Green J E, Choi J W, Boukai A, et al. A 160-kilobit molecular electronic memory patterned at 1011 bits per square centimeter. Nature, 2007, 445: 414-417.

[18] Lee M J, Park Y, Suh D S, et al. Two series oxide resistors applicable to high speed and high density nonvolatile memory. Advanced Materials, 2007, 19: 3919-3923.

[19] Rose G S, Yao Y X, Tour J M, et al. Designing CMOS/molecular memories while considering device parameter variations. ACM Journal on Emerging Technologies in Computing Systems, 2007.

[20] Shin Y C, Song J, Kim K M, et al. (In, Sn)$_2$O$_3$/TiO$_2$/Pt Schottky-type diode switch for the TiO$_2$ resistive switching memory array. Applied Physics Letters, 2008, 92: 162904.

[21] Kang B S, Ahn S E, Lee M J, et al. High-current-density CuO$_x$/InZnO$_x$ thin-film diodes for cross-point memory applications. Advanced Materials, 2008, 20: 3066-3069.

[22] Golubovic D S, Miranda A H, Akil N, et al. Vertical poly-Si select pn-diodes for emerging resistive non-volatile memories. Microelectronic Engineering, 2007, 84: 2921-2926.

[23] Cho B, Kim T W, Song S, et al. Rewritable switching of one diode-one resistor nonvolatile organic memory devices. Advanced Materials, 2009, 21: 1228-1232.

[24] Ahn S E, Kang B S, Kim K H, et al. Stackable all-oxide-based nonvolatile memory with Al$_2$O$_3$ antifuse and p-CuO$_x$/n-InZnO$_x$ diode. IEEE Electron Device Letters, 2009, 30: 550-552.

[25] Tallarida G, Huby N, Kutrzeba-Kotowska B, et al. Low temperature rectifying junctions for crossbar non-volatile memory devices. IEEE International Memory Workshop, 2009.

[26] Lee W Y, Mauri D, Hwang C. High-current-density ITO$_x$/NiO$_x$ thin-film diodes. Applied Physics Letters, 1998, 72: 1584-1586.

[27] Teo E Y H, Zhang C, Lim S L, et al. An organic-based diode-memory device with rectifying property for crossbar memory array applications. IEEE Electron Device Letters, 2009, 30: 487-489.

[28] Katsia E, Huby N, Tallarida G, et al. Poly(3-hexylthiophene)/ZnO hybrid pn junctions for microelectronics applications. Applied Physics Letters, 2009, 4: 143501.

[29] Huang J J, Kuo C W, Chang W C, et al. Transition of stable rectification to resistive-switching in Ti/TiO$_2$/Pt oxide diode. Applied Physics Letters, 2010, 96: 262901.

[30] Park W Y, Kim G H, Seok J Y, et al. A Pt/TiO$_2$/Ti Schottky-type selection diode for alleviating the sneak current in resistance switching memory arrays. Nanotechnology, 2010, 21: 195201.

[31] Katsia E, Tallarida G, Kutrzeba-Kotowska B, et al. Integration of organic based Schottky junctions into crossbar arrays by standard UV lithography. Organic Electronics, 2008, 9: 1044-1050.

[32] Jang J, Pan F, Braam K, et al. Resistance switching characteristics of solid electrolyte chalcogenide Ag$_2$Se nanoparticles for flexible nonvolatile memory applications. Advanced Materials, 2012, 24: 3573-3576.

[33] Lee M J, Lee C B, Lee D, et al. A fast, high-endurance and scalable non-volatile memory device made from asymmetric Ta$_2$O$_{5-x}$/TaO$_{2-x}$ bilayer structures. Nature Materials, 2011, 10: 625-630.

[34] Puthentheradam S C, Schroder D K, Kozicki M N. Inherent diode isolation in programmable metallization cell resistive memory elements. Applied Physics A, 2011, 102: 817-826.

[35] Li Y T, Lv H B, Liu Q, et al. Bipolar one diode-one resistor integration for high-density resistive memory applications. Nanoscale, 2013, 5: 4785.

[36] Huang J J, Tseng Y M, Luo W C, et al. One selector-one resistor(1S1R)crossbar array for high-den-

sity flexible memory applications. IEEE International Electron Devices Meeting Technical Digest, 2011: 31. 7. 1-31. 7. 4.

[37] Huang J J, Tseng Y M, Hsu C W, et al. Bipolar nonlinear Ni/TiO$_2$/Ni selector for 1S1R crossbar array applications. IEEE Electron Device Letters, 2011, 9: 1427-1429.

[38] Shin J, Kim I, Biju K P. TiO$_2$-based metal-insulator-metal selection device for bipolar resistive random access memory cross-point application. Journal of Applied Physics, 2011, 109: 033712.

[39] Yang J J, Zhang M X, Pickett M D, Engineering nonlinearity into memristors for passive crossbar applications. Applied Physics Letters, 2012, 100: 113501.

[40] Lee W, Park J, Shin J, et al. Varistor-type bidirectional switch($J_{MAX}>10^7 A/cm^2$, selectivity$\sim 10^4$) for 3D bipolar resistive memory arrays. Symposia on VLSI Technology and Ciucuits, 2012: 37-38.

[41] Lee W, Park J, Kim S, et al. High current density and nonlinearity combination of selection device based on TaO$_x$/TiO$_2$/TaO$_x$ structure for one selector-one resistor arrays. ACS Nano, 2012, 6: 8166-8172.

[42] Zuo Q Y, Long S B, Liu Q, et al. Self-rectifying effect in gold nanocrystal-embedded zirconium oxide resistive memory. Journal of Applied Physics, 2009, 106: 073724.

[43] Liang X F, Chen Y, Yang B, et al. A nanoscale nonvolatile memory device made from RbAg$_4$I$_5$ solid electrolyte grown on a Si substrate. Microelectronic Engineering, 2008, 85: 1736-1738.

[44] Dong Y J, Yu G H, Michael C, et al. Si/a-Si core/shell nanowires as nonvolatile crossbar switches. Nano Letters, 2008, 8: 386-391.

[45] Jo S H, Lu W. CMOS compatible nanoscale nonvolatile resistance switching memory. Nano Letters, 2008, 8: 392-397.

[46] Zuo Q Y, Long S B, Yang S Q, et al. ZrO$_2$-based memory cell with a self-rectifying effect for crossbar WORM memory application. IEEE Electron Device Letters, 2010, 31: 344-346.

[47] Kim K H, Jo S H, Gaba S, et al. Nanoscale resistive memory with intrinsic diode characteristics and long endurance. Applied Physics Letters, 2010, 96: 053106.

[48] Jo S H, Kim K H, Lu W. High-density crossbar arrays based on a Si memristive system. Nano Letters, 2009, 9: 870-874.

[49] Lv H B, Li Y T, Liu Q, et al. Self-rectifying resistive-switching device with a-Si/WO$_3$ bilayer. IEEE Electron Device Letters, 2013, 34: 229-231.

[50] Li S L, Shang D S, Li J, et al. Resistive switching properties in oxygen-deficient Pr$_{0.7}$Ca$_{0.3}$MnO$_3$ junctions with active Al top electrodes. Journal of Applied Physics, 2009, 105: 033710.

[51] Ni M C, Guo S M, Tian H F, et al. Resistive switching effect in SrTiO$_{3-\delta}$/Nb-doped SrTiO$_3$ heterojunction. Applied Physics Letters, 2007, 91: 183502.

[52] Jo S H, Lu W. CMOS compatible nanoscale nonvolatile resistance switching memory. Nano Letters, 2008, 8: 392-397.

[53] Baek I G, Park C J, Ju H, et al. Realization of vertical resistive memory(VRRAM)using cost effective 3D process. IEEE International Electron Devices Meeting Technical Digest, 2011: 737-740.

[54] Jang J, Kim H S, Cho W, et al. Vertical cell array using TCAT(terabit cell array transistor)technology for ultra high density NAND flash memory. Symposia on VLSI Technology, 2009: 192-193.

[55] Katsumata R, Kito M, Fukuzumi Y, et al. Pipe-shaped BiCS flash memory with 16 stacked layers and multi-level-cell operation for ultra high density storage devices. Symposia on VLSI Technology, 2009:

136-137.

[56] Kawahara A, Azuma R, Ikeda Y, et al. An 8Mb multi-layered cross-point ReRAM macro with 443MB/s write throughput. IEEE International Solid-State Circuits Conference, 2012: 432-434.

[57] Liu T Y, Yan T H, Scheuerlein R, et al. A 130.7mm^2 2-layer 32Gb ReRAM memory device in 24nm technology. IEEE International Solid-State Circuits Conference, 2013: 210-212.

[58] Chen H Y, Yu S M, Gao B, et al. HfO$_x$ based vertical resistive random access memory for cost-effective 3D cross-point architecture without cell selector. IEEE International Electron Devices Meeting Technical Digest, 2012: 497-500.

[59] Hsu C W, Wan C C, Wang I T, et al. 3D vertical TaO$_x$/TiO$_2$ RRAM with over 10^3 self-rectifying ratio and sub-μA operating current. IEEE International Electron Devices Meeting Technical Digest, 2013: 264-267.

[60] Yoon H S, Baek I G, Zhao J, et al. Vertical cross-point resistance change memory for ultra-high density non-volatile memory applications. Symposia on VLSI Technology, 2009: 26-27.

第 9 章　阻变存储器的电路应用

阻变存储器(RRAM)由于其优越的电学特性，如高速、低功耗、高密度等，在嵌入式场合和高密度场合领域有着良好的应用前景[1-10]。此外，具有记忆效应的电阻转变器件又被认为是除电阻、电容、电感之外的第四种基本电路元件——忆阻器，其在神经元仿生电路中具有广泛的应用。本章主要侧重于 RRAM 的电路应用，分别介绍阻变器件的紧凑模型、RRAM 在 FPGA 领域中的应用、CMOL 电路技术及忆阻器在神经元网络中的应用。

9.1　紧凑模型

在行为级模型中，着眼于 RRAM 的稳定态，而实际的 RRAM 器件的各项器件参数都是动态变化的，甚至对于同一个器件，在不同电路条件下也是不定的，因此对于准确性更高的紧凑模型，必须要考虑器件参数的动态效应。器件参数的动态效应所体现出来的具体特性包括：高低阻态的转变机制，不同的电压扫描速率所引起的阈值电压变化，状态转换时间随着施加电压大小而改变，导电细丝的数量变化引起的电流改变、焦耳热效应、高低阻态的电阻值分布特性等。一个较为完备的 RRAM 紧凑模型需要依据实际情况反映出以上列举的器件特性。

9.1.1　基于金属离子迁移动态机制的紧凑模型

针对较为典型的金属电桥型存储器(conducting-bridge random-access memory)，Yu 等[11]基于导电通道的形成过程中金属离子迁移动态机制提出的紧凑模型，较好地预测了阈值电压、单元电阻等与编程时间之间的动态效应。模型中导电细丝的生长速率可以表示为

$$\frac{dh}{dt} = J/(ZqN_m) \tag{9-1}$$

式中，J 为离子电流密度；Z 为离子电荷数；N_m 为离子密度。电流密度 J 可以用 Mott-Gurney 离子化跃迁电流来表示，即

$$J = 2Zq \times N_i \times a \times f \times \exp\left(-\frac{E_a}{kT}\right) \times \sinh\left(\frac{Zq \times E \times a}{2kT}\right) \tag{9-2}$$

式中，N_i 为固态电解质中的金属离子密度；a 为有效跃迁距离；E_a 为激活能。导电细丝半径的变化速率为

$$\frac{dr}{dt} = v_r \times \exp\left(-\frac{E_a}{kT}\right) \times \sinh\left(\frac{\beta qV}{kT}\right) \quad (9-3)$$

式中，v_r 为拟合平均速率，而焦耳热效应为

$$T = T_0 + V^2 \times R_{th} / R_{on} \quad (9-4)$$

其中，R_{th} 为等效热阻（$\sim 10^5 \text{K/W}$）。

基于上述公式可以比较准确地描述导电细丝的变化情况以预测同编程时间相关的离子迁移动态效应。图 9-1 显示了不同直流双扫描速率下模拟得到的阈值电压变化情况。

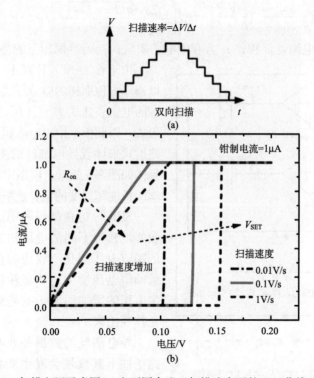

图 9-1　扫描电压示意图(a)和不同直流双扫描速率下的 I-V 曲线(b)[11]

9.1.2　基于忆阻器理论的紧凑模型

RRAM 包含于更广泛的忆阻器系统，因此可以借助于忆阻器模型来描述更多样化的器件特性，尤其是多存储态情形。Sheridan 等[12]建立了一个忆阻器的紧凑模型以仿真 RRAM 特性，并提供了 SPICE 建模代码例子。模型中导电细丝的生长速率表示为

$$\frac{\mathrm{d}l}{\mathrm{d}t} = 2dv \times \exp\left(\frac{-qU_a}{kT}\right) \times \sinh\left[\frac{qVd}{2kT(h-l)}\right] \quad (9\text{-}5)$$

式中，d 为跃迁距离；v 为特征离子跃迁频率；U_a 为跃迁势垒；V 为偏压；h 为介质厚度；l 为导电细丝的长度。对于电阻转变过程中的 I-V 特性，由于导电细丝的尖端与相对电极的间距一般仅有几纳米，因此模型设定为隧穿电流，并得出其简化表达式为

$$I = Aq\,\frac{8\pi^2 m}{h_0^3}\,\frac{kT}{c_1\sin(\pi c_1 kT)}, \quad V < \phi_0 \quad (9\text{-}6)$$

$$I = A\,\frac{4\pi q^2 m}{h_0^3 \alpha^2 \phi_0}\left(\frac{V}{h-l}\right)^2 \exp\left[-\frac{2\alpha\sqrt{q(h-l)}\,\phi_0^{3/2}}{3V}\right], \quad V > \phi_0 \quad (9\text{-}7)$$

式中，A 为导电细丝面积；m 为有效电子质量；ϕ_0 为零偏压下的势垒高度。

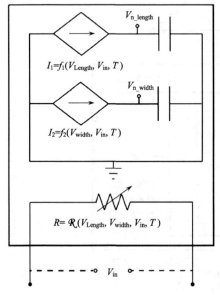

图 9-2 RRAM 模型的子电路原理图[12]

由于标准 SPICE 并不支持内部变量以速率方程那样的微分形式来表示，而电容的电流表达式 $I = C(\mathrm{d}V_n)/\mathrm{d}t$ 具备微分形式，因此模型中以电流源加电容的子电路形式来体现导电细丝的生长速率方程，具体如图 9-2 所示。模型中包括了导电细丝的长度和宽度的生长速率因素。

SPICE 仿真结果表明这个模型可以较好地模拟不同的电压扫描速率所引起的阈值电压变化，较快的扫描速率会导致阈值电压增大。状态转换时间随着施加电压的增加而减小的趋势也可以明显地体现出来。

导电细丝的数量并非唯一，不同电路条件下其数量会发生变化，此模型对于导电细丝的数量变化关系的表示采用了与细丝长度生长速率方程类似的形式：

$$\frac{\mathrm{d}w}{\mathrm{d}t} = s \times \exp\left(\frac{-qU_a}{kT}\right) \times \sinh(V/V_0) \quad (9\text{-}8)$$

可以看出，模型中导电细丝的数量是由偏压 V 来决定的。

当 RRAM 的编程和擦除电流比较大时，焦耳热效应就会变得比较明显。模型假定局域温度是耗散功率的一阶函数：

$$T = T_0 + aIV \quad (9\text{-}9)$$

式中，T_0 为室温；a 为与材料相关的稳定态热系数。图 9-3(a)中显示了有无考

虑焦耳热效应的 I-V 曲线对比，(b)和(c)中则显示了编程和擦除时电压和局域温度的显著变化。

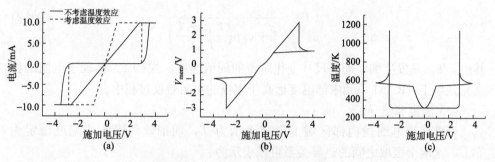

图 9-3 (a)RRAM 的焦耳热效应；(b)编程和擦除过程中的电压变化；
(c)编程和擦除过程中的温度变化[12]

9.1.3 考虑正态分布偏差的 RRAM 紧凑模型

RRAM 在多次的编程、擦除循环中，即使在同一器件，高低阻态的电阻值也是变化的，其分布情况符合正态分布。这种情况会对电路设计和多值操作产生明显影响，因此有必要在紧凑模型中加以考虑。Guan 等[13]建立了一个基于双极性 RRAM 的紧凑模型，验证了这种正态分布偏差对于器件瞬态和稳态特性的影响情况。

模型主要考虑了以下四个方面：
(1) 细丝生长。
细丝生长体现在细丝尖端和相对电极之间的间距变化，基于氧离子的移动以及空穴的产生和复合，此间距变化量与氧离子克服激活能势垒的概率是密切相关的，符合 Arrhenius 定律，可表示为

$$\frac{d\langle g \rangle}{dt} = v_0 \times \exp\left(\frac{-E_a}{kT}\right) \times \sinh\left(\frac{qa\gamma V}{LkT}\right) \quad (9\text{-}10)$$

式中，激活能 E_a 为 1.2eV。
(2) 涨落扰动和偏差。
在擦除操作过程中，典型的直流或脉冲测量会显示出电流的暂态扰动。其相关原因可能是离子移动的随机性或者多个细丝间的间距空间分布情况。为了模拟这种情况，模型在平均间距上加上了一个暂态噪声信号：

$$g|t + \Delta t = F\left[g|t, \frac{d\langle g \rangle}{dt}\right] + \delta_g X(n)\Delta t, \quad n = [t/T_{gn}] \quad (9\text{-}11)$$

式中，Δt 为模拟时间步长，F 为实现时间演变的功能项，两者均由模拟器决定；

$X(n)$为平均值为零的高斯噪声序列;T_{gn}为时间间隔;δ_g为偏差幅度,是一个与温度有关的量,可以表示为

$$\delta_g(T)=\frac{\delta_g^0}{1+\exp\left(\frac{T_{crit}-T}{T_{smith}}\right)} \tag{9-12}$$

其中,T_{crit}是发生细丝间隔尺寸变化所需的阈值温度。式(9-12)体现了电阻的扰动只发生于 RRAM 单元内部温度远高于室温的电阻转换过程中。

(3) 温度和热导。

模型将导电细丝内部区域的温度表示为T,而细丝外围区域温度设定为T_{bath},这两个区域之间的热导关系可以表示为

$$C_p\frac{\partial T}{\partial t}=V(t)I(t)-\kappa(T-T_{bath}) \tag{9-13}$$

式中,$V(t)I(t)$为焦耳热;C_p为细丝内部的有效热容(0.04~1.1pJ/K);κ为有效热导(2.8~25μJ/(K·s))。

(4) 电导。

模型采用隧穿电流机制,因此电流表示为以下形式:

$$I(g,V)=I_0\exp(-g/g_0)\sinh(V/V_0) \tag{9-14}$$

其中,拟合参数为$g_0(\sim 0.3\text{nm})$、$V_0(\sim 0.6\text{V})$。

综合以上四点的紧凑模型的宏电路形式如图 9-4 所示。

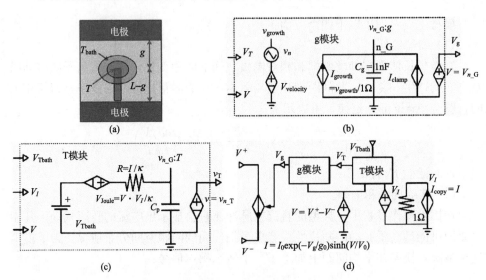

图 9-4 考虑分布偏差的 RRAM 模型宏电路模型[13]

暂态响应过程如图 9-5 所示，RESET 过程中电流变化的实验结果和模拟结果在趋势上是基本吻合的。

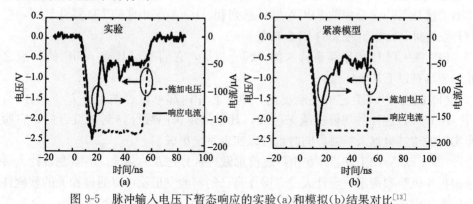

图 9-5 脉冲输入电压下暂态响应的实验(a)和模拟(b)结果对比[13]

9.2 RRAM 在 FPGA 领域中的应用

9.2.1 FPGA 技术简介

数字集成电路的广泛应用为当今社会的信息化做出了巨大贡献。从早期的电子管、晶体管、小中规模集成电路发展到超大规模集成电路(very large scale intergration，VLSI，几万门以上)以及许多具有特定功能的专用集成电路，数字集成电路在不断地进行更新换代。随着微电子技术的发展，设计与制造集成电路的任务已不完全由半导体厂商来独立承担。系统设计师们更愿意自己设计专用集成电路(application specific integrated circuit，ASIC)芯片，而且希望 ASIC 的设计周期尽可能短，最好是在实验室里就能设计出合适的 ASIC 芯片，并且立即投入实际应用之中，因而出现了现场可编程逻辑器件(field programmable logic array，FPLD)，其中应用最广泛的当属现场可编程门阵列(field programmable gate array，FPGA)和复杂可编程逻辑器件(complex programming logic device，CPLD)[14]。自 1985 年 Xilinx 公司推出第一片 FPGA 至今，FPGA 已经成为当今电子设计应用市场上首选的可编程逻辑器件之一。从航空航天到数字信号处理，再到汽车家电等消费领域，无处不见 FPGA 的身影。据报道，2010 年，FPGA 的市场份额达到 40 亿美元，2012 年底至 45 亿美元，2015 年将达到 60 亿美元。

FPGA 与 CPLD 都是可编程逻辑器件，它们是在 PAL(programmable array logic)、GAL(generic array logic)等逻辑器件的基础之上发展起来的[15]。同以往的 PAL、GAL 等相比较，FPGA/CPLD 的规模比较大，它可以替代几十甚至几千块通用集成电路(intergrated circuit，IC)芯片。这样的 FPGA/CPLD 实际上就是一个子系统部件。这种芯片受到世界范围内电子工程设计人员的广泛关注和普遍欢迎。经过了十几年的发展，许多公司都开发出了多种可编程逻辑器件。比较典型的就是 Xilinx 公司的 FPGA 器件系列和 Altera 公司的 CPLD 器件系列，它们开发较早，占据了较大的 PLD 市场。

FPGA/CPLD 芯片都是特殊的 ASIC 芯片，它们除了具有 ASIC 的特点之外，还具有以下几个优点：

(1) 随着 VlSI 工艺的不断提高，单一芯片内部可以容纳上百万个晶体管，FPGA/CPLD 芯片的规模也越来越大，其单片逻辑门数已达到上百万门，它所能实现的功能也越来越强，同时也可以实现系统集成。

(2) FPGA/CPLD 芯片在出厂之前都做过百分之百的测试，不需要设计人员承担投片风险和费用，设计人员只需在自己的实验室里就可以通过相关的软硬件环境来完成芯片的最终功能设计。所以，FPGA/CPLD 的资金投入小，节省了许多潜在的花费。

(3) 用户可以反复地编程、擦除、使用或者在外围电路不动的情况下用不同软件就可实现不同的功能。所以用 FPGA/PLD 试制样片能以最快的速度占领市场。FPGA/CPLD 软件包中有各种输入工具和仿真工具，以及版图设计工具和编程器等全线产品，电路设计人员在很短的时间内就可完成电路的输入、编译、优化、仿真，直至最后芯片的制作。当电路有少量改动时，更能显示出 FPGA/CPLD 的优势。电路设计人员使用 FPGA/CPLD 进行电路设计时，不需要具备专门的 IC 深层次的知识，FPGA/CPLD 软件易学易用，可以使设计人员更能集中精力进行电路设计，快速将产品推向市场。

9.2.2 传统 FPGA 器件的结构

现场可编程逻辑阵列(FPGA)是技术和市场双重作用下的产物，它较 ASIC 具有开发周期短、可靠性高、市场风险低的优点；随着半导体工艺技术的发展，FPGA 的上述优势使得它不仅作为硬件仿真手段，而且在一些柔性的领域(如程控交换机、重配置硬件系统)正取代 ASIC 发挥着越来越大的作用。

FPGA 的逻辑单元阵列(logic cell array，LCA)一般包括了三个主要的可构造元素：可配置逻辑模块(configuration logic block，CLB)和可编程互连模块(switch block，SB)[16]。如图 9-6 所示。用户设计的编程逻辑功能和互连均由存储在内部静态存储单元的配置数据决定，该配置数据存储在外部的存储单元中，如 E^2PROM，EPROM，ROM 以及软盘、硬盘等。

CLB 的主要部件为组合逻辑功能模块(logic block，LB)和多路开关(configuration block，CB)。组合逻辑功能块可构成各种组合逻辑，触发器具有记忆功能，多路开关提供了电路的多种组合。组合逻辑功能模块是以查找表的结构来完成该逻辑函数

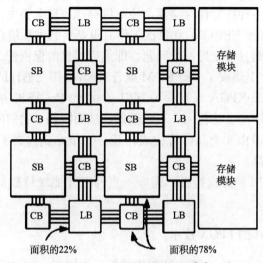

图 9-6　FPGA 的典型结构[17]

输出的。通过可编程互连模块，可以将器件内部任意两点连接起来，能将 FPGA 中数目很大的 CLB 连接成各种复杂的系统，如图 9-7 所示[17]。可编程互联资源开关矩阵，提供了把这些可构造元素的输入输出连接在适当网络上的途径。

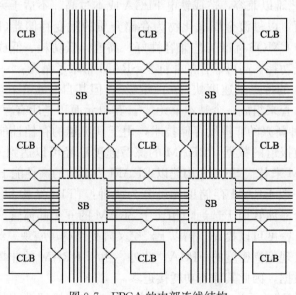

图 9-7　FPGA 的内部连线结构

现有的大多数商用 FPGA 都是基于 SRAM 架构进行编程的，其主要缺点有以下几条：

(1) SRAM 是一种挥发性存储器，掉电后存储信息会丢失，虽然可以通过外置非挥发存储器件(如 EPROM)在每次工作时重新装载编程信息来解决，但这不仅消耗硬件资源，而且带来另一个问题，即编程信息的保密性。目前已经有了基于 SRAM 编程且片上集成了 EEPROM 或者 flash 非挥发器件的 FPGA 产品，如 LATTICE 公司的 ispXPGA 系列、ACTEL 公司的 ProASIC 系列。但是由于上述存储器件工作电压高、功耗大、不耐辐射，从而限制了它们的使用范围。

(2) SRAM 一般由 6 个晶体管构成，其一个单元就占据了 $\sim 140F^2$ 的面积，集成密度低、成本高。

(3) 由于 SRAM 的挥发特性，需要一直通电才能维持数据，因此其静态功耗较高。

9.2.3 基于 RRAM 的 FPGA 技术

针对基于传统 FPGA 中 SRAM 架构的挥发性缺点，如果将 SRAM 变为非挥发性的 SRAM，即可以拥有 SRAM 连续高速数据写入的优点，又可以确保断电后不丢失数据，保证数据的安全。目前已有关于采用 NVSRAM 编程的 FPGA 的报道，如基于铁电存储器的 NVSRAM。铁电 FPGA 具有低电压、低功耗、无需外置非挥发存储器等优点。但由于铁电材料自身的特点，其制造工艺复杂，与传统 CMOS 工艺难以兼容，造成铁电 FPGA 成本过高、不适于大规模生产及大容量存储。然而，以过渡金属氧化物为存储介质的阻变存储器(RRAM)，由于其组分简单、与 CMOS 标准工艺兼容性好、高速、低功耗、低成本等优点，给构建低成本、低功耗、高可靠性的非挥发 SRAM 带来了曙光。

SRAM 最大的特点是速度快(10ns 量级)，但其自身也存在着先天的不足，需要由 6 个晶体管来组成一个基本单元[18]。其单元面积是所有存储器中最大的。RRAM 作为一种新兴的非挥发存储技术，由于其优越的存储性能而受到全世界的关注，据目前报道的数据，RRAM 的擦写速度已经可以达到<10ns 的量级，这使得用 RRAM 来替代 SRAM 构建以 RRAM 为架构的高性能 FPGA 在技术上成为了可能。一般 RRAM 存储单元可分为两种：1T1R 结构和交叉阵列结构。前者只需要一个晶体管用于选通，相比于 SRAM 的 6 个晶体管，大大减小了存储单元的面积，密度可以提高 3 倍以上。交叉阵列结构可实现三维堆叠的开关矩阵，很有希望实现超高密度的 FPGA。此外，由于 RRAM 的非挥发特性，不需要通电来保持数据，因此其静态功耗接近零。

RRAM 的存储单元为一个两端的电容结构，在电极两端施加电信号，其电阻可以在高阻态和低阻态之间来回转变。如图 9-8(a)和(b)所示，状态 1 为低阻态，状态 0 为高阻态。在实际应用中，RRAM 器件通常集成于晶体管之上形成 1T1R 结构，如图 9-8(c)所示，在这个结构中，晶体管作为选通器件用于 RRAM

器件的读写操作。交叉阵列结构如图 9-8(d)所示，主要用于高密度应用场合，此时类二极管器件需要作为选通器件。

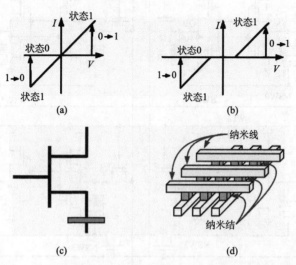

图 9-8　(a)RRAM 单元电阻转变曲线；(b)类二极管选通器件；
(c)1T1R 单元示意图；(d)交叉阵列结构[17]

图 9-9 是 7T2R 结构的不挥发 SRAM 示意图。两个阻变单元 RL 和 RR 的下电极与 6T SRAM 的 Q 点和 QB 点相连。RL 和 RR 的上电极由 NSW 线相连。SWL 线控制不挥发 SRAM 的存储与回置。图 9-10 是不挥发 SRAM 在存储/断电/回置操作时的波形图。在存储时，SWL 线为高电平，如果此时 Q 点和 QB 点是低电平和高电平，写 0 和写 1 的过程会把 RL 单元和 RR 单元分别写为低阻态和高阻态。经过存储过程，将外加电压撤除进入断电模式。当电源再次恢复时，在 Q 点，低阻态 RL 将形成大放电电流，因此 Q 点呈现为低电平；而高阻态 RR 的放电电流较小。由于 SRAM 的闩锁特性，QB 点将回置为高电平，从而实现不挥发功能。

SRAM 在 FPGA 中的配置功能主要体现在 CLB 单元中的配置模块 CB 以及各个 CLB 单元连接的可编程互连模块(SB)，将 RRAM 引入 CB 模块和 SB 模块是关键，如图 9-11 所示。

图 9-12 是一个 4×4 的 CB 模块，传统的 FPGA 中，两个节点之间的连接通过一个 SRAM 控制的晶体管实现。在此实施方案中，可以用 2T1R 结构的 RRAM 单元来替代 1SRAM1T 的开关节点，通过配置 2T1R 中的两个晶体管导通状态来控制 RRAM 存储单元的开和关，从而实现 CB 模块中各个节点之间的连接。对一个 4×4 的 CB 模块，有 16 个开关节点，采用 1T1R 的 RRAM 开关单

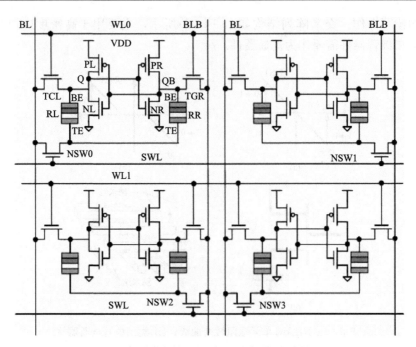

图 9-9　7T2R 非挥发 SRAM 电路结构图[18]

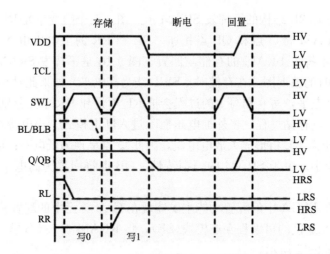

图 9-10　不挥发 SRAM 在存储/断电/回置操作时的波形图[8]

元，只需要 8 个晶体管即可实现；如果采用交叉阵列结构，完全可以实现 Si 基上的无晶体管三维堆叠阵列；而对于 SRAM 开关单元，需要 $7×4×4=112$ 个晶体管，可见用 RRAM 架构替代 SRAM 架构在集成密度上非常有优势[17,19]。

第 9 章 阻变存储器的电路应用

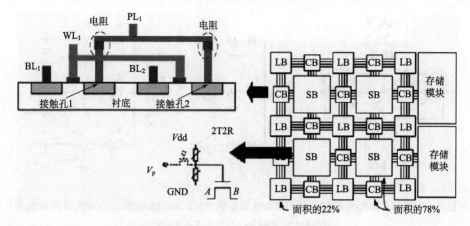

图 9-11 以 RRAM 为基础的 FPGA 架构

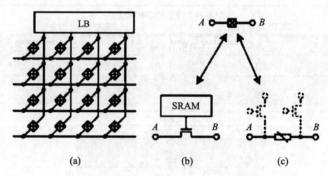

图 9-12 (a)4×4 的 CB 模块；(b)1SRAM1T 开关节点；
(c)RRAM 开关单元[17]

图 9-13(a)为基于 SRAM 架构的基本 SB 模块 SB-1，(b)为采用 RRAM 架构的 SB-1(其中一路)及其等效电路图；(c)为基于 SRAM 架构的另一基本 SB 模块 SB-2，(d)为采用 RRAM 架构的 SB-2 及其等效电路图。采用 SRAM 的 SB-1 需要 440 个

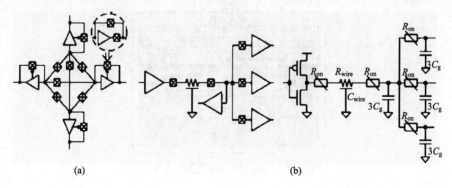

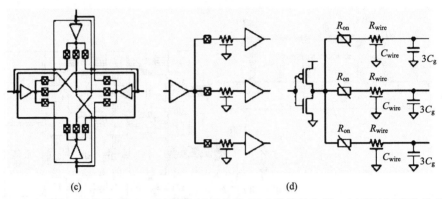

图 9-13 (a)SRAM 架构的 SB-1;(b)RRAM 架构的 SB-1 及等效电路;(c)SRAM 架构的 SB-2;(d)RRAM 架构的 SB-2 及等效电路[17]

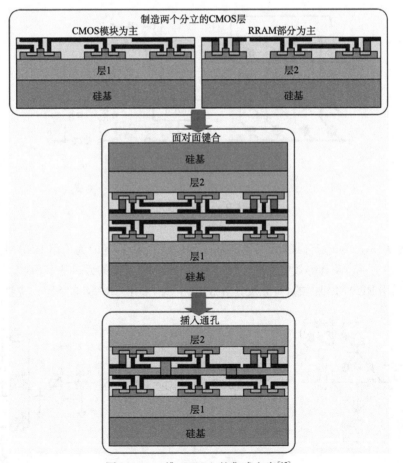

图 9-14 三维 rFPGA 的集成方案[17]

晶体管，而采用 RRAM 的 SB-1 只需要 144 个；采用 SRAM 的 SB-2 需要 432 个晶体管，而采用 RRAM 的 SB-2 只需要 128 个。RRAM 架构在面积、延迟和功耗上均具有较大优势，在保证 RRAM 单元存储性能稳定性的前提下，RRAM 架构可以完美替代 SRAM 架构。此外，RRAM 单元可以进行三维堆叠，不需要占有 Si 基面积，可进一步提高集成密度，实现三维的 rFPGA，如图 9-14 所示。

9.3 CMOL 电路技术

9.3.1 CMOL 电路介绍

Likharev 等提出的结合纳米技术和传统 CMOS 工艺的 CMOS/纳米线/分子混合集成(CMOS/nanowire/molecular hybrid，CMOL)技术引起研究者们的广泛关注，被认为是最有前途的 CMOS 替代技术之一[20]。然而，当前的 CMOL 电路仍然面临着诸多问题，最重要的就是连接两层纳米互连线的纳米级小尺寸二极管的开发。在 10nm 以上，此类问题可以通过实验得出结论；但 10nm 以下时，纳米二极管的面积和用于传导的纳米线交叉点面积相近，如何开发出可再生、可升级的纳米二极管仍面临着较大的挑战。另外一个问题来自于连接上下两层 CMOL 电路的接口高度的不一致，导致 CMOL 电路的表面的平坦化问题，具有三维结构(3D)的 CMOL 电路能较好地解决这个问题。实验表明，3D CMOL 在每层电路上上均能实现平坦化，但实际生产过程中，黏合技术成为一个新的挑战。

目前 CMOL 电路已经被成功运用到存储器、CMOL FPGA 以及神经元电路中，但对于计算机辅助设计(computer aided design，CAD)工具的开发仍然处于起步阶段，单元映射技术是 CMOL CAD 框架中重要的一步。

9.3.2 CMOL 电路结构

1999 年 Heath 等[21]在《科学》(Science)杂志上发表文章提出一种基于纳米线交叉阵列(crossbar array)和纳米二极管(nanodevice)的可重构纳微电子计算系统，受此启发，美国 Stony Brook 大学的 Likharev 研究小组[22]提出了 CMOL 电路结构。CMOL 电路是由一个 CMOS 堆和由二层相互垂直的平行纳米线组成的，而纳米二极管形成于这两层纳米线所构成的交叉阵列的每个交叉点中，如图 9-15 所示。CMOS 电路和纳米二极管的连接通过在 CMOS 电路层顶部的界面触点(interface pin)实现。目前有多种方法来构造这种纳米线交叉阵列，其中自组装技术与纳米压印技术(self-assembly and nano-imprint lithography)比较受关注。

CMOL 电路的结构如图 9-16 所示。CMOL 电路采用"三明治"结构，最底层是 CMOS 电路单元，上面是两层纳米线。上层纳米线与 CMOS 电路中的输出晶

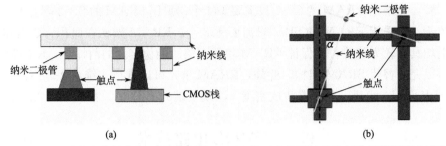

图 9-15 CMOL 电路结构剖面图(a)以及 CMOS 单元和界面触点之间位置俯视图(b)[22]

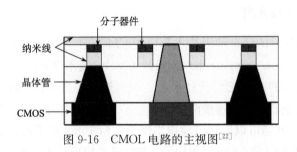

图 9-16 CMOL 电路的主视图[22]

体管相连,下层与输入晶体管相连接。两层纳米线构成纳米线交叉阵列,上下层纳米线相互垂直,而同层间的纳米线相互平行。输出纳米线和输入纳米线之间通过分子器件连接并控制该两条相互垂直的纳米线是否连通。如图 9-17 所示,若该分子器件处于开启状态,即"ON"态,CMOS 单元 1 的输出端与 CMOS 单元 2 输入端相连;反之,若分子器件处于关闭状态,即态"OFF"态,则 CMOS 单元 1 的输出端和 CMOS 单元 2 的输入端断开。CMOL 电路的 FPGA 结构如图 9-18 所示,相邻的 CMOS 单元的输出晶体管和输入晶体管之间的距离均为 $2\beta F_{CMOS}$,一个 CMOS 单元电路占用面积为 $(2\beta F_{CMOS})^2$,对应一个输出晶体管和一个输入晶体管。为保证将 CMOS 单元电路仅与输出纳米线和输入纳米线相连接,纳米线阵列可以旋转角度 α。两个相邻的输入或者输出引脚之间的距离 a 是一个数值较大的整数,用以保证旋转之后,CMOS 电路单元的引脚可以正确地连接到相应的纳米线上,不同的 CMOS 单元对应不同的输入和输出纳米线,即每一个 CMOS 单元有唯一的输入和输出纳米线与它相对应。如图 9-18 所示,若选用输出接口引脚 1 对应的 CMOS 单元作为输出,选用输入引脚为 2 的 CMOS 单元作为输入,则图中连接引脚 1 的输入纳米线和引脚 2 的输出纳米线的分子器件处于状态"ON",即图中左起第一个"点"处于闭合状态。如果保持 CMOS 单元 1 不变,选用输入引脚为 2 的 CMOS 单元作为输入,则图中的输入纳米线也随之变为左起第三条输入纳米线,处于闭合状态的分子器件也相应地变为相邻的"点"。一般情况下,$F_{nano} \ll \beta F_{CMOS}$,即 $a \gg 1$,因此 α 是一个非常小的角度。

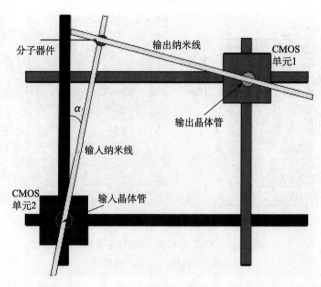

图 9-17　CMOL 电路中一对 CMOS 器件通过两层纳米线和分子器件连接的俯视图[22]

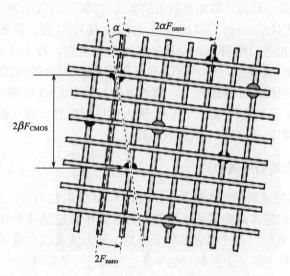

图 9-18　CMOL 电路的 FPGA 分布的俯视图[22]

9.3.3　CMOL FPGA 结构

Strukov 和 Likharev[23] 提出了如图 9-19 所示的 CMOL FPGA 结构。底层由面积为 $A=(2\beta F_{CMOS})^2$ 的 CMOS 基本电路单元构成。

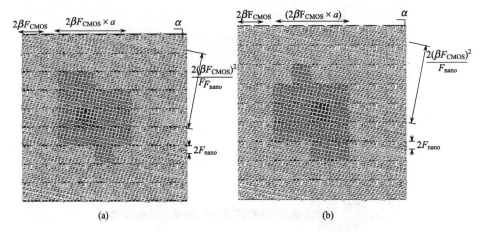

图 9-19 CMOS 电路单元的连通域[23]
(a)输入连通域;(b)输出连通域

由于 $L=2(\beta F_{CMOS})^2/F_{nano}$ 是两个与同一根输出纳米线相连的 CMOS 单元的输出接口引脚的最小距离,即如果输出纳米线的间距大于 L,那么一根输出纳米线将不能保证只对应一个 CMOS 单元的输出接口引脚。因此,为保证一个 CMOS 单元的输出接口引脚仅与一根输出纳米线对应,将上层的输出纳米线按照 L 的长度周期性地断开,使一个 CMOS 单元只能与周围的有限个 CMOS 单元直接连接。在周期性断开的条件下,能够直接与某个 CMOS 单元通过输出接口引脚-输出纳米线-分子器件-输入纳米线-输入接口引脚直接相互连接的 CMOS 单元所组成的区域叫做该 CMOS 单元的连通域。

9.3.4 CMOL 电路的逻辑功能

CMOL 电路的逻辑功能主要取决于底层 CMOS 电路单元,其结构如图 9-20 所示,由一个反相器和两个传输晶体管构成,其中传输晶体管用于 CMOS 单元电路的输入和输出[24]。两个传输晶体管分别与输出纳米线和输入纳米线相连接,被用做上拉或下拉电阻。上面两层纳米线之间通过分子器件实现"或"逻辑,底层的 CMOS 单路单元实现"非"逻辑,因此 CMOL 电路仅实现单一的 NOR 逻辑功能。

CMOL 电路中,通过两层纳米线阵列和底层 CMOS 反相器电路,电路逻辑功能的实现非常简单,只要将参与 NOR 逻辑运算的输出单元的输出纳米线与对应的输入纳米线之间的分子器件处于状态"ON",就可以实现相应 CMOS 单元之间的 NOR 逻辑。

如图 9-21 所示,底层 CMOS 电路中输出单元 A 的输出纳米线与输入单元 H

第 9 章 阻变存储器的电路应用

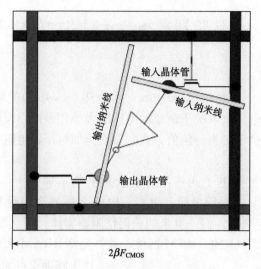

图 9-20　CMOS 电路单元结构[24]

的输入纳米线之间的分子器件处于状态"ON",以及输出单元 B 的输出纳米线与输入单元 H 的输入纳米线之间的分子器件也处于状态"ON",则该 CMOL 电路就可以实现两输入的或非逻辑功能,即 $H=\overline{A+B}$,其等效电路图如图 9-22 所示。

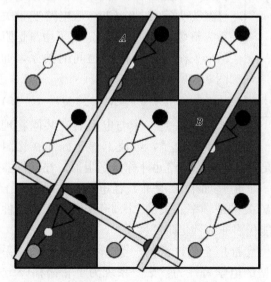

图 9-21　两输入 NOR 门的物理实现[24]

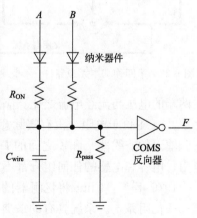

图 9-22　两输入 NOR 门的
　　　　 等效电路图[24]

9.4 忆阻器在神经元网络中的应用

9.4.1 忆阻器介绍

忆阻器(memristor)是记忆(memory)和电阻(resistor)的缩写。忆阻器是一个两端器件，它的电阻值取决于所施加电压的大小和极性以及时间长短。当撤销电激励时，忆阻器会记忆当前阻值，直到下次施加电压，电阻可能会保持几天或者几年。

忆阻器是一种被动电子元件，其概念是由美国加州大学蔡绍棠教授[25]在1971年提出的，被认为是除电阻、电容、电感之外的第四种基本电路元件。忆阻概念提出近40年来，人们一直未能获得忆阻器实体。直到2008年4月，惠普公司[26]公布了基于TiO_2的RRAM器件，并首先将RRAM和忆阻器联系起来。

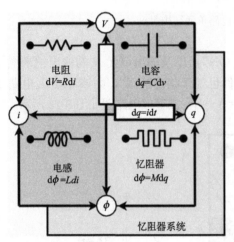

图 9-23 第四种基本无源器件——忆阻器[27]

由电路理论可知，对于四个基本的电路变量电流i、电压v、电荷q、磁通量ϕ之间，可以建立六个不同的数学关系式。其中五个关系式：电阻R、电容C、电感L和电荷q（电荷是电流的时间积分）的定义以及法拉第电磁感应定律已经为大家熟知。Chua从电路变量关系完整性的角度出发，定义了增量忆阻$M(q)$来表述ϕ和q之间的关系，如图9-23所示。

$$d\phi(q)=M(q)/dq \quad (9-15)$$

式中，M是一个与电阻具有共同物理量纲的变量，数值上等于施加在忆阻器两端的电压与流经电流之比。满足式(9-15)的电路元件称为忆阻器。在线性器件中，M等价于电阻，没有实际意义。但是如果M是非线性电路元件时，对于正弦输入的非线性q和ϕ之间的I-V关系是频率有关的Lissajous图像，非线性电阻、电容和电感的任何组合都不能代表非线性忆阻的性质。

1976年[28]，Chua将忆阻器的概念推广至更广泛的一类非线性拓扑动力系统——忆阻系统。系统具有的最典型的电学特性为：忆阻系统为零相偏移(zero phase shift)的动力系统，忆阻器为无源器件；系统的忆阻效应随着频率的增加而减弱，最终退化为纯的电阻系统。

9.4.2 忆阻器的模型与机理

1. 边界迁移模型

边界迁移模型最早由 Strukov 等[27]提出，最初用于实现忆阻器具有的电路特性，该模型由位于两端的金属电极和中间的掺杂半导体薄膜组成，如图 9-24 所示。电极间的半导体薄膜由于基体中载流子浓度不同而分为低电阻的高掺杂浓度区和高电阻的低掺杂浓度区，结构两端加载的偏压驱使高、低掺杂浓度区间的边界发生迁移，致使结构对外呈现随外加电压时间作用而变化的电阻。2008 年 5 月，惠普科学家[27]研制出世界上首个忆阻器，器件结构为 Pt/TiO_2/Pt，在分析其忆阻机理时认为 TiO_2 上出现了缺氧的 TiO_x，氧空位缺陷在电场作用下迁移使得材料具有金属性和导电性。

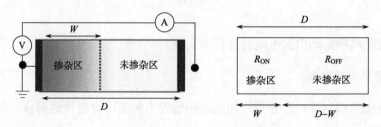

图 9-24 惠普公司提出的忆阻器模型[28]

与边界迁移类似的离子和电子非线性迁移机制也被用于解释具有相应结构的忆阻机理。这部分理论认为，外偏压的施加影响了载流子迁移过程的跃迁势垒，从而改变了其迁移概率，导致材料电阻状态发生变化而产生忆阻特性。

2. 自旋电子忆阻模型

Pershin[29]认为半导体中的电子在半导体/铁磁材料界面处的行为如图 9-25 所示，自旋自由度不同的电子通过界面进入铁磁材料中的概率不同，只有当半导体中的电子极化方向与磁性材料相同时，才会被磁性材料接受，因此接触界面处自旋向上和自旋向下的电子密度不同。这种用于解释半导体/铁磁材料接触界面处与自旋自由度相关的电子迁移受限现象称为自旋阻塞(spin blockade)效应。在界面处施加电激励，电子密度差异会随电激励的增加而增加，当半导体中极化方向与磁性材料相同的电子的密度小到不足以提供界面处电流时，半导体/铁磁材料处电流达到饱和。Pershin[29]设计了基于自旋阻塞效应的忆阻器。

随后，Chen 等[30,31]拓展了自旋电子忆阻模型，提出了基于磁畴运动的自旋电子忆阻器的接触模型。自旋电子忆阻效应可通过旋转扭矩导致的磁化现象或者

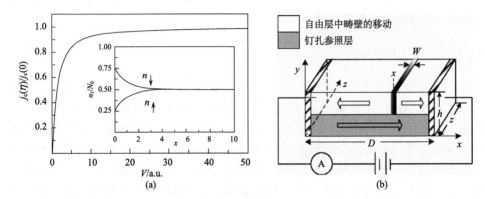

图 9-25 (a)自旋阻塞效应的临界电流密度为电流自旋极化的函数图像(插图为自旋向上和向下的电子密度与半导体/半金属结之间的函数关系);(b)基于磁畴运动的自旋电子忆阻器[29]

电流引发的畴壁运动引起电阻转变行为实现。

3. 导电细丝机制

导电细丝机制是通过外界施加的激励诱发电解质中导电丝的形成,使器件发生从高电阻状态向低电阻状态的转变。Jo[32]解释 M/a-Si/p-Si 器件出现的阻值转变采用导电细丝机制,如图 9-26 所示。在上金属电极施加正电压(大于写入阈值电压 V_{th1})时,金属离子在高电场的作用下迁移进入 a-Si 中,形成导电的金属细丝。金属细丝为电子提供导电通道,器件阻值变低。当施加小于 V_{th2} 的反向电压时,金属离子从 a-Si 中撤回,回到高阻态。当撤销电压后,导电细丝状态不受影响,保证了非挥发特性。

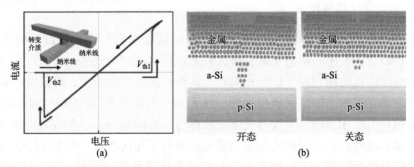

图 9-26 (a)忆阻器件的回滞电阻转换,通过施加写阈值电压(V_{th1})和擦阈值电压(V_{th2})获得不同的电阻态(插图为转换介质夹在两纳米线间形成阻变器件);(b)在开关态细丝形成和断裂示意图[32]

Yang 等[33]将 Ag/ZnO:Mn/Pt 器件切换至低阻态后,通过 TEM 观察到了连接上电极和下电极的突出状区域,证明导电桥已经完全形成。Szot 等[34]证明在 SrTiO$_3$ 器件中可以通过控制单根细丝形成和断裂实现双极转变现象。

4. 氧化还原反应

物质在不同化学状态时对外界呈现的电阻往往又有差异,因此氧化还原反应引起的这种变化可以用来实现器件的忆阻效应。Wu[35]在将 carbon/molecule/TiO$_2$/Au 器件置于 H$_2$ 和紫外射线中发现电阻转换现象,与对 TiO$_2$ 施加电压时发生的阻变现象相同。TiO$_2$ 中的阻变现象是由于 TiO$_2$ 发生氧化还原反应形成导电性更强的 Ti 氧化物。Berzina[36]通过设计如图 9-27 所示的结构实现了基于有机材料氧化还原反应的忆阻器。

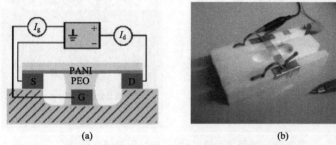

图 9-27 含有外加电压装置的有机忆阻器(a)及其测试设备(b)[36]

9.4.3 忆阻器在神经元网络中的应用

1. Hebb 理论与 STDP 学习机制

Hebb 理论描述了突触可塑性的基本原理,即突触前神经元向突触后神经元的持续重复的刺激可以导致突触传递效能的增加,由 Hebb 在 1949 年提出。根据此理论,Henry Markram 提出了尖峰时间相关可塑性(spike timing dependent plasticity,STDP)学习方法,它根据神经元学习的先后顺序,调整神经元之间连接的强弱[37-40]。

STDP 可以说是 Hebb 理论的一种延伸,Hebb 提出如果两个神经元经常一起活动,那二者之间的突触连接会增强。而 STDP 进一步完善了这一理论,两个神经元的活动,如果突触前膜受到的刺激早于突触后膜时,会引起突触的长时程增强(long term potentiation,LTP),反之则会诱导出突触的长时程抑制(long term depression,LTD)。STDP 规则是人工神经网络中重要的学习规则,对于神经突触学习功能的模拟一般需要用 STDP 规则进行实现[40-42]。

2. 忆阻器仿生研究

忆阻器独特的电学特性，即电阻可在外界的电学激励下发生连续变化并能保持阻值，这与神经突触的非线性传输特性相类似[43-48]。因此忆阻器可以模拟神经突触的部分简单功能。图 9-28 所示是最基本的忆阻器仿生器件，上电极相当于神经突触的突触前膜，而下电极就相当于突触后膜，忆阻器的加电就相当于神经刺激[49-57]。

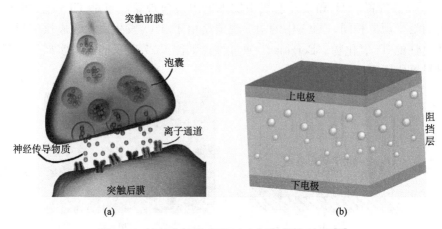

图 9-28　神经突触模式图(a)和忆阻器模型(b)[49]

之前我们提到过 STDP，即放电时间依赖可塑性，这一学习规则是学习记忆的一种基本机制，所以在人工神经元网络的研究中一般都要进行 STDP 模拟，如图 9-29 所示[58]。

图 9-29(a)中显示出了生物系统中的 STDP 规则，可以看出突触后电流增强与刺激相对时间之间的关系。在忆阻器件中，为了实现 STDP 规则需要设计独特的运行方式。如图 9-29(b)所示，突触前刺激(pre-spike)与突触后刺激(post-spike)分别施加于顶电极和底电极。通过同时施加两个刺激，其电压能够叠加在一起。当叠加电压的持续时间发生变化时，可以引起电阻变化程度的不同。因此，可以实现忆阻器阻值随相对时间的变化而改变，即实现 LTP 规则。同理，如图 9-29(c)所示，改变两刺激先后顺序可以将电阻增加，从而转变为抑制。

利用忆阻器模拟 STDP 功能时，对上下电极所加的信号一般为脉冲信号，而脉冲信号的设计方式一般分为两类：一是两个脉冲信号的电压叠加，另一个是脉冲信号在时域上相互作用。图 9-29 中所示的就是利用脉冲信号的电压叠加，即将上下电极的脉冲信号同时施加，两电压会叠加在一起从而对忆阻器件产生作用，引起电阻的变化。Lu 等设计的基于 Ag:Si 材料的忆阻器模拟 STDP 规则时

第9章 阻变存储器的电路应用

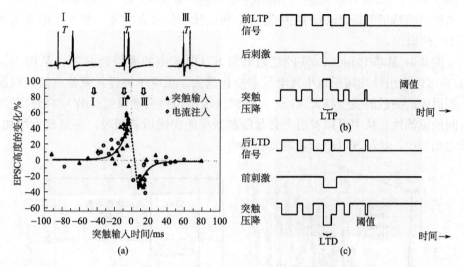

图 9-29 (a)生物神经系统中的 STDP 学习规则;(b)实现 LTP 的器件运行设计;
(c)实现 LTD 的器件运行设计[58]

就是利用了这类设计。其设计的忆阻器模型如图 9-30 所示,(a)是单个的忆阻器模型及其结构;(b)是带有神经元模拟的阵列结构。忆阻器的功能层分两部分,一部分是纯 Si 层,另一部分是掺入了 Ag 的 Si 层,当外加电场变化时,Ag 会在功能层之间移动从而改变器件的电阻[59]。

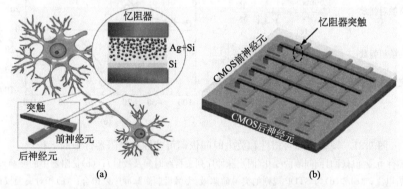

图 9-30 (a)使用忆阻器作为神经元之间突触的示意图(插图显示了两个电极的几何形状和忆阻器的分层结构的示意图);(b)CMOS 模拟的神经元和忆阻器模拟的突触所形成的神经元网络示意图[59]

利用脉冲信号在时域上的相互作用,则是基于器件对脉冲频率的依赖性。对于神经突触,当两个相邻刺激间隔较小时,前一刺激引起的兴奋或抑制会影响后一刺激的效果,或者说是累积效应,这种现象在忆阻器中也存在。刘益春研究小组所设计的基于 InGaZnO 的忆阻器就是利用脉冲信号在时域上相互作用来实现 STDP 模拟。

图 9-31 是基于 InGaZnO 的忆阻器对 STDP 规则的模拟数据[60]。从图 9-31(a)中可以看出脉冲间距越小其电导率变化越大，相应于神经元就是刺激间隔越小所形成的突触的强度越大。(c)~(e)则显示了相对突触权重(ΔW)与相对刺激时间的依赖性，从中可以看出当突触前刺激早于突触后刺激时，突触权重增加，反之则减少，这与 STDP 学习规则相吻合。

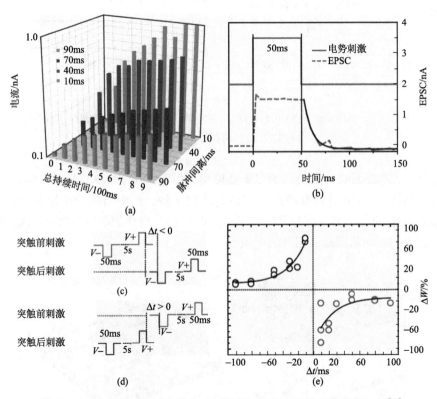

图 9-31　频率依赖可塑性和放电时间依赖可塑性在忆阻器件中的运行[60]
(a)器件电流随脉冲时间间隔的变化(固定脉冲序列总持续时间及数目)；(b)忆阻器中的突触兴奋性后电流；(c)和(d)为 STDP 规则的突触前刺激/突触后刺激脉冲序列组合；(e)相对突触权重(ΔW)与相对刺激时间(Δt)的依赖性，其中实线表示对于实验数据进行的 e 指数拟合曲线

参 考 文 献

[1] Park W I, Yoon J M, Park M, et al. Self-assembly-induced formation of high-density silicon oxide memristor nanostructures on graphene and metal electrodes. Nano Letters, 2012, 12: 1235-1240.

[2] Waser R, Aono M. Nanoionics-based resistive switching memories. Nature Materials, 2007, 6: 833-840.
[3] Yang J J, Strukov D B, Stewart D R. Memristive devices for computing. Nature Nanotechnology, 2013, 8: 13-24.
[4] Jeong D S, Thomas R, Katiyar R S, et al. Emerging memories: resistive switching mechanisms and current status. Report on Progress in Physics, 2012, 75: 076502.
[5] Wong H S P, Lee H Y, Yu S, et al. Metal-oxide RRAM. Proceeding of IEEE, 2012, 100: 1951-1970.
[6] Hasegawa T, Terabe K, Tsuruoka T, et al. Atomic switch: atom/ion movement controlled devices for beyond von-neumann computers. Advanced Materials, 2012, 24: 252-267.
[7] Lee M J, Lee C B, Lee D, et al. A fast, high-endurance and scalable non-volatile memory device made from asymmetric Ta_2O_{5-x}/TaO_{2-x} bilayer structures. Nature Materials, 2011, 10: 625-630.
[8] Liu Q, Long S, Wang W, et al. Low-power and highly uniform switching in Z_rO_2-based reram with a Cu nanocrystal insertion layer. IEEE Electron Device Letters, 2010, 31: 1299-1301.
[9] Yang J J, Zhang M X, Strachan J P, et al. High switching endurance in TaO_x memristive devices. Applied Physics Letters, 2010, 97: 232102.
[10] Chang S H, Lee S B, Jeon D Y, et al. Oxide double-layer nanocrossbar for ultrahigh-density bipolar resistive memory. Advanced Material, 2011, 23: 4063-4067.
[11] Yu S M, Wong H S P. Compact modeling of conducting-bridge random-access memory. IEEE Transactions on Electron Devices, 2011, 58: 1352-1360.
[12] Sheridan P, Kim K H, Gaba S, et al. Device and spice modeling of RRAM devices. Nanoscale, 2011, 3: 3833-3840.
[13] Guan X M, Yu S M, Wong H S P. A SPICE compact model of metal oxideresistive switching memory with variations. IEEE Electron Device Letters, 2012, 33: 1405-1407.
[14] Brown S, Francis R, Rose J, et al. Field-Programmable Gate Arrays. Boston: Kluwer Academic Publishers, 1992.
[15] Xilinx XC4000E and XC4000X Series. Xilinx, inc.
[16] 孟宪元. 可编程专用集成电路原理, 设计和应用. 北京: 电子工业出版社, 1995.
[17] Tanachutiwat S, Liu M, Wang W. FPGA based on integration of CMOS and RRAM. IEEE Transactions On Very Large Scale Integration(VLSI)Systems, 2011, 19: 2023-2032.
[18] Sheu S S, Kuo C C, Chan M F, et al. A ReRAM integrated 7T2R non-volatile SRAM for normally-off computing application. IEEE Asian Solid-State Circuits Conference(A-SSCC), 2013: 245-248.
[19] Dong C, Chen D M, Wang W, et al. 3-D nFPGA: a reconfigurable architecture for 3-D CMOS/nanomaterial hybrid digital circuits. IEEE Transactions on Circuits and Systems—I: Regular Papers, 2007, 54: 2489-2501.
[20] Likharev K K. Electronics Below 10 nm//Greer J, Korkin A, Labanowsk J. Nano and Giga Challenges in Microelectronics. Amsterdam: Elsevier, 2003.
[21] Collier C P, Wong E W, Belohradský M, et al. Electronically configurable molecular-based logic gates. Science, 1999, 285: 391-394.
[22] Likharev K K. Hybrid CMOS/nanoelectronic circuits: opportunities and challenges. Journal of Nanoelectronics and Optoelectronics, 2008, 3: 203-230.
[23] Strukov D B, Likharev K K. Defect-tolerant architectures for nanoelectronic crossbar memories. Journal of Nanoscience and Nanotechnology, 2007, 7: 151-167.

[24] Strukov D B, Likharev K K. CMOL FPGA: a reconfigurable architecture for hybrid digital circuits with two-terminal nanodevices. Nanotechnology, 2005, 6: 888-900.

[25] Chua L O. Memristor-the missing circuit element. IEEE Transactions on Circuit Theory, 1971, 18: 507-519.

[26] Williams R S. How we found: the missing memristor the memristor—the functional equivalent of a synapse—could revolutionize circuit design. IEEE Spectrum, 2008: NA 29.

[27] Strukov D B. The missing memristor found. Nature, 2008, 453: 80-83.

[28] Chua L O, Kang S M. Memristive devices and systems. Proceeding of IEEE, 1976, 64: 209-223.

[29] Pershin Y V. Spin blockade at semiconductor/ferromagnet junctions. Physics Review B, 2007, 75: 193301.

[30] Wang X, Chen Y R, Xi H W, et al. Spin memristor through spin-torque-induced magnetization motion. IEEE Electron Device Letters, 2009, 30: 294-297.

[31] Chen Y R. Compact modeling and corner analysis of spintronic memristor. IEEE/ACM International Symposium on Nanoscale Architectures, 2009.

[32] Jo S H. High-density crossbar arrays based on a Si memristive system. Nano Letters, 2009, 9: 870-874.

[33] Yang Y C, Pan F, Liu Q, et al. Fully room-temperature-fabricated nonvolatile resistive memory for ultrafast and high-density memory application. Nano Letters, 2009, 9: 1636-1643.

[34] Szot K, Speier W, Bihlmayer G, et al. Switching the electrical resistance of individual dislocations in single-crystalline $SrTiO_3$. Nature Materials, 2006, 5: 312-320.

[35] Wu J. Solid-state electrochemistry in molecule/TiO_2 molecular heterojunctions as the basis of the TiO_2 memristor. Electrochemitcal Society, 2009, 156: 29-37.

[36] Berzina T. Electrochemical control of the conductivity in an organic memristor: a time-resolved X-ray fluorescence study of ionic drift as a function of the applied voltage. ACS Applied Materials and Interfaces, 2009, 1: 2115-2118.

[37] Chang W Y, Lai Y C, Wu T B, et al. Unipolar resistive switching characteristics of ZnO thin films for nonvolatile memory applications. Applied Physics Letters, 2008, 92: 022110.

[38] Huang H H, Shih W C, Lai C H. Nonpolar resistive switching in the Pt/MgO/Pt nonvolatile memory device. Applied Physics Letters, 2010, 96: 193505.

[39] Krzysteczko P, Reiss G N, Thomas A. Memristive switching of MgO based magnetic tunnel junctions. Applied Physics Letters, 2009, 95: 112508.

[40] Shang D S, Shi L, Sun J R, et al. Improvement of reproducible resistance switching in polycrystalline tungsten oxide films by in situ oxygen annealing. Applied Physics Letters, 2010, 96: 072103.

[41] Garbarino G, Núñez-Regueiro M, Armand M, et al. Low temperature electricpulse induced resistance switching in $Na_{0.5}$-CoO_2. Applied Physics Letters, 2008, 93: 152110.

[42] Itoh M. Memristor oscillators. International Journal of Bifurcation and Chaos, 2008, 18: 3183-3206.

[43] Kim K H, Gaba S, Wheeler D. A functional hybrid memristor crossbar-array/CMOS system for data storage and neuromorphic applications. Nano Letters. 2012, 12: 389-395.

[44] 王忠强. 金属氧化物忆阻器件的制备及其阻变存储、神经突触仿生研究. 东北师范大学博士学位论文, 2013.

[45] Jo S H, Chang T, Ebong I, et al. Nanoscale memristor device as synapse in neuromorphic systems. Nano Letters, 2010, 10: 1297-1301.

[46] McCulloch M S, Pitts W. A logical calculus of the ideas immanent in nerous activity. Bulletin of Mathematical Btophysics, 1943, 5: 115-133.

[47] Hebb D O. The Organization of Behavior: A Neuropsychological Theory. New York: John Wiley and Sons Inc, 1949.

[48] Petit A, Murray A F. Synchrony detection and amplification by silicon neurons with STDP synapses. IEEE Transactions on Neural Networks, 2004, 15: 1296-1304.

[49] Giacomo I, Bernabe L B, Robert L, et al. Integration of nanoscale memristor synapses in neuromorphic computing architectures. Nanotechnology, 2013, 24: 384010.

[50] Hafliger P, Mahowald M. Spike based normalizing Hebbian learning in an analog VLSI artificial neuron. Analog Integrated Circuits and Signal Processing, 1999, 18: 133-139.

[51] McCulloch W S, Agatha T. Nervous nets-the lucky reckons in mechanization of thought process. Proceedings of a Symposium, London, 1985.

[52] Jeong D S, Schroeder H, Waser R. Abnormal bipolar-like resistance change behavior induced by symmetric electroforming in Pt/TiO_2/Pt resistive switching cells. Nanotechnology, 2009, 20: 375201.

[53] Kang B S, Ahn S E, Lee M J, et al. High-current-density CuO_x/$InZnO_x$ thin-film diodes for cross-point memory applications. Advanced Materials, 2008, 20: 3066-3069.

[54] Kim C H, Jang Y H, Hwang H J, et al. Observation of bistable resistancememory switching in CuO thin films. Applied Physics Letters, 2009, 94: 102107.

[55] Yasuhara R, Fujiwara K, Horiba K, et al. Inhomogeneous chemical states in resistance-switching devices with a planar-type Pt/CuO/Pt structure. Applied Physics Letters, 2009, 95: 012110.

[56] Choi J, Song J, Jung K, et al. Bipolar resistance switching characteristics in a thin Ti-Ni-O compound film. Nanotechnology, 2009, 20: 175704.

[57] Yalishev V, Yuldashev S U, Kim Y S, et al. The role of zinc vacancies in bipolar resistance switching of Ag/ZnO/Pt memory structures. Nanotechnology, 2012, 23: 375201.

[58] 刘益春, 徐海阳, 王中强, 等. 基于忆阻器的神经突触仿生器件研究. 科学, 2013, 2: 21-25

[59] Jo S H, Chang T, Ebong I, et al. Nanoscale memristor device as synapse in neuromorphic systems. Nano Letters, 2010, 10: 1297-1301.

[60] Wang Z Q, Xu H Y, Li X H, et al. Synaptic learning and memory functions achieved using oxygen ion migration/diffusion in an amorphous InGaZnO memristor. Advanced Functional Materials, 2012, 22: 2759-2765.

索　引

B

半金属特性　135
边界迁移模型　271
波动性　140，151，154，167

C

擦写干扰问题　151
参数均一性　140
参数均匀性　140
参数离散　140
侧边接触结构　73
掺杂效应　133
长时程抑制　273
长时程增强　273
场效应晶体管　213
场助热电离效应　104
超晶胞结构　131
尺度因子　142-145，147-150，152，164
串联电阻　148-150，160，162
垂直交叉阵列　243
垂直热阻　161，162
磁性存储器　6

D

单通道量子线　155，157
导电模　169
导电桥随机存储器　83
导电缺陷　141，168
导电通道　16，68，129
导电细丝　83，140-142，150-173
导电细丝渗流理论　161

低阻态（LRS）　112
第一性原理　187
第一性原理计算　111
电场　114
电场驱动　97
电导量子化　167，171
电导量子化效应　140，166-173
电导演化　140，154-158，168
电荷俘获存储器　6
电化学金属化机制　83，112
电化学金属化器件　83
电极材料　25
电流-电压特性曲线　122
电流密度　225
电流扫描　198
电迁移　69
电势分布　114
电压扫描　198
电子和离子混合导体　87
电子密度特性　127
电子输运　166-168
电阻筛选　146-148，150
电阻滞回型　26
电阻转变　140-146，154，166-172
电阻转变存储器　61
电阻转变特性　181
电阻转变统计　140，141
动态机制　252
读干扰问题　151
读写操作　240
多层堆叠　225
多层堆叠交叉阵列　243

索　引

E

二元氧化物阻变材料　14

F

非化学剂量配比　93
非化学配比　184
非线性电阻　231
非线性系数　232
非易失性　1
分布　181
浮栅　2
复杂氧化物　19

G

干扰问题　151
高集成密度　212
高阻态　112
工作电极对　77
固溶度　90
固态电解液　70
固态电解液基　83
关态电阻　140，144
归一化电导　156，157，162

H

恒流应力　201
恒压应力　201
宏电路模型　256
化学反应　116
化学价变化机制　91，112
化学配比　184

J

击穿　141
激活能　144，164
吉布斯自由能　180
寄生电容　202
交叉串扰　222
交叉阵列　63，212
焦耳热驱动　97
结构优化　191
结晶状态　183
解析模型　140，141，151
界面层　180
界面势垒调制　92
界面型阻变　111
金属氧化物基　127
紧凑模型　252
静电/电子机制　102
局部电场　195
矩形脉冲　205
巨磁阻效应　7
聚合物　26
均一性　185

K

开关比　180
开态电阻　140，145，147-149，160，161，165
可编程互连模块　258
可编程金属化器件　83
可靠性　140，142，151，154
可配置逻辑模块　258
刻蚀　66
空间电荷限制模型　102
控制电极对　77
控制端　74
快离子导体　85

L

离散性　140，142，181
离子表面扩散　121
离子掺杂　184
离子迁移率　180

离子输运　　116
离子注入　　185
连续介质模型　　113
良率　　180
两端器件　　61
量子尺寸效应　　166
量子电导　　143，155，160，166，173，174
量子化电导　　172，174
量子化电导台阶　　170
量子化效应　　160，166-171
量子缩颈　　169，171
量子线　　156，159，160，169
临界温度　　161，163
漏电通道　　229
逻辑单元阵列　　258

M

脉冲编程　　205
蒙特卡罗方法　　121
蒙特卡罗模拟　　140，163-166
蒙特卡罗模拟器　　163，165
幂次定律　　144

N

纳米棒　　44
纳米材料　　37
纳米电极　　16
纳米晶　　188
纳米晶浮栅存储器　　6
纳米颗粒混合体　　26
纳米线　　37
耐受力特性　　185
能级分布　　129

P

平面结构　　61
平行热阻　　161

Q

器件结构　　61
迁移率　　90

R

热化学机制　　97
热熔解模型　　147，148，161-165
热阻　　144，161
熔丝与反熔丝模型　　98

S

三端 RRAM　　74
三端电阻转变存储器件的概念　　74
三端器件　　61
三角形脉冲　　205
三维集成　　243
栅端电压扫描方式　　204
栅介质击穿　　141，151
栅介质击穿渗流模型　　141
闪存　　2
设计空间　　153，154
神经刺激　　274
神经元　　78
神经元网络　　270
渗流　　141，165
渗流解析模型　　140
施主受主复合型　　26
十字交叉　　17
数据保持特性　　184
双极型 1D1R　　229
瞬态电流　　202
四端 RRAM　　76
速度-干扰困境　　153
速度-干扰问题　　153
速度-干扰问题设计空间　　153
随机模型　　113
随机形成　　187

索 引

B

半金属特性　135
边界迁移模型　271
波动性　140，151，154，167

C

擦写干扰问题　151
参数均一性　140
参数均匀性　140
参数离散　140
侧边接触结构　73
掺杂效应　133
长时程抑制　273
长时程增强　273
场效应晶体管　213
场助热电离效应　104
超晶胞结构　131
尺度因子　142-145，147-150，152，164
串联电阻　148-150，160，162
垂直交叉阵列　243
垂直热阻　161，162
磁性存储器　6

D

单通道量子线　155，157
导电模　169
导电桥随机存储器　83
导电缺陷　141，168
导电通道　16，68，129
导电细丝　83，140-142，150-173
导电细丝渗流理论　161

低阻态　112
第一性原理　187
第一性原理计算　111
电场　114
电场驱动　97
电导量子化　167，171
电导量子化效应　140，166-173
电导演化　140，154-158，168
电荷俘获存储器　6
电化学金属化机制　83，112
电化学金属化器件　83
电极材料　25
电流-电压特性曲线　122
电流密度　225
电流扫描　198
电迁移　69
电势分布　114
电压扫描　198
电子和离子混合导体　87
电子密度特性　127
电子输运　166-168
电阻筛选　146-148，150
电阻滞回型　26
电阻转变　140-146，154，166-172
电阻转变存储器　61
电阻转变特性　181
电阻转变统计　140，141
动态机制　252
读干扰问题　151
读写操作　240
多层堆叠　225
多层堆叠交叉阵列　243

cell 渗流模型　　140，141，147-151
CMOL 电路　　265
crossbar 结构　　63
DRAM　　1
ECM　　112
EEPROM　　2
EPROM　　2
F-N 隧穿机制　　124
FPGA　　257
Frenkel-Poole 发射模型　　104
Hebb 理论　　273
HRS　　112
Magnéli 相　　93
MC　　120
NAND-flash　　4

NOR-flash　　4
PROM　　1
rFPGA　　265
ROM　　1
SPICE　　254
SRAM　　1，260
STDP　　273
SV 模型　　106
TAT　　124
VCM　　112
Weibull　　142
3D CMOL　　265
1D1R　　224
1T1R　　212